大模型技术与构建

从入门到实战

插画版

逻辑简墨　著

Transformer

Query

Key

Value

化学工业出版社

·北京·

内容简介

本书以人文与科技交融的笔触，引领读者穿越语言与智能交织的文明长河。从人类语言的起源与数字时代的语言变革切入，本书不仅解析了自然语言处理技术的演进脉络，更以Transformer架构为锚点，层层揭开大语言模型从数学原理到工程实践的神秘面纱。书中既有Transformer架构、GPT/BERT等里程碑模型的深度拆解，亦不乏情感分析、跨语言处理等前沿场景的实战指南，更以Hugging Face生态与LoRA微调、RAG系统开发等硬核技术，为读者搭建起从理论到落地的完整桥梁。在理性与诗意的交织中，本书不仅是一部技术手册，更是一扇通向人机协同未来的窗口。

本书适合对人工智能和自然语言处理感兴趣的开发者、研究者及技术爱好者阅读，通过深入浅出的讲解和丰富实战案例，帮助读者从零基础快速掌握大语言模型的核心技术与应用实践。

图书在版编目（CIP）数据

大模型技术与构建：从入门到实战：插画版／逻辑简墨著． -- 北京：化学工业出版社，2025. 10.
ISBN 978-7-122-48676-9

Ⅰ．TP18

中国国家版本馆 CIP 数据核字第 2025SR7132 号

责任编辑：李佳伶　　　　　　　装帧设计：王晓宇
责任校对：王鹏飞

出版发行：化学工业出版社
　　　　　（北京市东城区青年湖南街 13 号　邮政编码 100011）
印　　装：河北尚唐印刷包装有限公司
787mm×1092mm　1/16　印张 14　字数 494 千字
2025 年 10 月北京第 1 版第 1 次印刷

购书咨询：010-64518888　　　　　售后服务：010-64518899
网　　址：http：//www.cip.com.cn
凡购买本书，如有缺损质量问题，本社销售中心负责调换。

定　　价：89.00 元　　　　　　　　　版权所有　违者必究

前言

在人类文明的漫漫长河中，语言始终是连接思维与现实的桥梁。从甲骨文到二进制代码，从结绳记事到云端对话，语言的形式不断演变，而其承载的智慧却始终如星辰般璀璨。今天，当大语言模型以"数字诗人"的姿态叩响时代之门，我们不禁要问：这场由算法驱动的语言革命，究竟会将人类引向何方？

语言的觉醒：从符号到智能的跨越

大语言模型的崛起，绝非偶然的技术狂欢，而是人类对语言本质探索的必然产物。从图灵测试的构想到Transformer架构的突破，从词嵌入的数学之美到注意力机制的诗意灵感，科学家们用代码重构了语言的神经脉络。这些模型不再满足于简单的"翻译"或"分类"，而是试图捕捉语言中隐含的逻辑、情感与创造力——正如人类幼童通过观察世界学习语言，大模型也在海量文本中构建着对世界的认知图景。

技术背后的温度：算法与人文的对话

当我们惊叹于GPT-4生成流畅诗歌的能力时，或许更应思考：这些"数字缪斯"是否真正理解了"月是故乡明"的意境？大语言模型的工作原理，本质上是将人类语言的概率分布转化为可计算的数学模型，但其中蕴含的，却是人类对语言本质的深刻洞察。从词嵌入到自注意力机制，从预训练到微调，每一步技术突破都在试图弥合"计算"与"理解"之间的鸿沟。而这场探索的终极目标，或许并非复制人类智能，而是创造一种全新的"语言智能"，让机器与人类在对话中彼此照亮。

从实验室到生活：大模型的"破圈"之路

今日的大语言模型，已不再是科研论文中的抽象概念，而是悄然渗透进日常生活的每个角落。从智能客服的温柔应答，到代码生成的精准高效；从新闻摘要的自动生成，到教育领域的个性化辅导，这些模型正在重新定义"生产力"的边界。但技术的价值，终需回归人的尺度：如何让大模型成为人类创造力的延伸，而非替代？如何确保算法的公平性，避免"数字鸿沟"的加剧？这些问题，需要技术专家与人文思考者的共同回答。

未来的对话：人与机器的共生之旅

站在大语言模型的浪潮之巅，我们既无需神化技术的力量，也不应恐惧其带来的变革。正如印刷术的发明未让诗人失业，互联网的普及未让思想消亡，大语言模型终将成为人类智慧的"放大器"。在本书中，我们将以"解构者"的姿态，揭开Transformer架构的神秘面纱；以"实践者"的视角，亲历从情感分析到跨语言处理的完整流程；更以"思考者"的深度，探讨技术伦理与未来图景。

　　本书全面阐述从人类语言起源到人工智能大模型的技术演进，系统解析了Transformer架构及GPT、BERT、T5等前沿模型的核心原理。内容涵盖语言智能理论基础、大模型关键技术(注意力机制、词嵌入、预训练方法)及实战应用(情感分析、文本生成、问答系统等)，特别注重中文场景下的模型优化与实践案例。书中既有对语言本质与AI关系的深度思考，又包含可操作的代码示例和性能优化技巧，兼具学术价值与工程指导意义。本书通过绘画带动技术的讲解，加快读者对知识的理解。本书既强调"工程"，又结合"艺术"。书中将晦涩的数学公式、技术原理等内容巧妙地生活化、趣味化，又以不失严谨的图文形式展现出来。本书采用原创手绘，国画与漫画风格兼顾，内容讲解生活化且不失严谨，并赋予哲学内涵，精选案例，紧跟时代步伐。另外，为便于读者实践，书中所有源代码均可从图书资源中获取。

　　愿这本书成为您探索大语言模型世界的引航灯。在这里，您将遇见数学的严谨与语言的诗意，触摸代码的冰冷与创造的炽热。因为最终，我们探讨的不仅是技术，更是人类如何通过语言，与机器、与世界、与自己展开一场永恒的对话。

著者

2025年6月

目录

第 1 章

从语言到智能

在这个数字与人文交融的时代，语言作为我们思想的桥梁，连接着人与人之间的心灵。从古至今，语言经历了漫长的进化，见证了人类智慧的飞跃。如今，随着大数据、人工智能技术的不断发展，我们正处于一个语言与智能相互映衬的新时期。本章将带领读者探索语言的起源、发展以及在信息社会和人工智能时代的重要作用，探索语言的神秘之处，发现它蕴藏的无限可能性。

探寻人工智能与自然语言之美

1.1　语言的起源

在漫长的岁月中，语言如同我们共同的起点，是人类智慧的开端。从古老神秘的起源延续至今，宛如涓涓细流，承载着文明的光辉与沉淀。不论是敦煌古老的壁画，还是现代数字化的沟通，语言始终是我们心灵交流的纽带。

1.1.1　人类语言的起源

人类语言的起源是一项充满神秘感的研究领域。虽然我们无法准确追溯到语言的最初形式，但人类语言的出现标志着我们智慧的开端。据科学家们的研究，语言起源可能与早期人类共同生活、合作和交流的需要有关。随着时间的推移，我们的祖先逐渐发展出复杂的交流方式，从简单的手势和声音到今天多样的语言形式。

人类语言的种类众多，据估计，目前全球大约有7000种不同的语言。人类语言具有模糊性，即存在歧义和多义现象，因为语境和语言使用者的背景不同可以导致不同的理解。相比之下，计算机语言通常是精确而严谨的，没有歧义性。自然语言处理技术将人类语言转化为计算机能够理解和处理的形式，通过算法和技术解决人类语言的模糊性问题，从而实现计算机与人类语言的交流和理解。当今如火如荼的大语言模型就是一种最新的自然语言处理技术。

举个例子[01]，当我们人类说"一只红色大眼睛的兔子"时，可以有两种理解。第一种是指兔子身体是红色的，并且它有大大的眼睛（眼睛的颜色可以是其他颜色）。第二种是指兔子的眼睛很大，并且是红色的，但兔子的身体（皮毛）可能是任何其他颜色。这种情况就造成了语言的模糊性和歧义性。

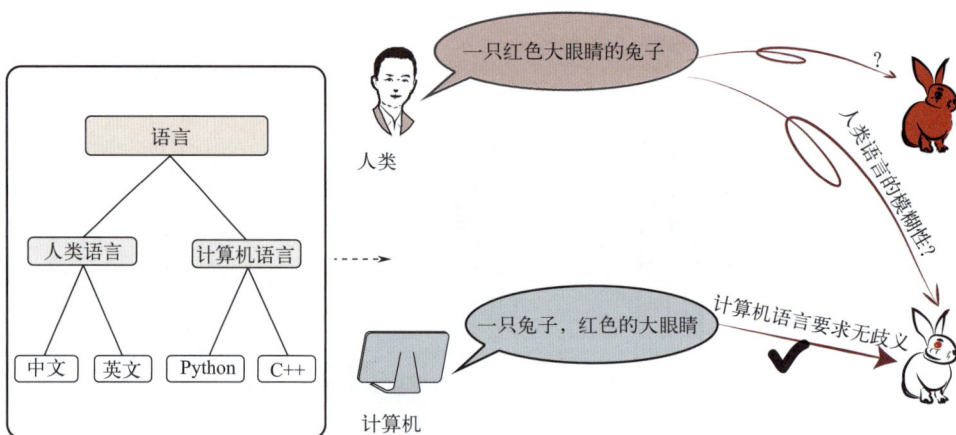

[01]　计算机通过自然语言处理技术分析人类语言的模糊性，确保内容表达的准确性

1.1.2　语言发展中的重要里程碑

语言发展经历了许多重要的里程碑，如语言的出现、印刷术的出现以及互联网的发展等。这些里程碑推动了语言的传播和发展，使得人类能够更有效地交流和记录信息。例如，古代的象形文字逐渐演变成现代的文字系统，使得信息能够被更广泛地传播和保存。语言的发展启迪了人工智能技术的发展，促进了文化交流和人机互动。历史经验让我们更善于处理语言，提升技术应用效率，推动社会不断向前发展02。

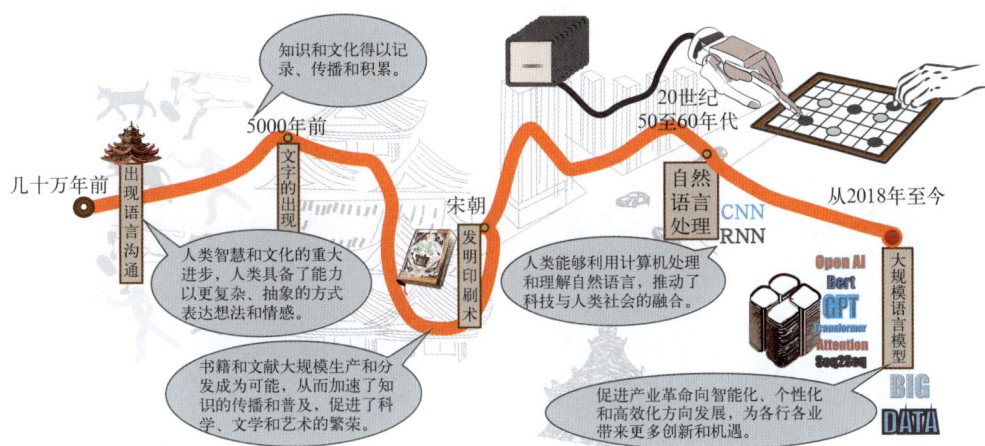

02 人类语言发展里程碑为语言技术的发展提供借鉴

值得一提的是，人工神经网络这一技术奇迹，在推动大语言模型飞速发展的道路上扮演了举足轻重的角色。它就像是我们人类大脑中的神经元网络，神经网络通过一种名为"误差反向传播"的巧妙算法，学会了如何完成分类、回归等一系列复杂而基本的任务03。神经网络模型不仅是深度学习的核心支柱，更是构建大语言模型的基石。正是有了这样的基础，我们才能够看到如今那些能够理解复杂语言、生成流畅文本，甚至在某些领域展现出人类级别智能的大语言模型。

神经网络的工作过程

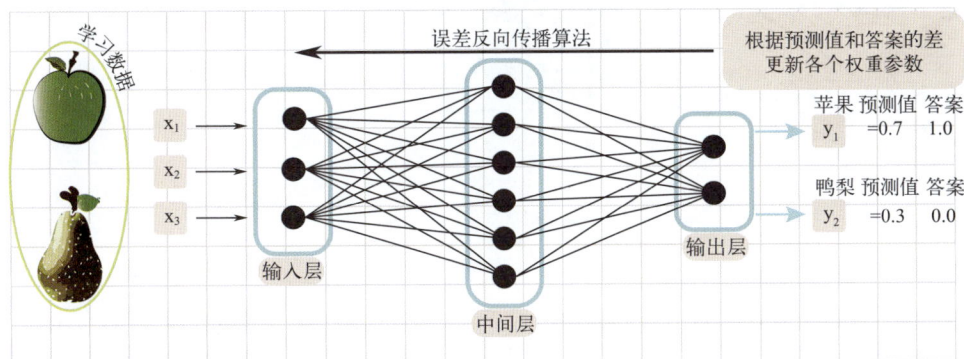

03 神经网络模型是深度学习以及大语言模型的基础

如今，大语言模型时代已经走近我们的生活，它是语言发展中最具震撼力的技术。基于神经网络的深度学习有两种典型的模型：基础模型和大语言模型。基础模型通常是大语言模型的基础和起点，用于快速验证和原型开发；而大语言模型则是对基础模型的扩展和提升，用于处理更复杂的任务和数据，取得更好的性能表现。

基础模型通过"自我监督学习"来掌握各种语言知识。这个模型会利用大量的文档数据进行学习，这些文档没有标注正确答案，所以称为"无标签数据"。通过这些数据，模型能够自己理解文章和词语的含义，建立起对语言的理解能力。之后，我们可以用带有标签的数据来对这个模型进行训练，比如给它一些翻译对照、邮件分类或疾病预测等任务，这样模型就可以根据不同的用途作出相应的智能应用。由于基础模型可以应用于多种不同的任务和领域，我们有时候称其为通用的AI模型。

需要注意的是，基础模型可能并不是直接用于特定任务的最终模型，而是作为基础模型经过微调或特定任务的训练后得到的模型。因此，在讨论基础模型时，可以强调它是一个通用的AI模型，但在特定任务上的应用可能需要额外的训练和调整。

在以前的AI模型中，比如用于股票走势预测或文档分类的模型，通常是为特定任务而设计的。这意味着它们的用途比较有限，只能在特定的领域或任务中发挥作用。比如，用于股票预测的模型可能不适用于文档分类，反之亦然。

与此相对，基础模型却有一个很棒的特点，就是可以用来做很多不同的事情[01]。因为它们已经学会了很多东西，所以只需要少量的数据就能让它们适应不同的任务。这就像是给一个多才多艺的人提供新的工作，他们只需要一点点时间来适应新的环境，而不需要重新学习所有的东西。这样一来，我们就不需要花费太多时间和精力来收集和处理大量的数据。

04 基础模型通过微调以胜任更多的通用型任务

目前，ChatGPT是一个广受欢迎的对话型AI大模型，让人们可以和它进行各种话题的交流。2022年11月，OpenAI向公众开放了ChatGPT，它因为能够准确地回答各种问题而受到全球瞩目。你可以在聊天窗口里用英语、中文等不同语言提问，它都能给你回答。ChatGPT在2022年学习完成了一个叫作"GPT-3.5"的模型，这个模型有超过1000亿个参数，它是通过自己不断地学习和训练来构建的，也就是之前提到的"自监督学习"。

针对ChatGPT-3.5，ChatGPT采用了一种基于人类反馈强化学习的方法来不断提高模型的准确性。在开始阶段，人类训练师会扮演用户与人工智能进行对话，构建学习数据。接着，人类评估模型的输出，查看是否满意。如果有不合适的回答，就对模型进行微调，使其输出更准确。通过微调，ChatGPT确保输出的回答在法律和伦理方面没有问题 **05**。不过，目前仍然会有一些不准确的回答，所以用户还需要自己确认输出的信息是否准确。未来，ChatGPT还需要进一步改进回答的伦理性和适当性，以确保用户获得更好的体验。

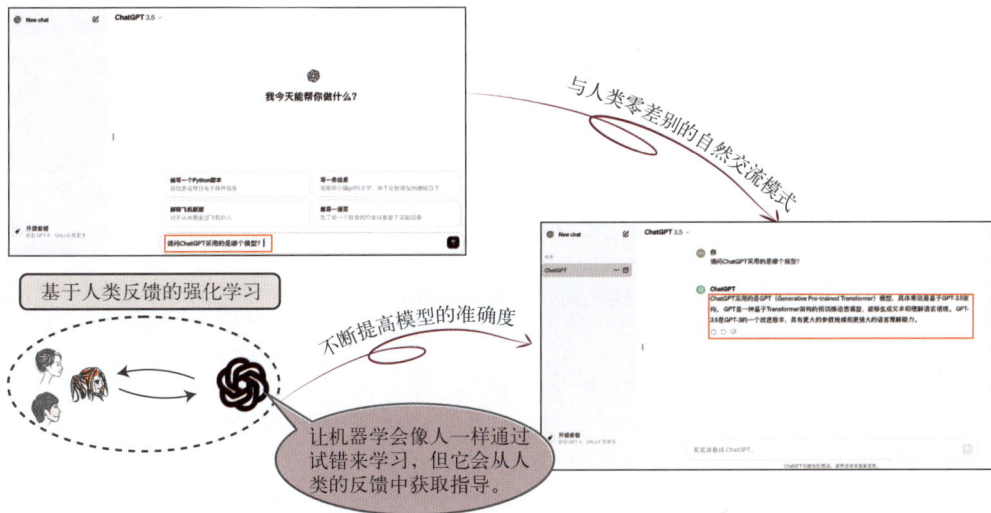

05 ChatGPT 能够准确应对与人类的各种对话型交互任务

1.2　语言在信息社会中的重要性

语言在信息社会中扮演着至关重要的角色。它是人类交流、传播和理解信息的关键工具。随着信息量的爆炸性增长，语言的作用更加突显。语言不仅是沟通的媒介，更是文化、思想和价值观的承载者。

1.2.1　数字化时代中的语言变革

随着数字化时代的到来，我们的语言也经历了翻天覆地的改变。现在我们随时随地都能用智能手机上网，随心所欲地与朋友们聊天、看新闻，或者在社交媒体上分享我们的生活。这种便利促进了语言的快速变化和传播。新词汇如雨后春笋般涌现，而网络上的独特用语也成了大家交流的一部分。

比如，大家可能听过"打卡"这个词，它最初是在社交媒体上用来表示到某个地方签到或留念的。而现在，它已经成为日常用语，用来表示完成某个任务或活动。又比如，"沙雕""666""爆炸头"等网络流行语，它们虽然听起来很奇怪，但在特定的网络社区中却是非常通用的，形成了一种独特的文化。

这种语言的变化不仅是一种趋势，也是人类社会发展的反映。人类的语言不断地适应新的技术和文化，反映了人类社会的变化和发展。同时，这也给人们带来了更多的沟通方式和表达方式，让人们能够更加丰富地表达自己的想法和感受。所以，语言的变化虽然可能会让一些人感到困惑，但它更多的是为大家带来了无尽的乐趣和创造力的空间。

1.2.2　社交媒体对语言的影响

社交媒体中语言的发展与语言模型的构建之间存在密切关系。社交媒体是语言模型的重要数据来源之一，而语言模型则可以通过分析社交媒体上的大量文本数据来理解和模拟人类的语言使用方式。

社交媒体上的大量文本数据给语言模型提供了很多例句，包括各种日常用语、网络流行语、新词汇等。通过这些数据，模型可以学习并改进自己的能力，更好地理解和生成自然语言。但如果模型学习得慢，可能就跟不上语言的最新变化了。

同时，语言模型的发展也可以影响社交媒体中语言的发展。随着语言模型的不断进步，它们能够更准确地理解和解释人类语言的含义，从而对社交媒体上的文本进行更加智能的处理和分析。这可能会影响人们在社交媒体上的语言使用习惯，例如在撰写帖子或评论时更注重语法准确性、内容丰富性等方面。社交媒体中语言的发展与语言模型的构建之间形成了一种相互促进的关系，共同推动着语言的演变和发展06。

06　社交媒体中语言的发展与语言模型的关系，二者彼此相互影响

1.3　人工智能时代的语言技术

在 AI 时代，语言技术成为了推动创新和进步的关键。从智能助手到自然语言处理，AI 正在以前所未有的方式改变我们与语言互动的方式。通过深度学习和自然语言处理技术的不断进步，人类迎来了一个语言智能化的新时代，这不仅改变了人类与计算机交流的方式，未来也将为人类带来更广阔的发展空间。

1.3.1　自然语言处理的定义和应用范围

自然语言处理（Natural Language Processing，NLP）（以下均简称NLP）是指让计算机能够理解和处理人类语言的一种技术。无论是口语还是书面语，自然语言处理都能够帮助计算机分析语言的含义。它使用各种方法来解读我们日常使用的语言，让计算机能够与人类进行更加智能的交流和互动。

NLP 的基础技术有以下几种：

- 词性标注
- 关联分析
- 命名实体识别

（1）词性标注

词性标注是为文本中每个词语（由词素构成）确定它属于的词性类别的，比如名词、动词、形容词等。这个过程不是把词语拆分成更小的部分，而是给已经拆分好的词语打上标签，表明它们的语法角色。比如，对于英文句子 "The panda is sleeping."，词性标注会把 "The" 标注为冠词，"panda" 标注为名词，"is" 标注为动词，"sleeping" 标注为动词。

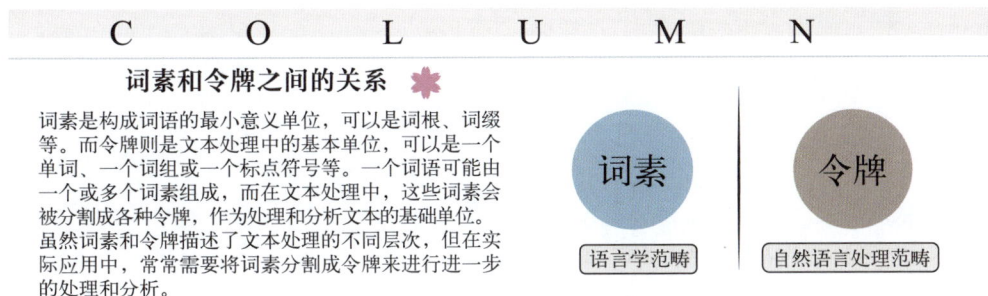

COLUMN

词素和令牌之间的关系 ✿

词素是构成词语的最小意义单位，可以是词根、词缀等。而令牌则是文本处理中的基本单位，可以是一个单词、一个词组或一个标点符号等。一个词语可能由一个或多个词素组成，而在文本处理中，这些词素会被分割成各种令牌，作为处理和分析文本的基础单位。虽然词素和令牌描述了文本处理的不同层次，但在实际应用中，常常需要将词素分割成令牌来进行进一步的处理和分析。

词素　｜　令牌

语言学范畴　｜　自然语言处理范畴

而 token（令牌）则是文本处理中的最小单元，可以是一个单词、一个词组、一个标点符号或者一个字母。把文本拆分成 tokens 的过程叫作 tokenization（令牌化）。tokens 在文本处理和分析中很重要，因为它们是组成文本的基础单位，有助于我们理解文本的结构和含义，以及进行后续的语言处理和分析。

在令牌化和词性标注之后，进行连词处理通常涉及对文本中连词的分析和应用，以及利用连词来进一步理解句子或段落之间的逻辑关系。连词是用于连接单词、短语、从句或句子的词，它们表达句子成分之间的各种关系，如并列、转折、因果等。在词性标注的结果中，连词通常会被标注为特定的词性，如"CC"（并列连词）或"SCONJ"（从属连词）等。通过检查词性标注的结果，可以轻松地识别出文本中的连词[07]。

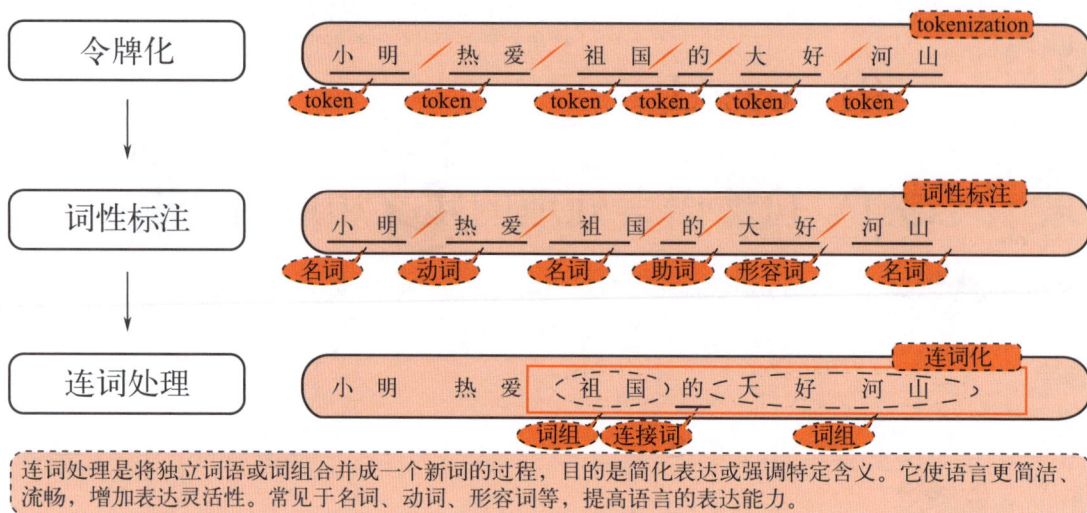

07 词性标注上下游任务示例

（2）关联分析

关联分析是指发现文本数据中的词语或短语之间的关联性或相关性。这种分析通常用于寻找在文本数据中频繁共现的词语或短语，并确定它们之间的关联程度。

假设有句话："小明喜欢吃苹果。"，我们可以分析出：

- 主语：小明
- 动作：喜欢
- 宾语：吃苹果

现在，如果我们有一篇文章，里面有很多类似的句子，比如："小赵也喜欢吃苹果。""小王不喜欢吃苹果。""年轻人都喜欢吃苹果。"等等。

通过关联分析，我们发现"喜欢吃苹果"这个词组经常和不同的人名一起出现。这说明在这个语境中，人名和"喜欢吃苹果"之间有一定的关联性。这种分析有助于我们更好地理解这种句式在文章中的使用情况，从而更好地理解文章内容或者为 NLP 任务提供支持，比如情感分析或者行为分析。

spaCy自然语言处理库

spaCy是一个用于自然语言处理（NLP）的开源库，它被设计用于高效地处理大规模的文本数据。它提供了一系列功能，包括词性标注、命名实体识别、句法分析、词向量表示等。spaCy提供了预训练的NLP模型，可以用于执行各种任务。spaCy是一个功能丰富、高效易用的自然语言处理工具，被广泛用于各种文本处理任务，包括信息提取、情感分析、实体识别等。

(3) 命名实体识别

命名实体识别（named entity recognition，NER）是一项任务，它的目标是从文本中找出有特殊意义的词语，比如人名、地名、组织名、日期、时间等。然后，将这些词语标记出来，并分成不同的类别，以便对它们进行分类和理解。

NLP 的应用十分广泛，涉及机器翻译、信息检索、情感分析、命名实体识别、文本分类、语音识别、自动摘要、问答系统、文本生成等多个领域。通过处理文本数据，NLP 技术可以帮助实现语言翻译、信息搜索、情感分析、实体识别、文本分类、语音转文本等功能，为人们提供更便捷的交互方式，推动科技进步和社会发展。

随着技术的不断进步，NLP 将不仅局限于语言领域，可能会涉足我们以前没有想到的各个领域。它会在更广泛的范围内发挥作用，帮助我们处理各种任务，不仅仅是与语言本身相关的事情。

1.3.2　机器翻译与自然语言生成技术

机器翻译和自然语言生成是NLP 的两个重要应用方向。机器翻译通过计算机算法实现不同语言之间的翻译，极大地促进了跨语言交流和文化交流[08]。而自然语言生成则是指计算机根据给定的条件生成自然语言文本，如新闻报道、小说等，为人们提供了自动生成内容的新途径。

Transformer最初是为了改进机器翻译而研发的，使得机器翻译更加准确。基于Transformer架构的大语言模型，可以用于执行多种任务。一些代表性的技术包括谷歌翻译、百度翻译以及 OpenNMT等。这些技术帮助用户翻译不同语言的文本，使跨语言交流变得更加便捷。

代表性软件
百度翻译
Google 翻译
OpenNMT

08　机器翻译

基于深度学习的大型神经网络模型，已经成为机器翻译领域的主要驱动力之一。这些大语言模型通过学习大量的语言数据，能够更好地理解和处理复杂的语言结构和语境，从而提高翻译的准确性和流畅度。例如，基于 Transformer 架构的大语言模型，如 Google 的 BERT 和 OpenAI 的 GPT 等，已经在机器翻译任务中取得了显著的进展。这些模型不仅可以直接应用于机器翻译任务，还可以用作预训练模型，为其他 NLP 任务提供支持，如情感分析、实体识别等。

自然语言生成技术是一种新潮的 AI 技术，让计算机可以像人一样写作。除了翻译外，它还能帮你写文章摘要、进行对话、写广告文案，甚至辅助写作，生成图片和视频、3D 图像等。关于视频，现在还出现了"编辑文本"的功能，也就是说可以通过输入文字来自动生成视频内容。通过这些技术，计算机可以更像人类一样自然地和我们交流，帮助我们更轻松地处理语言相关的任务。有时候，我们也把自然语言生成技术叫作 AI 生成系统。未来，我们将迎来一个几乎什么都可以由计算机来制作的时代。

自然语言生成技术中有一个非常关键的技术词汇"提示工具"。提示工具通常指的是一段文字或者一组指令，用来引导模型生成相应的文本 09 。

提示工具（Prompt）是一种方法，通过文本向人工智能发出指令并获取结果。人类需要为人工智能提供适当的提示，帮助它进行思考，以生成更符合预期的答案。在未来的人工智能应用中，这种方法将变得非常重要。

09 提示工具

随着大语言模型的不断进化，"提示工具"逐渐成为热议的话题。人类需要生成适当的"提示"，帮助人工智能进行思考，从而生成更符合目的的答案，这项技术在未来将是大红大紫。

最近，大语言模型的发展速度非常惊人。前几年，它们只能用于生成文章和图像，但现在它们已经可以生成声音、音乐和3D 等更多类型的内容，令人难以置信。人们现在甚至把"提示"这个词当作了玩笑，有点像魔法咒语一样。未来，它有可能发展成一种新的编程语言，也有可能演变成一种"无代码工具"，让我们可以更轻松地创造所需的内容。

例如，GitHub Co-Pilot 被定位为一种编程辅助工具，它基于OpenAI 的技术，特别是GPT 模型，以及来自GitHub 的大量代码库。它可以帮助程序员编写代码。但如果是OpenAI 的CodeX，它则更进一步，只需你告诉它你想要什么样的代码，它就可以帮你写程序。

另外一个激动人心的技术就是OpenAI 在2023 刚推出的Sora。它可以根据文本指令创建逼真而富有想象力的视频场景。我们引用OpenAI 官方的一句话："我们正在教导人工智能理解和模拟运动中的物理世界，目标是训练能够帮助人们解决需要真实世界互动的问题的模型。"

设想，当我们扔篮球时，它会怎么弹跳和滚动；当车在路上行驶时，会如何转弯和加速。我们的目标是让 AI 懂得这些运动情景，从而在解决各种现实问题时发挥作用[10]。

比如，我们可以用 AI 设计智能交通系统，来解决交通堵塞问题。通过让 AI 理解车辆在路上的行驶方式，并模拟不同交通情景下的车辆运动，我们可以创建一个系统，预测并优化车辆的行驶路线，改善交通状况。在医疗领域，我们也可以利用 AI 模拟人体器官的运动和反应，帮助医生更好地理解疾病的发展和治疗方法。

通过以上这些方式，我们可以为各个领域提供更智能、更精准的解决方案，让我们的生活变得更好。

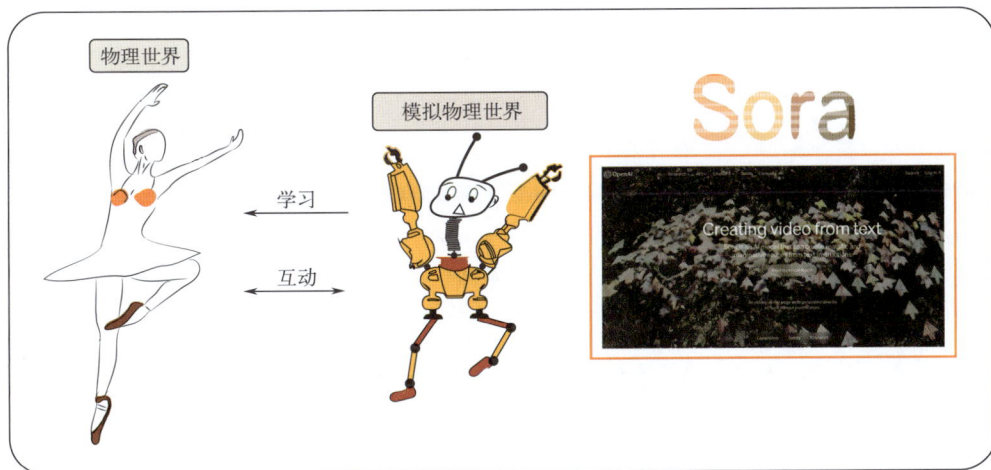

[10]　Sora 通过了解和模拟物理世界来拥抱未来物理世界

值得一提的是，语言的顺序很大程度上可左右文章的意思。欧美开发的语言模型在把握文章意思时也非常重视语序。用英语语序写文章并输入，对AI 传达人类的意图非常重要。如果是用中文开发的模型，也会遇到类似的问题，看来掌握好一门语言是非常关键的。

目前，三维图像生成的AI正在快速发展中。以往，制作三维图像通常依赖于传感器等工具来测量物体的距离或形状。而现在，一种能够根据二维照片预测物体三维形状的人工智能技术已经崭露头角，这就是3D 图像生成模型[11]。

从二维图像中推断三维集合形状，即使不使用传感器获取距离数据。近些年在虚拟现实、增强现实、三维建模中应用广泛。

代表性软件
NeRF
PFN 3D Sacan

[11]　3D 图像生成模型

这类模型能够处理各种输入（如文本、图像和视频），并生成高精度的三维图像。它们主要依赖于深度学习技术，特别是卷积神经网络（CNN）、生成对抗网络（GAN）和扩散模型（diffusion model）等，通过训练大量的三维数据来学习如何从输入生成对应的三维图像。随着技术的不断进步和应用场景的不断拓展，3D 图像生成模型有望在更多领域发挥重要作用。

例如：人们通过提示工具输入关键信息，模型会为生成满意的三维图像。其大致原理是对一个物体从各个方向拍摄数百张或数千张照片，并从照片生成物体的三维图像。这里面用到了一个有趣的技术"可微分渲染"[12]。

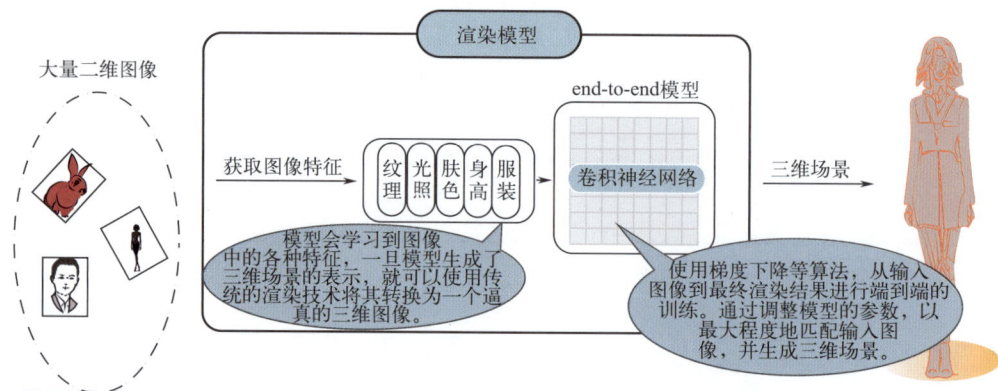

可微分渲染模型技术的关键是整个二维到三维的过程是可微分的

可微分渲染技术用于将二维图像转换为逼真的三维图像。它通过一个特殊的模型，将输入的图片转换成三维场景，学习到图片中的物体形状、纹理和光照等特征。然后，传统的渲染技术将这个三维表示转换为最终的图像，考虑到光照和阴影等细节。这个模型的优点在于，我们可以直接从输入图像到最终渲染结果进行训练，而无需手动设计复杂的渲染流程，这让我们能够更灵活、更精确地生成逼真的三维图像。

随着各国对语言生成模型的研究不断深入，出现了各种各样的语言模型。随着这些模型的应用范围不断扩大，人们需要作出相应的"提示"来指导它们的工作。利用大模型的提示工具，有望解决一些计算机难以理解和处理的"符号落地问题"。简单来说，这些提示能够帮助计算机更好地理解人类的指令，并将它们转化为实际操作。

如今，大家对自然语言生成技术的了解有了全新的认识。除了处理文本，这项技术还能应用在图像、声音、视频、三维等领域。有趣的是，模型接触到的数据种类越多，它的表现精度就会越高。简单来说，模型见得多，做事儿就更准。

值得关注的是，能够同时处理文本、图像、视频、声音、三维等各种类型（模态）的模型呈现出了所谓多模态的进化趋势。过去，要处理不同类型的数据，就得为每种类型训练一个单独的机器学习模型。在老式的多模态情况下，我们得用不同的数据来训练各种不同的模型，然后再用这些模型来处理各种类型的数据。因此，随着基础模型和大模型的发展，多模态技术得到了更好的支持和进步[13]。

多模态技术

现在，让我们把目光放在AI的硬件[14]上。尽管高性能处理器的发展不错，但在开发大规模的模型时，它们的计算能力仍然不够。如今，世界各地有许多公司都能轻松地制造出大规模模型模型所需的硬件环境。在AI发展的进程中，如果硬件的能力跟不上，那么我们就无法处于领先地位。大语言模型会不断发展，改变我们的生活。我们面临着许多机遇，再过几年，AI将带来新的计算机时代。

AI硬件

现在处理器的发展趋势已经不是"GPU"了。虽然通用并行计算的"GPU"仍在不断进化，但多家公司竞相开发专门针对AI模型的运算单元。

[14] AI 硬件

C O L U M N

ChatGPT：一夜之间走红的语言奇迹 🌸

提到大型语言模型，如今很多人脑海中首先浮现的就是ChatGPT。这个在2022年11月横空出世的AI对话工具，凭借其与人类相仿的语言能力，迅速吸引了全球的目光。短短数日内，它的用户数量就突破了百万大关，展现了惊人的传播速度和广泛的影响力。而在ChatGPT之前，虽然已有类似的对话型AI存在，但由于操作复杂，它们并未像ChatGPT这样深入人心。那么，ChatGPT究竟是如何做到这一点的呢？

其实，ChatGPT的迅速普及与图像生成AI的热潮密不可分。从2022年夏天开始，像Stable Diffusion和Midjourney这类面向普通用户的图像生成AI服务相继涌现，并在社交网络上引发了图像共享的热潮。这些技术能够根据输入的文章或关键词，生成出令人惊叹的联想图像，让人们对AI的创造力刮目相看。

当人们看到AI不仅能够"画画"，而且画得如此出色，甚至开始涉足过去由人类主导的创作领域时，对AI的抗拒心理逐渐减弱。这种心理变化为ChatGPT的接受奠定了基础。因此，当ChatGPT出现时，很多人对它持友好态度，愿意尝试这个新的工具。当然，ChatGPT的魅力远不止于此。它不仅在文本生成方面表现出色，还在图像、声音、视频等多种创作领域取得了显著的进步。这使得ChatGPT成为了一个真正的多功能AI工具，满足了人们在各个领域的创作需求。

## 第 2 章

走近大语言模型

在自然语言处理的广阔天地里，Transformer 犹如一颗明星，引领我们探索语言的奥秘。自问世以来，它凭借强大的建模能力和广泛的应用场景，迅速崭露头角。Transformer 不仅在传统任务如文本分类、自然语言推理、语义相似度计算上表现出色，在大语言模型新兴领域也展现出巨大潜力。然而，Transformer 并非一蹴而就，背后凝聚了深厚的技术积累和不断的创新。本章将揭开 Transformer 的神秘面纱，带领读者领略大语言模型的发展历程，并通过代码示例展示其在文本处理中的威力，让读者亲身体验自然语言处理的魅力。这是一次探索与发现的旅程，让我们携手共进，领略自然语言处理的无限风光！

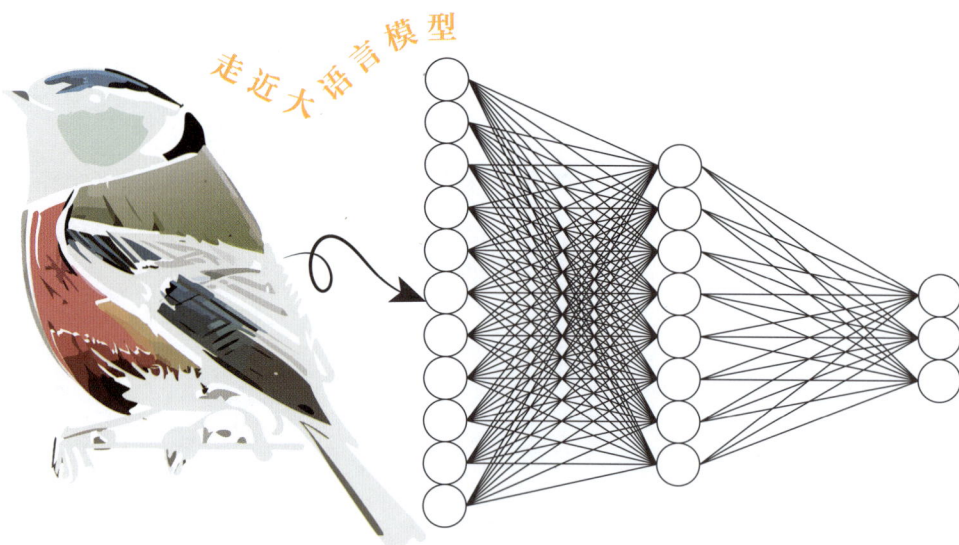

2.1　Transformer：自然语言处理的新趋势

Transformer 模型的诞生，为 NLP 领域带来了颠覆性的变革。凭借其独特的自注意力机制和多头注意力机制，该模型在处理文本时能够更精准地捕捉上下文信息，因此在众多 NLP 任务中取得了卓越的成效。

本书采用 Python 编程语言，并运用 PyTorch 这一广泛使用的深度学习库来构建神经网络模型。为便于读者获取与实践，书中所有源代码均可从图书资源中获取。考虑到众多读者的操作系统环境的差异性，本书统一推荐使用跨平台的 Visual Studio Code 编辑器进行编程，以确保兼容性和便捷性。

在处理大语言模型方面，本书引入了 transformers 库，这是由 2016 年成立的 Hugging Face 公司开发的业界标准库。除了 transformers，Hugging Face 还提供了 datasets 库以简化数据集处理流程，以及 tokenizers 库用于高效的文本分割任务。此外，Hugging Face Hub 作为一个云端平台，允许用户免费共享模型和数据集，极大地促进了资源的交流与利用。本书中提及的多数模型和数据集均可通过 Hugging Face Hub 轻松访问，为您的学习与研究提供便利。如果访问 Hugging Face Hub 受限，也可以选择国内合法的相关镜像源获取资源。

为了顺利运行书中程序，我们先来设置 transformers 库的基础环境，用来体验 transformer 如何进行自然语言处理。首先，打开 Visual Studio Code，在 terminal 终端，使用 Python 中的 pip 命令来安装 transformer 库 **01**，以便模型能够处理中英文的各类文本，进行深度学习相关的 NLP 任务。

Visual Studio Code

Transformer 运行基础环境

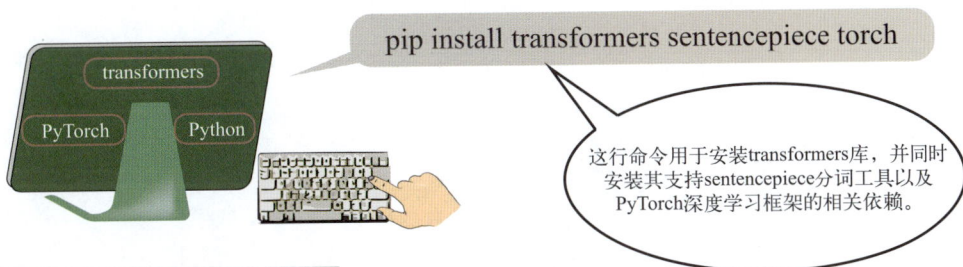

transformers

PyTorch　　Python

pip install transformers sentencepiece torch

这行命令用于安装 transformers 库，并同时安装其支持 sentencepiece 分词工具以及 PyTorch 深度学习框架的相关依赖。

安装命令说明

- transformers：这是一个流行的 Python 库，由 Hugging Face 团队开发，提供了大量预训练的模型，用于自然语言处理（NLP）任务，如文本分类、问答系统、文本生成等。

- [sentencepiece]：这是一个开源的分词工具，它提供了无需预定义词典即可进行文本分割的功能，这对于处理未登录词或新出现的词汇特别有用。

- [torch]：这个选项会安装 PyTorch，一个流行的深度学习框架，用于构建和训练神经网络。transformers 库中的很多模型都是基于 PyTorch 实现的。

01 安装 transformers 库及其支持 sentencepiece 分词工具和 torch（PyTorch）框架的相关依赖

2.1.1　文本分类

文本分类（document classification）是 NLP 领域中的一项基础且重要的任务。简而言之，它的目标就是将给定的文本分配到预先定义好的类别中去。

现在有这样一个场景 02，办公室里有大量新闻文章，当前的任务就是要把这些文章分别归类到体育、娱乐、政治等不同的类别里，这就是文本分类的实际应用。而 Transformer 模型，凭借其出色的特征提取能力，能够在文本中精准地捕捉到那些对分类任务至关重要的关键信息。这种能力使得 Transformer 模型在文本分类任务中能够展现出极高的准确性，成为该领域的一大得力助手。

02　文章分类不仅要求分类系统能够准确识别文章的关键信息，还需要根据一定的分类标准和规则进行归类。包括特征提取、分类标准与规则，分类算法（如决策树、支持向量机、神经网络等）等因素

您是否觉得这个文章分类案例颇为简单？那么，现在让我们稍微提升一点难度。请问：对文本进行情感分析这一任务，是否也属于文本分类的范畴呢？此刻，或许需要让你的思维之轮快速转动起来。

实际上，当我们检测文本中的情感时，正是在将文本按照其表达的情感倾向或强度进行分类 03。这一过程与文本分类任务有着诸多相似之处：它们都涉及为文本分配标签或类别，都需要从文本中提取出关键特征并进行模式识别，同时也都依赖于机器学习和深度学习技术来训练和优化模型。因此，这里可以明确地说，对文本进行情感分析的过程，同样也属于文本分类的范畴。

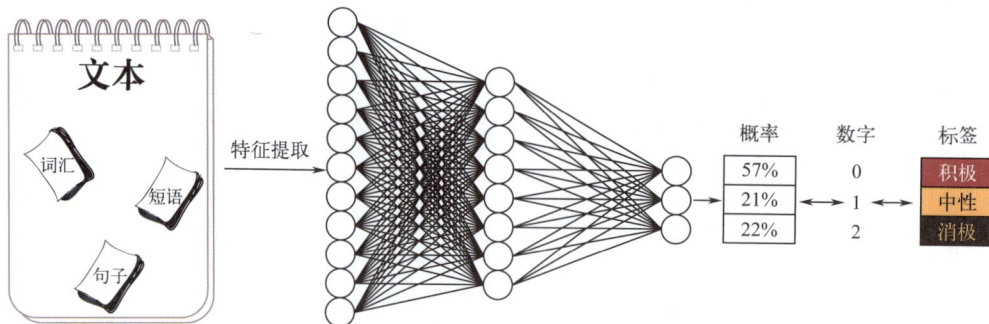

03　从文本中提取分类特征着手，进而借助神经网络的分析力量，巧妙地将分类问题转化为概率输出。其中，概率占比最大的类别，便是情感分析的最终结果

现在，通过 Python 代码来亲身体验 Transformer 如何在文本分类中大显身手。正如之前所述，检测文本中的情感倾向，这种文本分类任务被称为情感分析（sentiment analysis）。运行下面的代码，模型会自动从 Hugging Face Hub 下载并运行，生产环境建议使用本地模型，本书均采用本地模型。

输入：

```
from transformers import pipeline

# 创建一个情感分析管道，使用中文模型
sentiment_analysis_pipeline = pipeline(
    # 设置任务类型为情感分析
    "sentiment-analysis",
    # 设置模型为中文情感分析的开源模型
    model="models/Llama3-8B-Chinese-Chat"
)

positive_text = " 非常积极 "

# 使用管道对文本进行情感分析
result = sentiment_analysis_pipeline(positive_text)

# 将类索引转换为情感标签
label_mapping = {0: 'POSITIVE', 1: 'NEGATIVE'}
result_label = label_mapping[int(result[0]['label'].split('_')[-1])]
result_score = result[0]['score']

# 输出情感分析预测结果
print({'label': result_label, 'score': result_score})
```

输出：　{ 'label': 'POSITIVE', 'score': 0.5747256875038147 }

─────────── 代码解析 ───────────

from transformers import pipeline
Pipeline，顾名思义，就像是一条流水线，它将多个处理步骤有序地串联起来，形成一个完整的处理流程。在 NLP 领域，Pipeline 将文本预处理、模型调用以及结果后处理等烦琐步骤巧妙地整合在一起。用户只需简单地提供原始文本，即可直接获得最终的处理结果。

Transformer 的 Pipeline 作为 Transformers 库提供的一个高级工具，极大地简化了 NLP 任务的执行流程。以文本分类任务为例，模型输出的可能仅仅是一个数字，但 Pipeline 会智能地将其转换为人类可读的类别标签。

label_mapping = {0: 'POSITIVE', 1: 'NEGATIVE'}
这行代码定义了一个字典 label_mapping，用于将模型输出的类索引（通常是整数）映射到情感标签上。在这个例子中，索引 0 映射到 POSITIVE，索引 1 映射到 NEGATIVE。

result_label = label_mapping[int(result[0]['label'].split('_')[-1])]
这行代码执行了几个操作：

① result[0]['label']：从情感分析的结果中提取第一个元素的 label 字段。假设结果是一个列表，其中每个元素都是一个字典，包含 label 和 score 等字段。
② .split('_')[-1]：将 label 字段的值（假设是一个字符串，并且包含下划线）按下划线分割，并取最后一个元素。这通常用于处理形如 sentiment_0 或 sentiment_1 的标签。
③ int(...)：将提取出的字符串转换为整数。
④ label_mapping[...]：使用转换后的整数作为键，从 label_mapping 字典中检索对应的情感标签。

result_score = result[0]['score']
从情感分析的结果中提取第一个元素的 score 字段，该字段表示模型对预测标签的置信度。

2.1.2　自然语言推理

自然语言推理（natural language inference, NLI）是一项旨在预测两个文本之间逻辑关系的任务，它用于评估语言模型的语义理解能力。该任务要求模型能够深入理解文本之间的逻辑关系，并据此作出准确的推理判断。Transformer 模型在处理这类任务时展现出卓越的能力，它能够精确捕捉文本之间的细微差别和复杂的逻辑关系，为自然语言推理领域带来了全新的解决方案。

有这样一个悬疑推理场景：机器扮演侦探的角色，它有两条线索（也就是两段文本）。机器侦探的任务是，通过分析这两条线索之间的逻辑关系，来推断出它们之间的"秘密联系" 04 。

- 第一条线索说："小红昨天穿着新买的裙子去了舞会。"
- 第二条线索说："小红昨天心情特别好，因为她的裙子受到了大家的赞美。"

机器侦探需要像真正的侦探一样，推理出第二条线索实际上是对第一条线索的一个"暗示"——因为裙子受到了赞美，所以小红心情好。这两条线索之间存在一种因果关系。

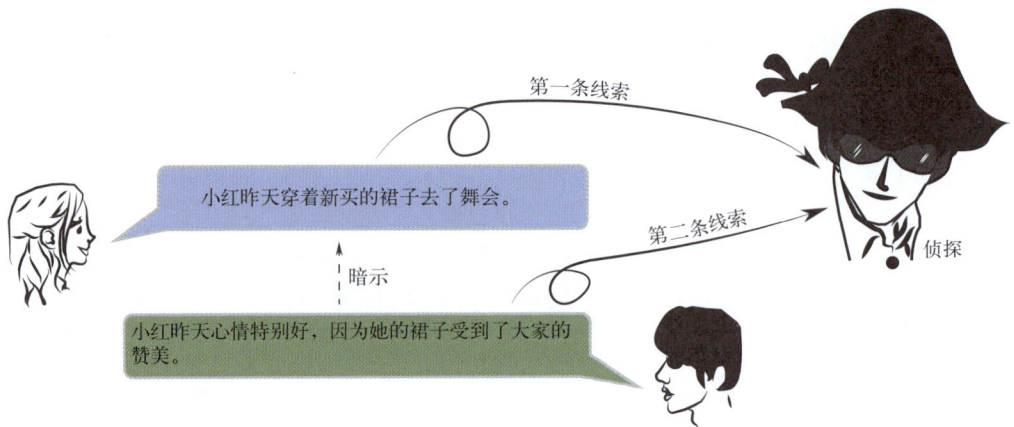

04 自然语言推理要求敏锐地捕捉文本之间的逻辑关系，并作出准确的推理判断。而 Transformer 模型，就像是推理情景中的"超级侦探"，它能够迅速而准确地破解这些文本之间的"秘密"，给出正确的推理答案

我们尝试用数学的语言来通俗易懂地描述自然语言推理的概念，可以将其看作是一个函数或映射过程：

① 输入：自然语言文本（可以是一个句子、一段话或一篇文章），记作 T。
② 处理过程：应用一系列规则、算法或模型（记作 M），这些规则或模型捕捉了语言的复杂性，包括语法、语义、上下文依赖等。
③ 输出：根据输入文本 T 和处理模型 M，生成一个或多个推理结果，记作 R。这些推理结果可能是对文本含义的解释、对问题的回答、对文本间关系的判断等。

用数学表达式表示，自然语言推理可以简化为：R=M(T)

其中，M 是推理模型，T 是输入文本，R 是推理结果。

在实际应用中，M 可能是基于深度学习的神经网络模型，它能够捕捉语言的复杂特征并进行有效的推理。而 T 和 R 则分别是具体的文本数据和模型输出的推理结果。

现在，让我们通过Python 代码的实践，来亲身体验一下Transformer 如何在自然语言推理中大显身手。数学相关的自然语言推理可能不如日常生活场景那么直观。运行下面的代码，让我们结合具体场景来一步步掌握自然语言推理的原理。

输入：

```
from transformers import pipeline

# 创建一个自然语言推理管道，这里使用了一个预训练好的模型
nlp = pipeline("text-classification",
          model="models/roberta-large-mnli"
          )

# 数学规则（前提）
premise = " 任何正整数的平方都是正的。"

# 陈述（假设）
hypothesis = "4 的平方是 16，所以 16 是一个正数。"

# 使用自然语言推理管道来判断陈述是否能根据数学规则逻辑上推导出来
result = nlp([premise, hypothesis])

# 输出结果
print(result)

# 根据结果判断陈述是否正确
if result[0]['label'] == 'ENTAILMENT':
    print(" 陈述是正确的，可以根据数学规则逻辑上推导出来。")
else:
    print(" 陈述是错误的，不能根据数学规则逻辑上推导出来。")
```

输出：　[{ 'label': 'ENTAILMENT',　'score': 0.5073824524879456}, {'label': 'NEUTRAL', 'score': 0.44375500082969666 }]
　　　　陈述是正确的，可以根据数学规则逻辑上推导出来。

代码解析

---

(1) 案例描述

案例中实现了一个简单的数学规则，并且要根据这个规则来判断一个陈述是否正确。

(2) 数学规则（前提）

"任何正整数的平方都是正的。"

(3) 陈述（假设）

"4 的平方是16，所以16 是一个正数。"

(4) 推理任务

判断这个陈述是否能根据数学规则逻辑上推导出来。

(5) 推理过程（由模型执行）

① 理解规则：模型首先理解数学规则，即任何正整数的平方都是正的。

② 分析陈述：接着，模型分析陈述，"4 的平方是16"，这是一个事实。然后，"所以16 是一个正数"，这是一个需要验证的结论。

③ 逻辑推理：模型利用逻辑推理能力，检查是否可以从数学规则出发，推导出陈述中的结论。既然4 是一个正整数，根据规则，它的平方16 也应该是正的。

④ 结论：模型得出结论，陈述"4 的平方是16，所以16 是一个正数"是可以根据数学规则逻辑上推导出来的。

根据输出结果，这是一个包含两个标签和对应分数的列表，每个标签代表了一个可能的NLI 结果。在这个列表中：

- 第一个标签是 'ENTAILMENT'，分数是 0.5073824524879456。
- 第二个标签是 'NEUTRAL'，分数是 0.44375500082969666。

在 NLI 任务中，'ENTAILMENT' 通常表示前提和假设之间存在逻辑上的蕴含关系，即如果前提为真，则假设也必然为真。而 'NEUTRAL' 表示前提和假设之间没有明确的蕴含或矛盾关系。由于 'ENTAILMENT' 的分数高于 'NEUTRAL' 的分数，可以认为模型更倾向于认为前提和假设之间存在蕴含关系。

2.1.3 语义相似度计算

语义相似度计算（semantic textual similarity, STS）是NLP 领域中的一项至关重要的任务。其核心目标是评估两个文本在语义层面上的相似程度，这一能力在文本匹配、信息检索等众多应用场景中都发挥着举足轻重的作用。

Transformer 模型凭借其独特的自注意力机制，能够敏锐地捕捉到文本中的细微语义差异，进而实现对两个文本之间相似度的精准评估。同时，得益于预训练技术的巧妙运用，Transformer 模型能够在海量未标注数据上进行高效学习，进一步提升语义相似度计算的准确性。在实际应用中，基于Transformer 的语义相似度计算模型已在文本匹配、问答系统等多个领域取得了卓越的成果，展现出了其强大的应用潜力。

以下是一个语义相似度计算的场景 05：当顾客在购物过程中遭遇了困惑，打开了客服聊天窗口，并输入了问题："我买的商品怎么还没发货？"此刻，智能客服系统开始运转。它首先会对客户的问题进行深度解析，理解客户的意图是在询问商品的发货状态。随后，系统会在其庞大的答案库或知识库中搜寻与问题相关的答案。然而，知识库中的答案或许并非以与你问题完全相同的形式存在。例如，可能有一条答案是："您的订单已经在处理中，请耐心等待发货。"尽管这条答案与你的问题表述略有差异，但它们所传达的意思是相近的。此时，语义相似度计算便发挥了其关键作用。

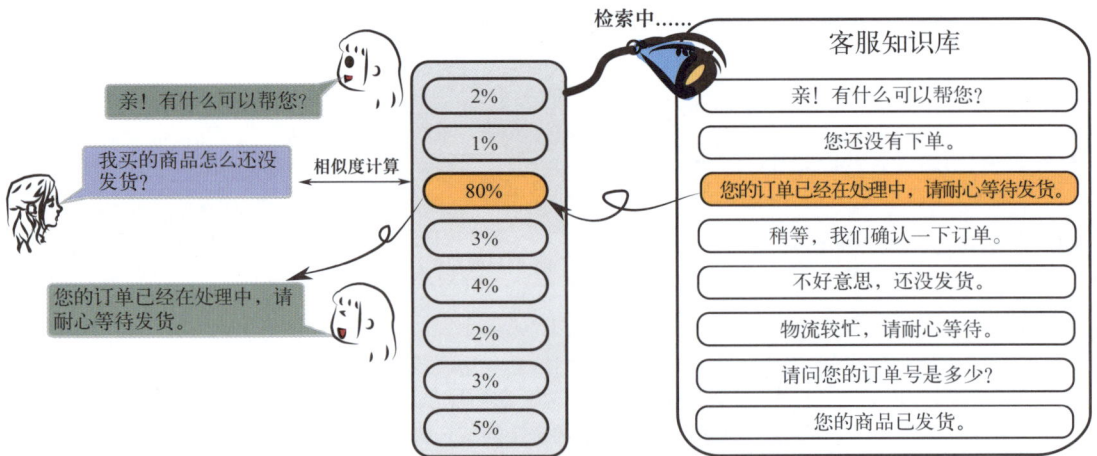

05 语义理解、知识库管理、语义相似度计算以及用户体验优化在智能客服系统中的重要性，暗示了预训练技术在提升系统性能方面的潜力

在语义相似度计算任务中，余弦相似度经常被用作一种有效的度量手段。这是因为，通过将文本转换为向量表示（如使用词嵌入技术），我们可以将文本相似度问题转化为向量相似度问题。而余弦相似度作为一种计算向量间相似度的方法，自然就被应用于语义相似度的计算中。

具体来说，给定两个文本片段 A 和 B，我们可以先使用某种文本表示模型（如 Word2Vec、BERT 等）将它们转换为向量。然后，我们可以利用余弦相似度公式计算这两个向量之间的相似度，从而得到文本 A 和 B 之间的语义相似度。请看一个具体的案例，运行下面的代码。

输入：

```
from transformers import pipeline
import torch
from torch.nn.functional import cosine_similarity

# 初始化一个 pipeline，使用中文 BERT 模型和 'feature-extraction' 任务
nlp = pipeline('feature-extraction', model='models/bert-base-chinese',
tokenizer='models/bert-base-chinese')

# 准备两个中文句子
sentence1 = " 我喜欢吃苹果。"
sentence2 = " 我很喜欢吃苹果。"
sentence3 = " 地球是围绕太阳转的。"

# 使用 pipeline 获取句子的 BERT 编码
features1 = nlp(sentence1, return_tensors=True)
features2 = nlp(sentence2, return_tensors=True)
features3 = nlp(sentence3, return_tensors=True)

# 提取 [CLS] 标记的编码
cls_embedding1 = features1[0][0, :]  # features1 是一个元组，第一个元素是 tensor
cls_embedding2 = features2[0][0, :]  # 同样，features2 也是一个元组
cls_embedding3 = features3[0][0, :]  # 同样，features3 也是一个元组

# 计算余弦相似度
similarity_01 = cosine_similarity(cls_embedding1.unsqueeze(0), cls_embedding2.unsqueeze(0))
similarity_02 = cosine_similarity(cls_embedding1.unsqueeze(0), cls_embedding3.unsqueeze(0))
# 输出语义相似度
print(f" 语义相似度：{similarity_01.item()}")
print(f" 语义相似度：{similarity_02.item()}")
```

输出：　语义相似度：0.9871207475662231
　　　　语义相似度：0.7587809562683105

代码解析
---

(1) 导入必要的库

- torch：PyTorch 库，用于进行张量运算。
- cosine_similarity：用于计算两个张量之间的余弦相似度。

(2) 获取句子的BERT 编码

- return_tensors=True 参数确保返回的是tensor 而不是list。

(3) 提取[CLS] 标记的编码

- 从每个句子的 BERT 编码中提取了 [CLS] 标记的编码。
- [CLS] 标记在 BERT 中用于表示整个句子的信息。

(4) 计算余弦相似度

- 使用 cosine_similarity 函数计算了句子 1 与句子 2、句子 1 与句子 3 之间的余弦相似度。
- unsqueeze(0) 函数用于增加一个维度，以满足 cosine_similarity 函数的输入要求。

2.1.4　命名实体识别

命名实体识别（named entity recognition, NER）的目标是在文本中识别出具有特定意义的实体，如人名、地名、组织名、时间表达式、数量表达式、百分比表达式等。这些实体通常是文本中的关键信息，对于理解文本的主题、内容以及进行后续的信息抽取、问答系统等任务都非常重要。

NER 系统是利用机器学习或深度学习技术来训练模型的，这样模型就能自动识别并分类文本中的命名实体了。在训练过程中，系统会学习很多文本数据，并提取出特征来识别不同类型的实体。在实际应用中，NER 系统可以在很多领域发挥作用，比如新闻报道、社交媒体、医学文献等，帮助我们提取关键信息并进行分析和处理。请看一个具体的案例，运行下面的代码。

输入：

```
from transformers import pipeline

# 创建一个命名实体识别 pipeline
ner_pipeline = pipeline("token-classification",
                model="models/chinese-macbert-base",
                device=0)

# 输入文本
text = "Beijing is a big city in China."

# 使用 pipeline 进行命名实体识别
ner_results = ner_pipeline(text)

# 打印结果
for entity in ner_results:
    print(f"Entity: {entity['word']}, Entity Type: {entity['entity']}, Score: {entity['score']:.4f}")
```

输出：

```
Entity: be,      Entity Type: LABEL_1,   Score: 0.8138
Entity: ##i,     Entity Type: LABEL_1,   Score: 0.8131
Entity: ##jing,  Entity Type: LABEL_1,   Score: 0.7976
Entity: is,      Entity Type: LABEL_1,   Score: 0.7747
Entity: a,       Entity Type: LABEL_1,   Score: 0.6779
Entity: big,     Entity Type: LABEL_1,   Score: 0.7451
Entity: city,    Entity Type: LABEL_1,   Score: 0.8175
Entity: in,      Entity Type: LABEL_1,   Score: 0.7068
Entity: china,   Entity Type: LABEL_1,   Score: 0.7479
Entity: .,       Entity Type: LABEL_1,   Score: 0.8437
```

代码解析

---

be##i##jing：这三个实体组合起来是指"北京"。在 NLP 中，尤其是在分词或实体识别任务中，有时会将一个词拆分成多个部分，特别是当使用基于子词（subword）的模型时。这里的"be"、"##i"和"##jing"组合在一起，形成了"北京"这个词。分数0.7602、0.8080 和0.6828 分别表示模型识别这三个部分的置信度。

从结果来看，这个模型可能需要在特定的下游任务上进行训练。因为预训练模型通常需要在特定任务上进行进一步的训练（微调或fine-tuning），以达到最佳性能。

本节向读者展示的模型大多未经特定任务的微调，因此其准确性尚有提升空间。本节的主要目的在于让读者通过代码亲身体验Transformer 模型是如何执行NLP任务的。而在后续的章节中，本书将深入探讨并详细阐述如何针对特定的NLP 任务对大语言模型进行微调与优化。

2.1.5　摘要生成

摘要生成（summarization generation）是从比较长的文章中生成简短摘要的任务。Transformer 模型凭借其强大的生成能力，能够学会从长文本中萃取关键信息并生成摘要的策略。这一方法在新闻报道、学术论文等多个领域均展现出广泛的应用价值。请看一个具体的案例，运行下面的代码。

输入：
```
from transformers import pipeline

# 创建一个摘要生成 pipeline
summarizer = pipeline("summarization", model="models/bart-large-cnn",
            tokenizer="models/bart-large-cnn")

# 准备输入文本
text = """
Nice to meet you.I am a student of the University of Texas at Austin.
My major is Computer Science.
I am interested in machine learning.
I will graduate in 2024.
"""

# 使用 pipeline 生成摘要
summary = summarizer(text, max_length=20, min_length=10,
            do_sample=False)[0]['summary_text']
print(summary)
```

输出：　I am a student of the University of Texas at Austin. My major is Computer Science

---
代码解析

（1）创建摘要生成pipeline

```
summarizer = pipeline("summarization", model="models/bart-large-cnn",
            tokenizer="models/bart-large-cnn")
```

这行代码创建了一个用于文本摘要的pipeline。它指定了任务类型为"summarization"，模型和分词器都设置为"models/bart-large-cnn"。这意味着使用的是BART 模型的一个变体，该模型是在CNN 数据集上进行训练的，用于生成文本的摘要。

（2）使用pipeline 生成摘要

```
summary = summarizer(text, max_length=20, min_length=10,
            do_sample=False)[0]['summary_text']
```

这行代码利用之前创建的 summarizer 对象来处理输入的文本，并生成摘要。它设置了摘要的最大长度为 20 个字符，最小长度为 10 个字符，并且 do_sample=False 意味着在生成摘要的过程中不会使用随机采样。生成的摘要是一个包含字典的列表，每个字典都代表一个生成的摘要。由于我们没有指定生成多个摘要，所以这里通过 [0]['summary_text'] 来获取第一个也是唯一一个摘要的文本内容。

除了上面介绍的任务之外，NLP 的基本任务确实还包括分词、词性标注、句法分析、语义分析、机器翻译、问答系统、文本生成等。我们之所以选择介绍这五个任务，是因为它们在 NLP 领域中具有特别重要的地位和广泛的应用场景，同时也展示了 NLP 技术的多样性和深度。这些任务共同构成了 NLP 这一丰富多样的领域，并推动着 AI 技术的不断发展。

2.2　Transformer 初体验：大模型的前世今生

当我们提及现代 NLP 的辉煌篇章时，Transformer 模型犹如一颗璀璨的星辰，无法被忽视，也无法被超越。它凭借那独一无二的架构与颠覆性的性能，彻底重塑了机器理解与生成语言的方式，引领我们踏入了一个全新的时代。现在，就让我们一同揭开 Transformer 那神秘而迷人的面纱，逐步深入了解它的工作原理，共同准备好迎接这场震撼心灵的探索之旅。

2.2.1　Transformer 工作原理浅析

在GPT（生成式预训练）模型引领风潮之前，Transformer 模型已作为其NLP 领域的杰出先驱，掀起了一场深刻的变革。2017 年，Transformer 横空出世，它大胆地摒弃了传统循环神经网络（RNN）和卷积神经网络（CNN）的烦琐架构，转而采用了一种革命性的自注意力机制。

这一机制恰如我们阅读文章时的方式：我们不会逐字逐句按顺序阅读，而是会同时关注多个关键信息点。Transformer 模型的自注意力机制正是如此，它能在一次前向传播中同时捕捉到文本序列中的多个重要信息，从而使模型能够更深入地理解语言的结构与语义，正如我们理解一篇文章那样。

这种创新的工作原理赋予了Transformer 模型在NLP 任务中的卓越性能。无论是机器翻译还是文本分类，它都能以出色的表现完成任务。此外，其编码器 - 解码器结构为序列到序列的任务提供了一个统一且强大的框架，极大地拓展了NLP 的应用范围。可以说，Transformer 模型的出现打破了NLP 任务的传统局限，为我们开启了更多的可能性，并带来了全新的挑战。

接下来，通过一个生动的场景来描绘Transformer 的工作原理。例如，请把"我是一只小松鼠"这句话翻译成英文。Transformer 就像是一位超级翻译家，它使用了一连串的encoder-decoder 组合，就像是一系列精心编排的舞步，能够轻松应对从简单到复杂的各种翻译任务[06]。

[06] attention 机制使得模型能够捕捉到输入序列中任意两个位置之间的依赖关系，而不受距离的限制。encoder-decoder 架构将任务分解为编码和解码两个步骤，使得模型可以灵活地应用于各种 NLP 任务

不管句子有多长，Transformer 都能确保不遗漏任何一个字、一个词。它就像是一位记忆力超群的魔术师，无论信息多么繁杂，都能一一记住，绝不丢失。

在这个神奇的翻译过程中，每个encoder-decoder 组合都扮演着attention 的角色。可以把encoder 想象成一位善于捕捉信息的侦探，它负责接收并牢牢记住所有的输入信息。然后，encoder 会把这些信息全部传递给decoder，就像是一位传递情报的特工，确保每一个重要的细节都不会被遗漏。整个Transformer模型就像是一支训练有素的队伍，每个队员都紧密合作，确保信息能够迅速而准确地传递。它们共同努力，让翻译变得既快速又准确，仿佛是在进行一场精彩绝伦的信息接力赛。

Transformer 模型的提出奠定了大语言模型技术的基础，为后来 GPT 等一系列大语言模型的发展打下了坚实的基础。Transformer 模型的成功证明了以自注意力机制为核心的模型架构在NLP 领域的巨大潜力，为后续的研究和发展指明了方向。

2.2.2　代码示例：Transformer 文本处理

在前一小节中，大家已经体验了Transformer 在NLP领域的实际应用。本小节会更加详细、全面的介绍Transformers 开源库在大语言模型开发时的详细操作。Transformers 的基本使用方法可以概括为以下几个步骤，这些方法主要基于Transformers 库。

（1）安装Transformers 库

首先，需要安装 Transformers 库。Transformers 库支持多种深度学习框架，如 PyTorch、TensorFlow 等。安装时可以根据需要选择合适的框架版本。以下是一些常见的安装命令：
- 对于 PyTorch 用户（推荐）

```
pip install transformers torch
```
- 对于 TensorFlow 2.0 用户

```
pip install transformers tf-cpu
```

从 TensorFlow2.1 开始，tensorflow-cpu 和 tensorflow-gpu 被合并为一个单一的包，TensorFlow会自动根据系统配置选择使用 CPU 还是 GPU。因此，在大多数情况下只需要安装 Tensorflow，命令为：pip install tensorflow。安装 Tensorflow 后，再安装 transformers，transformers 将自动与 TensorFlow 安装兼容。

（2）加载预训练模型

在使用 Transformers 库进行大语言模型开发时，大多使用 Auto Classes 这个类。Auto Classes 提供了一种非常方便的方式来自动选择合适的模型类。Transformers 库提供了大量的预训练模型，涵盖了不同的架构（如 BERT, GPT, RoBERTa, T5 等）和不同的任务（如文本分类、问答、文本生成等）。

Auto Classes 包含了一系列以"Auto"开头的类，例如 AutoTokenizer, AutoModel, AutoModelForSequenceClassification, AutoModelForQuestionAnswering 等。这些类能够根据提供的模型名称自动加载对应的模型和分词器。

当使用 Transformers 库来加载一个已经训练好的模型时，通常会用到 from_pretrained 这个方法。这个方法需要我们提供一个信息，这个信息可以是 Hugging Face Hub 上的模型名称，也可以是本地电脑上模型文件的保存路径。根据这个信息，from_pretrained 方法就能帮我们创建出对应的模型实例，然后可以直接使用这个模型进行后续的工作，比如文本分类、问答等。

例如：

```
from transformers import pipeline
# 创建管道，加载预训练模型
pipe = pipeline("fill-mask", model="models/bert-base-uncased")
```

当直接访问 Hugging Face Hub 遇到困难时，可以选择使用国内一些合法的镜像源来加载模型到本地电脑上。这种方式是大语言模型开发模式下访问资源受限的一种常见解决方案。

（3）处理输入数据

在将文本输入到模型之前，通常需要进行一些预处理，如分词（Tokenization）。然而，在使用 pipeline 函数时，这些步骤通常是自动完成的。只需直接传入文本即可。例如：

```
result = pipe("Hello I'm a model.")
```

如果需要更细粒度的控制，可以手动加载分词器和模型。例如：

```
from transformers import AutoTokenizer, AutoModelForMaskedLM
# 加载分词器和模型
tokenizer = AutoTokenizer.from_pretrained("models/bert-base-uncased")
model = AutoModelForMaskedLM.from_pretrained("models/bert-base-uncased")
各种具体操作 ... 代码略
```

（4）获取输出结果

对于pipeline 函数，它直接返回处理后的结果，通常是一个包含标签和得分的列表。例如：

```
[{ 'score': 0.10731086879968643 }
```

下面我们共同来实现一个实际的Transformer 文本处理案例。本案例实现了NLP 中的一个任务，称为fill-mask 或掩码填充。这个任务的目标是预测并填充句子中被掩码（[MASK]）替换掉的词，以使生成的句子在语法和语义上都是合理的。

这个任务是NLP 中的一个重要任务，因为它可以帮助我们理解模型如何理解语言的上下文，并且可以用于各种应用，如文本生成、自动完成、语言翻译等。请尝试运行下面的代码。

输入：
```
from transformers import pipeline
import torch


# 创建管道，加载预训练模型
pipe = pipeline("fill-mask", model="models/bert-base-uncased")
# 测试管道
result = pipe("Hello I'm a [MASK] model.")
print(result)
```

输出：
```
[{'score': 0.10731086879968643,  'token': 4827,  'token_str': 'fashion',  'sequence': "hello i'm a fashion model."},
{'score': 0.0877450555562973,   'token': 2535,  'token_str': 'role',     'sequence': "hello i'm a role model."},
{'score': 0.053384050726890564, 'token': 2047,  'token_str': 'new',      'sequence': "hello i'm a new model."},
{'score': 0.046672362834215164, 'token': 3565,  'token_str': 'super',    'sequence': "hello i'm a super model."},
{'score': 0.027095977216959,    'token': 2986,  'token_str': 'fine',     'sequence': "hello i'm a fine model." }]
```

输入：
```
# 加载预训练模型
from transformers import AutoTokenizer, AutoModelForMaskedLM

tokenizer = AutoTokenizer.from_pretrained("models/bert-base-uncased")
model = AutoModelForMaskedLM.from_pretrained("models/bert-base-uncased")

# 测试直接加载的模型
input_text = "Hello I'm a [MASK] model."
input_ids = tokenizer(input_text, return_tensors="pt").input_ids

# 预测掩码位置的词
with torch.no_grad():
    outputs = model(input_ids)
    predictions = outputs[0]

# 获取最可能的词
mask_token_index = (input_ids[0] == tokenizer.mask_token_id).nonzero().item()
predicted_index = torch.argmax(predictions[0, mask_token_index]).item()
predicted_token = tokenizer.convert_ids_to_tokens([predicted_index])[0]
print(f"Predicted token: {predicted_token}")
```

输出： Predicted token: fashion

--------- 代码解析 ---------

（1）创建管道并加载预训练模型

```
pipe = pipeline("fill-mask", model="models/bert-base-uncased")
```
这行代码创建一个处理"fill-mask"任务的管道，并加载位于models/bert-base-uncased路径下的BERT预训练模型。

（2）使用pipeline生成摘要

```
result = pipe("Hello I'm a [MASK] model.")
print(result)
```
从输出结果来分析，每个句子都包含"hello i'm a [某词] model."的结构，模型为每个句子中的特定词（token）分配了一个分数（score）。分数越高，表示模型认为这个词在给定的上下文中越重要或越相关。

- "fashion"在"hello i'm a fashion model."中的分数最高（0.10731086879968643），表明模型认为"fashion"是最适合这个结构的词。

- "role"在"hello i'm a role model."中的分数次之（0.0877450555562973），表示"role"也是一个相对适合的词。

- "new"、"super"和"fine"分别在各自的句子中获得了较低的分数，表明这些词在模型看来相对不那么适合这个结构。

这个输出展示了模型如何评估不同词在给定句子结构中的适用性，分数反映了模型对每个词在特定上下文中的偏好程度。

（3）加载预训练模型

```
tokenizer = AutoTokenizer.from_pretrained("models/bert-base-uncased")
model = AutoModelForMaskedLM.from_pretrained("models/bert-base-uncased")
```

使用 AutoTokenizer 和 AutoModelForMaskedLM 从 models/bert-base-uncased 路径下加载预训练的分词器和掩码语言模型。

（4）测试加载的模型

```
input_text = "Hello I'm a [MASK] model."
input_ids = tokenizer(input_text, return_tensors="pt").input_ids
```

定义一个包含掩码的句子，然后使用分词器将句子转换为模型能够理解的输入 ID。

```
with torch.no_grad():
    outputs = model(input_ids)
    predictions = outputs[0]
```

- 在 torch.no_grad() 上下文中，使用模型进行推理，以禁用梯度计算并减少内存消耗。
- outputs = model(input_ids)：将输入 ID 传递给模型，并获取输出。
- predictions = outputs[0]：从输出中提取预测结果。

（5）获取并打印最可能的词（找到掩码词元在输入ID 中的索引）

```
mask_token_index = (input_ids[0] == tokenizer.mask_token_id).nonzero().item()
```

- input_ids：这是一个张量，包含了经过分词器处理后的输入序列的 ID。每个 ID 对应分词器词汇表中的一个单词或标记。
- tokenizer.mask_token_id：这是分词器中掩码标记的 ID。对于 BERT 分词器，这个 ID 是预定义的，代表 [MASK] 标记。
- input_ids[0] == tokenizer.mask_token_id：这个表达式用于检查输入序列的第一个元素（input_ids[0]）是否等于掩码标记的 ID。结果是一个布尔张量，其中值为 True 的位置表示找到了掩码标记。
- .nonzero() 这个方法用于找出布尔张量中所有值为 True 的位置索引。结果是一个新的张量，包含了所有找到的位置索引。
- .item() 这个方法用于从只包含一个元素的张量中提取这个元素。在这个上下文中，它用于提取第一个掩码标记的位置索引。

```
predicted_index = torch.argmax(predictions[0, mask_token_index]).item()
```

获取预测结果中掩码位置概率最高的词元的索引。

```
predicted_token = tokenizer.convert_ids_to_tokens([predicted_index])[0]
```

将预测的词元索引转换为实际的词元文本。

2.3 词嵌入和神经网络：大语言模型的基石

在 NLP 的广阔天地里，词嵌入与神经网络犹如两颗璀璨的明星，共同构筑了大语言模型的巍峨基石。它们的完美融合，如同双剑合璧，让文本处理任务变得前所未有的高效与准确，引领着 NLP 领域迈向一个崭新的辉煌时代！

2.3.1 词嵌入的奇妙世界

词嵌入，简而言之，是将单词或短语映射到高维向量空间中的表示方法。这种表示方法相较于传统的 one-hot 编码，具有显著的优势。它不仅能够有效地捕捉到单词之间的语义关系，还能够揭示出单词在语境中的微妙差异。这使得神经网络能够更容易地处理和理解文本数据，为后续的文本分析任务提供了坚实的基础。

在大语言模型中，词嵌入的作用尤为突出。尽管词嵌入模型本身结构相对简洁，但其构建方式、训练方法及训练后的应用均构成了大语言模型的重要基石。词嵌入为模型注入了丰富的语义信息，使大语言模型能够更深刻地理解文本中的上下文关系，进而在文本分类、情感分析、问答系统等任务中展现出更高的准确性。

如何让计算机理解词汇的含义是一个核心问题。许多人首先会想到的方法是人工编写词典。在传统的 NLP 领域，以 WordNet 为代表，人工构建描述单词间关系的词典方法一直被广泛研究。然而，这种方法面临诸多挑战：难以全面覆盖所有词汇，包括专业术语、专有名词和新单词；难以准确记录单词的语感及其之间的相似性；且无法避免记录者的主观性影响。

在这种背景下，为了 NLP 而专门构建的文本集合，则被称为语料库[07]。

语料库是大语言模型训练的基础，蕴含了大量的文本数据，为模型提供了丰富的语言知识和规律。通过大规模语料库的训练，模型能够学习到语言的统计特性、语义关系和上下文依赖等关键信息。语料库的规模和质量对模型的性能有着直接影响。一般来说，较大的语料库能提供更全面、丰富的信息，使模型具备更强的泛化能力。同时，语料库的准确性也是确保模型性能的关键因素，错误或低质量的语料数据可能导致模型学习到错误的语言规律。

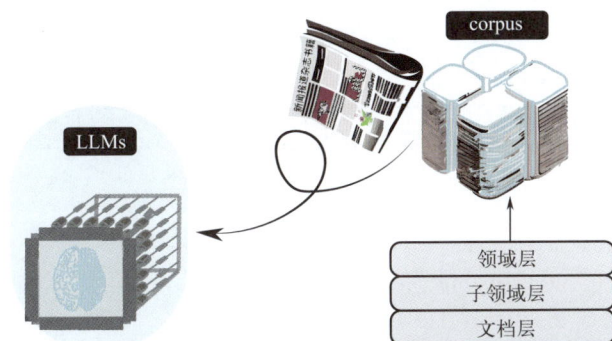

[07] 语料库的核心是大量的文本数据集合，这些数据可以来源于书籍、文章、新闻报道、网络论坛、社交媒体、学术论文、专利文献等多种渠道。语料库往往采用分层结构来组织数据，以便更高效地进行管理和检索

word2vec 模型是基于分布假设设计的，这一假设认为某个单词的含义可以通过其周围出现的单词来表示。实际上，即使遇到不熟悉的单词，人类也能根据上下文中的其他单词在一定程度上推测出该单词的意思。这一现象验证了分布假设的有效性，即周边的单词能够传达出未知单词的含义。

进一步来说，word2vec 技术为每个单词分配了一个独特的向量，我们称之为词嵌入 [08]。如果两个单词意思相近或经常一起出现，它们就会被分配到相似的向量。因此，像Square 这样具有多重含义（如正方形、广场、平方）的单词，在Word2vec 中会有一个统一的Square 向量来表示。简而言之，嵌入（embedding）就是将事物（如单词）转换为一种包含有用信息、能够解决特定问题的向量。

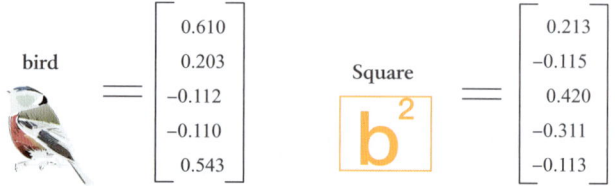

$$bird = \begin{bmatrix} 0.610 \\ 0.203 \\ -0.112 \\ -0.110 \\ 0.543 \end{bmatrix} \qquad Square \quad b^2 = \begin{bmatrix} 0.213 \\ -0.115 \\ 0.420 \\ -0.311 \\ -0.113 \end{bmatrix}$$

[08] word2vec 通过分配独特的向量来表示每个单词，这些向量反映了单词之间的相似性和上下文关系。嵌入不仅适用于单词，还可以扩展到其他事物，如句子、图像等，只要它们可以转换为包含有用信息、能够解决特定问题的向量

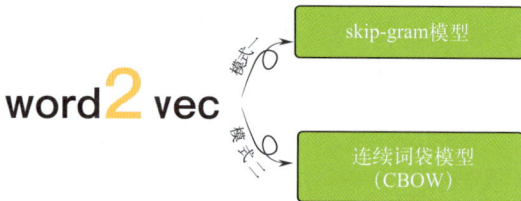

skip-gram模型

word2vec

连续词袋模型（CBOW）

[09] skip-gram 通过目标词语来预测上下文词语。CBOW 与 skip-gram 正好相反，它是通过上下文词语来预测目标词语

举个例子，使用word2vec 模型之一的skip-gram，"我昨天在图书馆看了一本有趣的书"。现在，我们想使用word2vec [09]的skip-gram 模型来学习这句话中每个单词的意思。skip-gram 的工作原理是依次处理这句话中的每个单词，并尝试学习这个单词和它周围单词的关系。换句话说，就是给定一个单词，模型会尝试预测它周围的单词是什么。

具体来说 [10]，我们可以按照"我-> 昨天-> 在-> 图书馆-> 看-> 了-> 一本-> 有趣-> 的-> 书"的顺序来选择每个单词作为学习的对象。比如，当我们选择"有趣"作为学习的中心单词时，我们可以设置一个窗口大小（window size），来决定"有趣"周围有哪些单词。

假设我们设置的窗口大小为2，那么从"有趣"开始，它左边的两个单词是"一本"和"了"，右边的两个单词是"的"和"书"。然后，skip-gram 模型就会尝试学习这样一个关系：给定"有趣"这个单词，模型应该能够预测出它周围的单词是"一本"、"了"、"的"和"书"。通过学习这样的关系，模型就能够逐渐理解"有趣"这个单词在句子中的意思和用法。

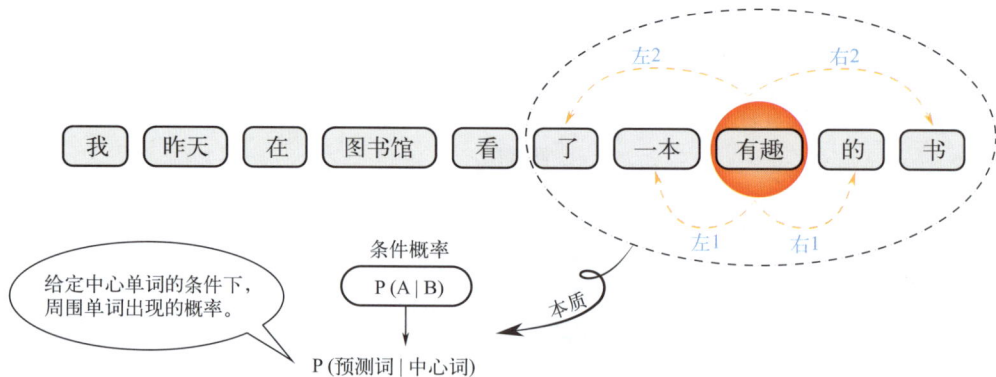

| 我 | 昨天 | 在 | 图书馆 | 看 | 了 | 一本 | 有趣 | 的 | 书 |

左2 右2
左1 右1

给定中心单词的条件下，周围单词出现的概率。

条件概率
P(A|B)

本原

P(预测词|中心词)

[10] skip-gram 模型通过学习单词和它周围单词的关系，来逐渐理解每个单词的意思。案例中通过学习"有趣"和它周围单词的关系，模型就能够逐渐理解"有趣"这个单词是用来形容某样事物的特性

2.3.2　词嵌入与神经网络的融合

将词嵌入与神经网络相结合，这不仅仅是技术的简单叠加，更是NLP领域的一次深刻变革和巨大飞跃。这种融合，为NLP模型注入了词嵌入所蕴含的丰富而深厚的语义信息，使其能够更深入地理解语言的内涵和细微差别。同时，它也赋予了模型神经网络令人惊叹的特征提取能力，使其能够更准确地捕捉语言的复杂特征和模式。

这种词嵌入与神经网络的完美结合，让模型在处理语言任务时，仿佛被赋予了"智慧之眼"。它不再仅仅是一个简单的算法或程序，而是一个能够深入理解、精准分析并智能响应的语言处理专家。这种融合开启了NLP的新篇章。

具体来说，word2vec通过学习，把每个词都表示成一个低维的向量（也就是一系列数字），这样，意思相近的词在向量空间里的距离也会比较近。在word2vec模型里，无论是skip-gram还是CBOW，最后都要预测一个词，这其实就是一个多分类问题。因为词汇表里有很多词，所以要用softmax函数来帮忙预测。

softmax是一个在处理多分类问题时常用的函数。简单来说，它能把一个向量里的数字转换成概率，告诉我们每个类别有多大的可能性是正确的。

下面给softmax函数下一个定义：softmax函数是一种将n维实数向量$\boldsymbol{x}=(x_1, x_2, \cdots, x_n)$转换为另一个$n$维实数向量$\boldsymbol{y}=(y_1, y_2, \cdots, y_n)$的函数。其中，每个$y_i$都是根据特定的softmax公式计算得到的。

$$y_i = \frac{\exp(x_i)}{\exp(x_1)+\exp(x_2)+\cdots+\exp(x_n)} \quad (1 \leqslant i \leqslant n)$$

通过softmax函数，可以将实数向量转换成概率表达。根据softmax函数的定义公式，计算得到的每个分量y_i都满足$0 < y_i < 1$，并且所有分量之和$y_1 + y_2 + \cdots + y_n = 1$，这表明转换后的向量是一个概率分布[11]。

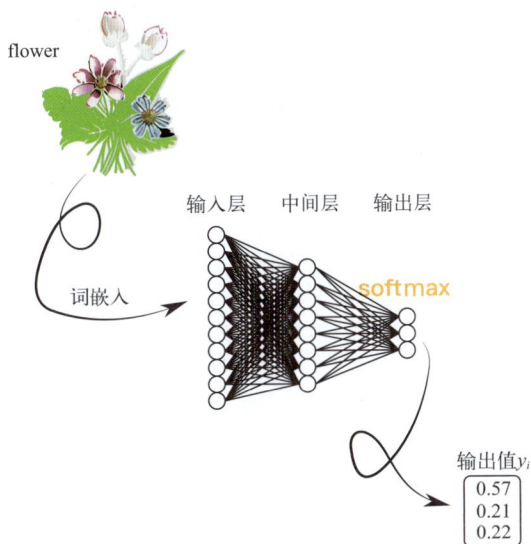

flower

输入层　中间层　输出层

词嵌入

softmax

输出值y_i

| 0.57 |
| 0.21 |
| 0.22 |

[11] word2vec通过其高效的计算方式和良好的性能表现，极大地推动了词嵌入技术在自然语言处理领域的应用和普及，为文本数据提供了一种低维、稠密且包含丰富语义信息的表示方式，为后续的各种NLP任务提供了有力支持

但是，直接使用softmax在处理大规模词汇表时会遭遇计算量庞大的挑战。为了有效解决这一问题，word2vec提出了两种关键的优化策略：层次softmax和负采样。

一方面，层次softmax的核心思想在于利用一棵二叉树来高效地表示词汇表中的所有词汇。在这种策略下，预测一个词语的过程被巧妙地转变为在二叉树上进行一条路径的遍历。每一步都只需进行一次简单的二分类决策，即选择向左或向右的子节点，直至抵达某个叶子节点。该叶子节点所代表的词汇即为最终的预测结果。这种转变极大地降低了计算复杂度，因为每一步仅需计算两个类别的概率，而非整个词汇表中所有词汇的概率，从而使得模型能够更快速地给出预测。

另一方面，负采样策略旨在通过减少需要更新的负样本数量来降低计算复杂度。在word2vec的skip-gram模型中，传统的softmax层需要计算词汇表中所有词汇的概率，这在大规模词汇表的情况下会导致巨大的计算量。负采样策略通过随机选取一部分词汇作为负样本（"噪声"词汇），并仅更新这些负样本以及正样本（中心词和上下文词对）的词向量参数，从而显著减少了计算量。

像word2vec 那样，在实际解决目标任务之前，利用其他任务对模型进行预先训练的过程被称为预训练（pre-training）。而应用这种预训练模型的目标任务，如机器翻译、情感分析、信息提取等，被称为下游任务（downstream task）。特别地，在使用word2vec 等预训练词嵌入模型时，针对特定的下游任务，选择并应用通过其他方法学习到模型，这一过程被称为迁移学习（transfer learning）。

自监督学习（self-supervised learning）是一种根据输入自动生成预测标签进行学习的方式。在传统的自然语言处理中，通常采用有监督学习（supervised learning），但由于人工数据集的制作成本高昂，难以进行大规模的学习。而自监督学习允许我们直接从网络上获取大量且简单的大规模语料库来进行模型学习，从而实现理解语言所需的大规模学习。

利用大规模语料库进行自监督学习的预训练模型，并通过迁移学习将其应用于下游任务，这是利用大规模语言模型进行NLP 的最基本方法。在后续章节中，这一方法将会被反复提及和应用。

2.3.3　神奇的注意力机制

深入理解Attention 机制是掌握Transformer 架构精髓的关键所在。若未能透彻领悟Attention 的运作原理，那么对于后续更为复杂的Self-Attention、Cross-Attention，乃至大语言模型的核心思想，都将难以把握。Attention 机制作为Transformer 中不可或缺的神经网络结构，其核心在于利用矩阵乘积来高效地学习并表达数据之间的相似度。

矩阵乘积在Attention 机制中扮演着至关重要的角色，它不仅是一种数学运算，更在统计学上蕴含着深刻的意义。具体来说，当我们将Query 矩阵与Key 矩阵进行乘积运算时，实际上是在计算每一个Query 向量与所有Key 向量之间的相似度或相关性。这种相似度的度量，通常是通过点积、余弦相似度等方式来实现的，而得到的相似度分数则反映了不同向量之间的关联程度。

在统计学视角下，矩阵乘积可以被视为一种特征空间中的内积运算，它衡量了两个向量在特定维度上的投影长度和夹角关系，从而反映了它们之间的相似性或距离。在Attention 机制中，这种相似度计算为模型提供了关注输入数据中重要信息的依据，使得模型能够动态地调整对不同部分的关注度，进而提升性能和泛化能力。

因此，掌握矩阵乘积在Attention 机制中的应用，不仅有助于我们深入理解Transformer 架构的工作原理，还能为我们设计和优化大型语言模型提供有力的数学支撑和理论依据。

下面，我们将通过一个具体的例子来深入阐述Attention 机制的基本概念，特别是其在Self-Attention 中的应用。

- 设想我们有一个5 行4 列的输入矩阵，我们称之为Query。为了简化说明，我们设定Key 为Query 的转置矩阵，而Value 则与Query 完全相同。这样的设定虽然在实际应用中较为罕见，但为我们提供了一个直观的理解框架。

- 接下来，我们计算Query 和Key 的矩阵乘积，这将生成一个5×5 的矩阵。这个矩阵中的每个元素代表了Query 中某一行与Key 中某一列（即Query 的某一原始行转置后）的点积，反映了它们之间的相似度或相关性。

- 随后，我们将这个5×5 的矩阵中的每个元素除以一个常数，以进行归一化。这个常数通常是Query 矩阵列数的平方根。在本例中，这个常数是根号4，即2。这一步的目的是使得后续的soft max 计算更加稳定。

- softmax 函数随后被应用于这个归一化后的5×5 矩阵，将矩阵中的每一行转换为一个概率分布。在这个特定的例子中，我们假设softmax 的结果使得第三列的元素值几乎都为1，这意味着Query 中的各行与Key（即Query 转置后）的第三列有着极高的相似性。

- 最后，我们计算这个经过softmax 处理后的矩阵与Value 的矩阵乘积，结果是一个5×4 的矩阵。这个矩阵可以看作是原始输入矩阵的一种"加权"或"强调"版本，其中权重由Query 和Key 之间的相似性决定。

将输入矩阵与最终结果进行比较，我们会发现，结果矩阵中的某些数值被显著强调，而周边较远的、相似性较低的值则趋于消失。这种现象正是Attention 机制的核心所在：它能够自动地关注输入数据中最重要或最相关的部分，并相应地调整输出 [12]。

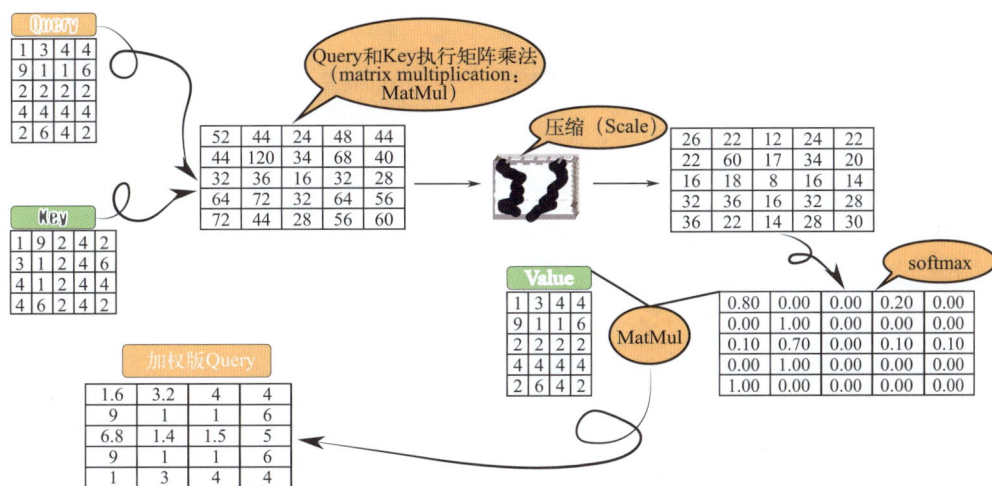

[12] 在设计和优化大型语言模型时，应充分考虑 Attention 机制的应用。通过合理设置 Query、Key 和 Value 矩阵，以及选择合适的相似度度量方式和归一化方法，可以进一步提升模型的性能和效果

值得一提的是，在Attention 机制中，特别是当使用缩放点积（Scaled Dot-Product）Attention 时，执行 Query（Q）和Key（K）的乘法操作后，通常会对结果进行缩放（即归一化）。这个缩放的目的是减轻当维度较高时，点积结果可能过大或过小对softmax 函数的影响，从而保持梯度的稳定性。
具体来说，缩放的操作是将点积结果除以一个常数，这个常数通常是Query（或Key，因为它们的维度通常是相同的）的列向量维度（特征维度或嵌入维度）的平方根。用数学表达式表示就是：

$$\text{Attention}(\boldsymbol{Q}, \boldsymbol{K}, \boldsymbol{V}) = \text{softmax}\left(\frac{\boldsymbol{Q}\boldsymbol{K}^{\mathrm{T}}}{\sqrt{d_{\mathrm{k}}}}\right)$$

其中，d_{k} 是Query 和Key 的特征维度（或列向量维度），$\boldsymbol{Q}$、$\boldsymbol{K}$、$\boldsymbol{V}$ 分别是Query 矩阵、Key 矩阵和Value 矩阵。这种缩放操作可以确保当维度d_{k} 较大时，点积QKT 的结果不会过大，从而避免softmax 函数进入饱和区，导致梯度消失或爆炸的问题。因此，这个缩放因子（常数）确实是Query 的列向量维度的平方根。

这个例子可以被视为Self-Attention 的一个简化版。Self-Attention 是Attention 机制的一种特殊形式，它允许模型计算输入序列中不同位置之间的相似性，并据此更新每个位置的表示。值得注意的是，在这个例子中，我们没有引入任何可学习的参数。然而，在实际应用中，为了提高模型的表现力和灵活性，我们通常会使用参数化的神经网络来映射Query、Key 和Value。

就算没有提前告诉Attention 机制要找什么，也没有让它学习过，这个简化的例子还是展示了Attention 机制的一个优势之处：它能自己发现输入数据里相似的东西，并且在网络里把它们突出显示出来。这个能力让Attention 机制在现代深度学习模型里变得非常重要，特别是当我们处理像自然语言处理中的文本这样的序列数据时更加突出。

以下是一个简单的 Python 代码示例，展示了如何使用 Attention 机制。这个示例使用的是 Numpy 来进行矩阵运算，以便更容易理解。假设我们有一个简单的场景：一个序列（例如一句话的表示），我们希望计算该序列中每个元素对其他元素的注意力权重，并更新每个元素的表示，代码如下：

输入：

```python
import numpy as np

# 假设我们有一个输入序列，表示为一些向量（例如词嵌入）
# 这里用一个随机生成的矩阵表示，维度为 (sequence_length, embedding_dim)
sequence_length = 5
embedding_dim = 4
inputs = np.random.rand(sequence_length, embedding_dim)

# 通常我们需要一些可训练的参数，这里我们简单初始化一些权重矩阵
# 查询矩阵 (W_Q), 键矩阵 (W_K), 数值矩阵 (W_V)
W_Q = np.random.rand(embedding_dim, embedding_dim)
W_K = np.random.rand(embedding_dim, embedding_dim)
W_V = np.random.rand(embedding_dim, embedding_dim)

# 计算查询 (Q), 键 (K), 数值 (V)
Q = np.dot(inputs, W_Q)
K = np.dot(inputs, W_K)
V = np.dot(inputs, W_V)

# 计算注意力得分（相似度），通常使用点积
attention_scores = np.dot(Q, K.T)  # 维度为 (sequence_length, sequence_length)

# 将注意力得分归一化为概率（softmax）
attention_weights = np.exp(attention_scores) / np.sum(np.exp(attention_scores), axis=1, keepdims=True)

# 使用注意力权重来更新每个元素的表示
output = np.dot(attention_weights, V)  # 维度为 (sequence_length, embedding_dim)

print(" 输入序列：\n", inputs)
print(" 注意力权重：\n", attention_weights)
print(" 输出序列：\n", output)
```

输出：

```
输入序列：
[[0.0188465  0.73125138 0.64639098 0.56176451]
 [0.18838504 0.35377569 0.03542929 0.59556703]
 [0.3151304  0.66272424 0.6769524  0.83013494]
 [0.44717932 0.49267008 0.04453282 0.06919728]
 [0.70164466 0.11359051 0.42959217 0.479325  ]]
注意力权重：
[[0.26500371 0.07127186 0.48122373 0.0627654  0.1197353 ]
 [0.25683744 0.11711067 0.36525569 0.10371479 0.15708142]
 [0.25865334 0.0443039  0.57193224 0.03677418 0.08833633]
 [0.25026    0.12772895 0.33335935 0.12230035 0.16635135]
 [0.26746606 0.06723733 0.49028491 0.05933754 0.11567417]]
```

输出序列：
```
[[1.39737589 1.04380258 0.60601305 1.09934845]
 [1.28695777 0.98296288 0.56079751 1.0053692 ]
 [1.47367582 1.08770699 0.63796303 1.16441976]
 [1.25281633 0.96423452 0.54609798 0.97552681]
 [1.40720265 1.0486401  0.60968172 1.10766189]]
```

从输出结果来看，输出的数字序列和输入的数字序列看起来不一样。这是因为输出中的每个数字，都是输入序列里所有数字加在一起得到的，但加的时候不是简单地做加法，而是用了注意力权重矩阵来决定每个数字的重要性。虽然数字变了，但输出序列和输入序列的大小（长度和维度）还是一样的，都是(sequence_length, embedding_dim)。换句话说，每个输入的数字都被转换成了一个新的形式，但这个形式还是在同样的空间里。

注意力机制就像是让模型在计算输出的时候，能够看看输入序列里的所有数字，然后根据这些数字之间的关系（注意力权重）将它们混合在一起。所以，输出序列里的每个数字，其实都包含了输入序列里其他数字的信息，这些信息是根据注意力权重加在一起得到的。

注意力权重矩阵就像是个指南，告诉模型在计算输出时，哪个输入数字更重要。权重越大，就意味着那个输入数字对输出的影响越大。从注意力权重矩阵里，我们可以看出不同的输入数字对输出的影响是不一样的，这就是注意力机制能够选择和聚焦的重点所在。

2.3.4　像素级 Query-Key-Value 机制详解

当我们尝试把中文翻译成英文时，一个很自然的做法是去注意每一个中文词在英文里对应的那个词。比如说，我们知道中文的"她"对应英文的"She"，"苹果"对应"apple"。这样，当我们理解了中文和英文之间这些词汇的对应关系，我们就能更准确、更有效地完成翻译工作。这其实就像是我们在翻译的时候，把我们的"注意力"从中文的词语上转移到它对应的英文词语上。

设想，有一个机器在尝试学习如何翻译，特别是当它要决定下一个应该翻译出什么词的时候，它得特别小心地"注意"到那个"正确"的英文词[13]。这并不是一件简单的事情，因为翻译并不是简单的一词对一词的替换——很多时候，一个中文词可能对应多个英文词，或者一个英文句子的结构和中文完全不同。但是，尽管复杂，这个"注意力"转移的基本思路还是一样的：找到并关注那个最合适的对应词。

[13]　尽管翻译问题本身非常复杂，但通过将注意力集中在最关键的点上（即找到最合适的对应词），可以使得问题在一定程度上得到简化。这种方法不仅适用于机器翻译，也可以用于处理其他复杂的自然语言处理任务

要更好地理解"正确答案"这个词的重要性，我们可以考虑如何利用翻译原文中每个单词的信息。在传统的编码器-解码器模型里，解码器会依赖编码器最后输出的整个原文的整体特征来预测接下来的翻译单词。简单来说，就是整个原文被压缩成一个固定的信息包，解码器就用这个信息包来工作。但是，这样做的问题是：原文越长，信息包就越大，但模型能记住的信息是有限的，所以原文开头的单词信息就很容易被"冲淡"或忘记。

不过，有了Attention 机制后，编码器-解码器模型就变得更聪明了 [14]。它不再只依赖一个整体的信息包，而是会利用编码器在处理原文过程中产生的所有中间特征。比如，当翻译到"她"这个词时，模型会特别关注原文中与"她"相关的特征；同样，翻译"睡觉"和"前"这些词时，模型也会去找原文中相应的特征来学习。这样一来，原文开头单词的意思就不会被淡化，因为模型在翻译每个单词时都会去原文里找对应的特征。

所以，Attention 机制就像是给模型 加了一个"放大镜"，让它能更清楚地看到原文中每个单词的信息，从而更准确地翻译出正确答案。这样，前面提到的原文开头单词意思被淡化的问题就得到了很好的解决。这就是Attention 机制的基本思路，它让机器翻译变得更加精准和高效。

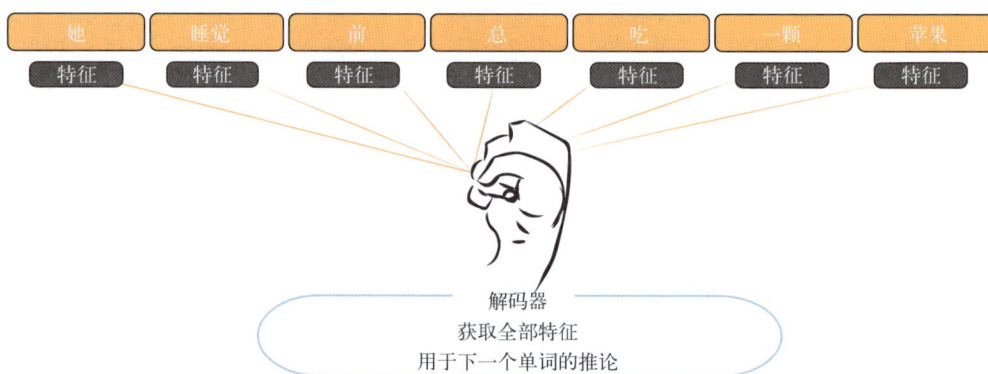

14 Attention 机制使得模型在翻译过程中能够更全面地利用原文中的信息。不再仅仅依赖于一个整体的信息包，而是能够关注到原文中每个单词的特征，从而提高了翻译的准确性和精度

让我们来细致地解读一下，在翻译流程中，解码器是如何巧妙地借助Attention 机制来"聚焦"原文中的词汇，并以"她睡觉时前总吃一颗苹果"这句翻译成"She always eats an apple before going to bed"为例，让这一过程变得浅显易懂 [15]。

当我们着手翻译这句话时，解码器首先会接触并学习第一个词汇"She"。但与传统翻译方式大相径庭的是，Attention 机制不会让解码器仅仅依赖于一个笼统的信息汇总来预测下一个词汇。相反，它会像一个向导，引领解码器去原文中寻找与"She"紧密相关的词汇或短语，以便更精确地把握其含义。

随后，当解码器准备预测第二个词汇时，它并非仅仅基于第一个词汇"She"来作出决策。此时，Attention 机制再次施展其魔力，让解码器回到原文中，探寻与即将翻译的词汇相关的信息。例如，在翻译"always"时，解码器会敏锐地捕捉到原文中的"总"字，从而更准确地将其翻译为"always"。这样的过程会一直伴随翻译的始终，直至整句话被完整翻译出来。每次预测下一个词汇时，Attention 机制都会协助解码器在原文中找到最相关的信息，确保翻译的准确无误和流畅自然。

这一机制的核心在于，我们会利用原文中每个词汇的特征，来计算它们与当前正在翻译的句子部分（已翻译完成并正在进行推理的部分）之间的"相似度"。这里的相似度是一个具体的数值，它反映了词汇之间意义关联的紧密程度。需要说明的是，我们所说的"已翻译的文章"并非指整个翻译已经完成的文本，而是指在当前翻译过程中，已经处理过并正在进行推理的那部分内容。

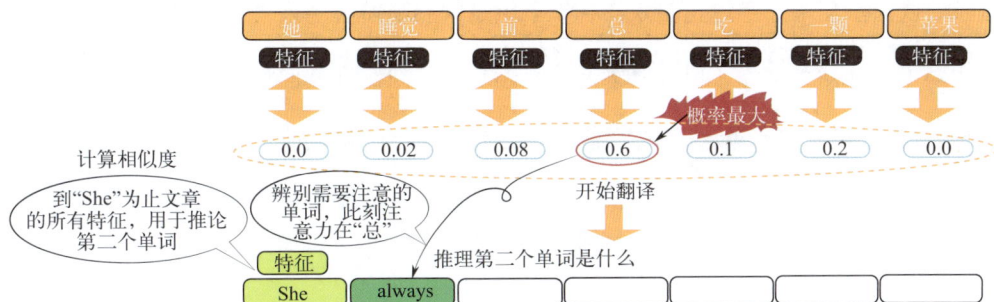

15 **Attention 机制则实现了原文与译文的动态对齐。这意味着在翻译过程中，每个译文词汇的生成都会考虑到原文中与之最相关的词汇或短语，从而确保译文的准确性和连贯性**

其具体的工作原理是，在翻译原文中的词汇时，如果某个词汇与已翻译的部分相似度高，那么它很可能是下一个即将出现的词汇。相似度的计算是基于原文中每个词汇的特征和已翻译的部分完成的。从第一个词汇 "She" 开始，我们会逐一计算原文中每个词汇与已翻译部分的相似度。

当解码器学习到第二个词并进行推理时，它会根据已翻译的 "She" 以及正在进行推理的信息，来计算第二个词汇与原文中各词的相似度。接着，从计算出的相似度中，找出最高的那个词，这个词就是我们需要 "注意" 的。在这个例子中，"总" 的相似度为0.6，是最高的，因此我们知道需要 "注意" 的词汇是 "总"。这意味着，在已翻译的 "She" 之后，出现的词很可能是原文中的 "总" 所对应的英文词汇 "always"。根据这一信息，解码器就能准确地推断出 "She" 后面的词是 "always"。

此外，虽然已翻译并完成推理的部分只有一个词汇 "She"，但我们在计算相似度时，并不是只看这一个词汇，而是考虑直到 "She" 为止的整个已翻译部分。同样地，当我们学习到第二个词 "always" 并进行推理时，我们会观察由 "She always" 这两个词组成的句子与原文中各词汇的相似度，辨别出需要 "注意" 的词汇，然后对下一个出现的翻译词汇进行学习和推理。

这就是根据相似度，通过Attention 机制确定需要 "注意" 的词汇，并在学习后进行推理的过程。确定要 "注意" 的词汇，换句话说，就是 "捕捉文章中各词之间的语义联系"。而且，无论是出现在文章开头的词汇，还是出现在文章结尾的词，Attention 机制都能平等地对待它们，准确地捕捉它们之间的语义联系。

值得一提的是，传统的RNN 有一个显著的弱点，那就是随着词汇量的增加，处理时间也会相应延长。但Attention 机制却能将所有的词汇同时并行处理，因为它不需要像RNN 那样从文章开头的词汇开始一个一个地处理。因此，Attention 机制能显著缩短处理时间，提高翻译效率。这一点我们将在后面的内容中进一步详细讲解。

Query-Key-Value 机制的提出

让我们深入探讨一下 Query-Key-Value 机制在翻译过程中的应用，以及它是如何助力提升翻译精准度的 16。

在翻译过程中，我们会根据原文中各单词的特征，以及翻译进程中已学习并推断出的单词特征，来计算它们之间的相似度。在 Attention 机制的作用下，原文单词的特征被赋予了双重角色：一方面用于相似度计算，这部分特征在 Attention 术语中被称为 "Key"；另一方面，特征本身也保持其原有含义，这部分被称为 "Value"。与此同时，翻译目标文本（包括正在学习并推断的中间单词）的特征，则被表示为 "Query"。

Query 可以被看作是翻译文本在寻找具有特定特征的单词的 "探针"。而作为寻找对象的原文单词特征，即 Key 与 Query 共同决定了相似度的计算。至此，我们引入了 Query 和 Key 两个新概念。

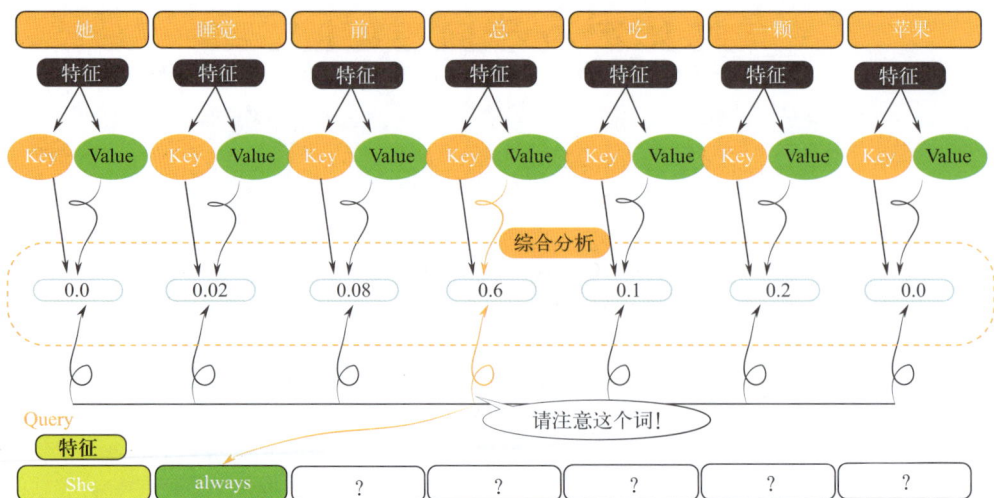

16　相似度不仅是一个数值，它反映了 Query 和 Key 之间的匹配程度。
在翻译任务中，相似度高的单词往往意味着它们在源语言和目标
语言之间具有更强的对应关系，因此应该得到更多的关注

相似度是一个基于原文单词计算出的数值。在 Attention 机制中，求出相似度后，我们会将其与原文单词的特征本体 Value 相乘。这样做的结果是，相似度越高的单词，其特征值在相乘后也会越大。随后，我们将这些乘法结果整合在一起，形成一个综合了多个单词特征及其重要程度的信息集合。这个集合告诉我们，在翻译过程中应该更加关注哪些单词。

利用这些信息，我们可以更准确地推断翻译文本中下一个出现的单词。因为此时我们已经知道，哪些单词是重要的，哪些是可以忽略的。这种基于 Query、Key 和 Value 的 Attention 机制，实际上是在将单词的重要程度数值化，并通过与单词特征本体的乘积，同时捕捉到"单词特征"和"重要度"两方面的信息。

进一步来说，Query、Key 和 Value 的组合使用，不仅仅是为了计算相似度。更重要的是，在相似度的基础上乘以特征本体的值，从而获得一个融合了"是否应该关注这个单词"信息的综合体。这个综合体随后被用于学习后的推断过程。总的来说，单词的意义会根据上下文的不同而有所变化，但通过使用上述的 Attention 方法，我们能够敏锐地捕捉到这种微妙的变化。特别是对于多义词等复杂情况，Attention 机制能够帮助我们更准确地理解其含义，从而在复杂的语境中也能游刃有余。

Self-Attention（进化版的 Attention）

Self-Attention（自注意力机制）并不像在处理中英文机器翻译时那样，简单地匹配两篇不同文章中单词的对应关系。相反，它的重点在于理解同一篇文章内部各个单词之间的相互关联。这意味着，对于文章中的每一个单词，我们都需要关注它与文章中其他所有单词之间的关系，从而更好地把握这些单词之间的依存性，进而更准确地理解整篇文章的含义。

以句子"她睡觉前总吃一颗苹果"为例，我们可以将注意力集中在"一颗"这个词上 17。随后，我们思考"一颗"与句子中其他单词，如"苹果"和"她"之间的依存关系。显然，"一颗"作为数量词，直接修饰"苹果"，表明苹果的数量，因此它们之间的注意力权重较高，依存关系紧密。相反，"一颗"与"她"之间则没有直接的数量修饰关系，所以它们之间的注意力权重较低，依存关系也相对较弱。

这一原理同样适用于句子中的其他单词。我们需要逐一分析每个单词与其余单词之间的注意力程度，以揭示它们之间的依存关系。无论是"一颗"还是其他词汇，我们都应深入探究它们与文章中其他单词的相互联系，从而全面把握整篇文章中所有单词之间的复杂依存网络。

通过这样的分析，Self-Attention 能够帮助我们更深入地理解文章的结构和含义，提升对文本内容的把握能力。

文章的意义并非孤立地由单个单词决定，而是深深植根于这些单词如何相互排列与关联之中。单词间的相互关系对文章的整体意思产生着深远的影响。正如图 17 中清晰展示的，当我们能够全面掌握文章中所有单词之间的依存关系时，便能够更加深入地理解每一个单词在文中的具体含义，进而更加准确地把握文章的整体意图。

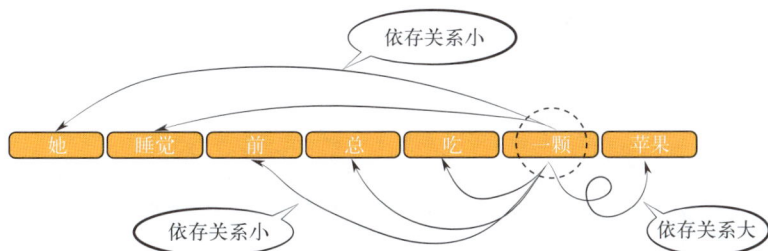

17 文章的含义不仅是由单个单词孤立地决定的，更重要的是这些单词如何相互排列和关联。当能全面掌握文章中所有单词之间的依存关系时，便能够更加深入地理解每一个单词在文中的具体含义，进而更准确地把握整体意图

早期的 word2vec 神经网络模型秉持着一个核心理念：一个单词的含义是由其邻近的单词共同塑造的。而 Self-Attention 机制，尽管在出发点上与这一理念相似，却实现了显著的超越。它不仅关注单词的邻近环境，更致力于捕捉整篇文章中所有单词间错综复杂的联系。

这样的转变带来了多方面的显著优势，其中最为人称道的便是对代词的精准解读。无论是在中文还是英语语境中，代词都扮演着举足轻重的角色。准确识别代词所指代的对象，即它究竟指向文章中的哪一个具体单词，对于全面而准确地理解文章内容至关重要。

代词的具体指代往往随着上下文的变化而变化，这使得准确识别其含义成为一项挑战。而 Self-Attention 机制正是为了应对这一挑战而生。它通过在整篇文章中建立单词间的依存关系网络，深入理解上下文，从而精准地辨别出代词所指代的单词。

举例来说，如图 18 所示，面对同样的代词"它"，Self-Attention 机制能够根据单词间依存关系的强度和范围，准确地判断出它究竟指代的是哪一个具体单词。这样的能力，无疑为自然语言处理领域带来了革命性的进步。

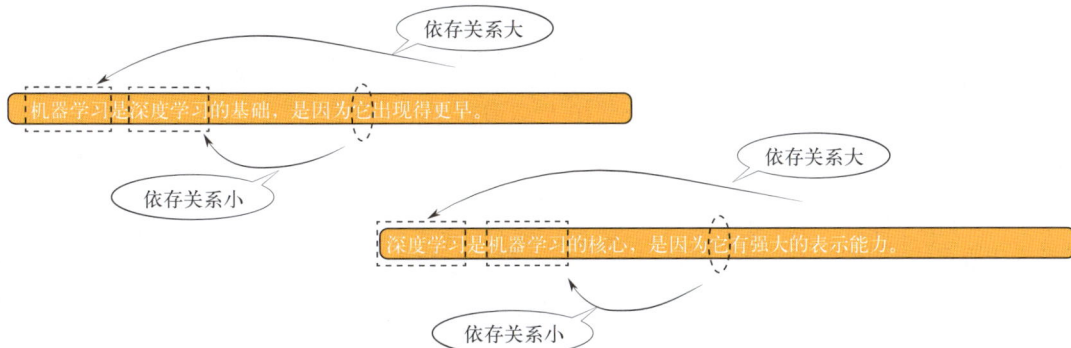

18 Self-Attention 机制通过建立单词间的依存关系网络，能够深入理解上下文，从而精准地辨别出代词所指代的单词。这显示了 Self-Attention 机制在处理复杂语言现象时的强大能力

Self-Attention 机制还展现出根据上下文环境准确理解多义词含义的能力。多义词，即那些在不同语境下具有不同意义的单词，在 Self-Attention 的助力下，其具体含义能够得以明确。例如，当"喜欢"一词后紧跟否定词"不是"，构成"不喜欢"这样的表达时，Self-Attention 能够准确捕捉到这种否定关系，进而理解"不喜欢"与"讨厌"在此情境下可视为同义表达。

此外，为了更清晰地阐述不同类型的 Attention 机制，我们有必要进行明确的区分。如前所述，在涉及两个不同句子的情境下，如果我们需要强调词语之间对应关系的 Attention，那么可以将其特定地称为"Source-Target 型 Attention"，以区别于 Self-Attention 这种在单一文本内部捕捉单词间依存关系的机制。这样的区分有助于我们更准确地理解和应用各种 Attention 技术。

Self-Attention 依赖关系的寻求方法

Self-Attention 中求单词之间依存关系的方法基本上与 Source-Target 型 Attention 相同。Self-Attention 也是对一篇文章中的各个单词求相似度。如图 19 所示，求单词"一颗"与其他单词相似度的案例。根据单词"一颗"的特征和其他单词的特征，分别算出相似度。然后，注意相似度大的单词。

图 19 中向我们展示了一个文本，其中包含"一颗"以及众多其他单词。Self-Attention 机制首先会为"一颗"生成一个特征表示，同样的过程也适用于文本中的每一个其他单词。随后，机制会利用这些特征表示，逐一比对"一颗"与每个单词之间的相似程度。假设结果显示，"一颗"与"苹果"的相似度尤为突出，这意味着在语境中，"一颗"很可能是在描述"苹果"的数量，这样的信息对于准确理解文本至关重要。

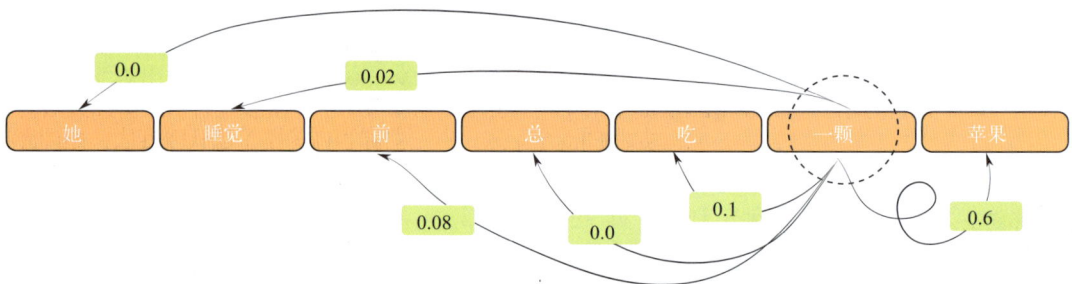

19 Self-Attention 机制能够自动地关注与当前单词（如"一颗"）相似度高的其他单词（如"苹果"）。这种聚焦性使得模型能够更有效地处理文本中的关键信息，从而提高理解文本的准确性和效率

这一过程不仅限于"一颗"与"苹果"，文章中的每一个单词都会经历相同的处理：与其余单词计算相似度，从而揭示出整个文本中单词间的复杂依存网络。通过这种方式，Self-Attention 能够深入洞察文本结构，实现更为精确且高效的理解。

再谈谈 Source-Target 型 Attention 与 Self-Attention 的区别，前者通常应用于如机器翻译等场景，其中 Query 来自源语言文本，而 Key 和 Value 则来自目标语言文本，它们分属不同文本。相比之下，Self-Attention 则完全聚焦于单一文本，Query、Key、Value 均源自同一文本内的单词。尽管两者在处理结构上相似——都是利用 Query 和 Key 计算相似度，再通过与 Value 的加权求和来整合信息，但它们服务的目的和操作的文本范围有所不同。Self-Attention 凭借其独特的机制，成了深入理解单一文本内部结构的强大工具。

Attention机制的优点 🌸

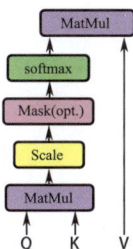

上图来自Transformer的论文「Attention Is All You Need」(https://arxiv.org/abs/1706.03762)

尽管CNN在图像识别领域已展现出强大实力，但随着NLP领域对复杂模式理解需求的提升，Transformer技术犹如一股清流，以其独特的Attention机制颠覆了传统框架。Transformer不仅让NLP研究者眼前一亮，更激发了其在图像识别领域的应用探索。

Attention机制的鲜明优点在于：

① 高效的可扩展性：面对海量数据，Transformer的表现比CNN更易于优化和提升。这得益于其强大的注意力机制，使得模型在处理大规模信息时更加游刃有余。

② 全局视野与细粒度捕捉：传统CNN主要关注图像的局部特征，即相邻像素间的关系。而Transformer则通过学习全局范围内像素（或更广义上的数据单元）之间的关系，打破了这种局限性。它不仅看到了局部细节，更理解了整体的语境或图像结构，这种全局与局部的兼顾让模型在捕捉复杂特征时更为精准。

③ 任务的普适性：得益于Attention机制对"关系"的深刻理解，Transformer得以构建出一个统一的结构，能够应用于各种需要数据间关联理解的场景。这意味着，无论是翻译文本、解析句法结构，还是识别图像中的复杂模式，Transformer都能以相近的框架高效完成任务。

然而，正如任何技术都有其两面性，Transformer在追求性能卓越的同时，也面临着模型规模庞大、训练成本高昂的挑战。其复杂的网络结构和巨大的参数量，使得从零开始训练一个Transformer模型变得既耗时又资源密集。因此，在图像处理领域，尽管基于Transformer的结构开始崭露头角，特别是在如Stable Diffusion等高级图像生成系统中被广泛应用，但CNN由于其较低的计算成本和较好的初始性能，依然占据着重要地位。

2.4　大语言模型：数学的韵律，文本的乐章

大语言模型是近年来 NLP 领域的一个热门话题，它们的出现为文本处理带来了全新的视角。这些模型以庞大的参数量、强大的表达能力和广泛的适用性而著称，正在逐步改变我们对自然语言处理任务的处理方式。

2.4.1　从神经网络到大语言模型的演进

神经网络的发展经历了从简单到复杂、从浅层到深层的过程。早期的神经网络模型，如感知机、多层感知机等，虽然在一定程度上能够处理一些简单的NLP 任务，但由于其结构和算法的限制，难以应对复杂的语言现象和任务。

随着计算能力的提升和数据量的增加，深度学习技术逐渐崭露头角。深度学习模型，如循环神经网络（RNN）、卷积神经网络（CNN）等，通过增加网络层数和复杂度，提高了对语言的理解和生成能力。然而，这些模型仍然存在一定的局限性，如在处理长距离依赖、语义理解等方面存在困难。

近年来，随着Transformer 等新型深度学习架构的提出，大语言模型逐渐崭露头角。这些模型通过采用自注意力机制、多头注意力等先进技术，实现了对语言更深层次的理解和生成。同时，随着预训练技术的发展，大语言模型可以在大规模语料库上进行自监督学习，进一步提高了其表达能力和泛化能力。

大规模语言模型（LLM，large language model）（以下都简称LLM）是指具有大量参数和丰富语言表示能力的语言模型。这些模型经过大规模的预训练，通常使用大规模的文本语料库进行训练。这些模型能够理解和生成自然语言文本，同时能够捕捉到语言中的各种语法、语义和语境特征。LLM 通常被用于各种NLP 任务，如文本生成、语言理解、情感分析、机器翻译等。

与传统的小型模型相比，LLM 通常拥有数十亿甚至上百亿个参数，使得模型能够更好地理解和生成自然语言文本。LLM 的特点在于其能够处理大规模的文本数据，并通过预训练和微调来学习丰富的语言知识和规律。

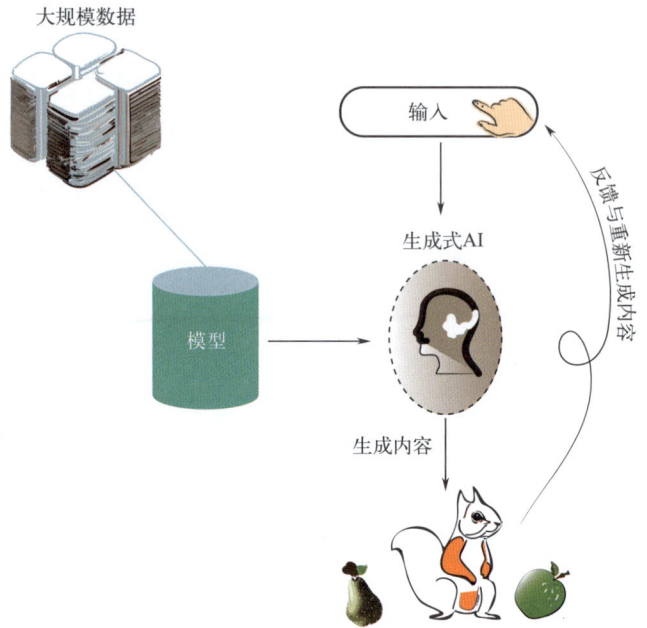

LLM 的工作原理，尽管复杂，但可从高层次来理解。其核心在于"生成式 AI"，这是一类通过学习大量数据来创造全新内容的AI技术[20]。这类AI能够生成图像、文章、声音、视频乃至程序代码等多种类型的内容。其运作机制主要是不断学习数据并调整参数，以生成所需的内容。

[20] 生成式 AI 的核心在于其能够创造全新的内容，这包括图像、文章、声音、视频以及程序代码等多种类型。这表明了生成式 AI 在内容创作和生成方面的强大潜力

学习完成后，模型会利用已学参数和上下文信息，计算出最可能的输出结果。随后，模型会根据预测结果与实际反馈进行迭代优化。若预测与实际不符，模型会依据反馈调整参数，以提升下一次预测的准确性。这一迭代过程可能反复进行，直至模型的预测结果达到满意水平[21]。通过持续的学习、预测与迭代优化，大模型能逐步提升其语言理解和生成能力，从而在多种NLP任务中展现出卓越性能。

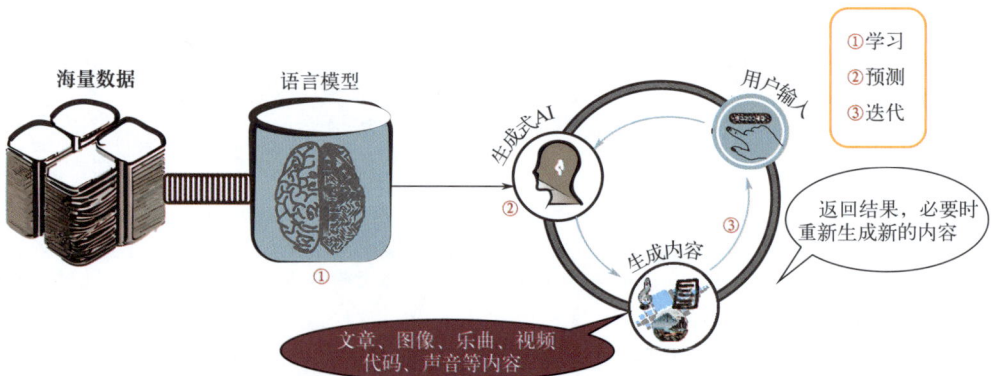

[21] 模型会根据预测结果与实际反馈进行迭代优化，这意味着模型并不是一成不变的，而是会根据实际情况不断调整和完善自己，以提升预测的准确性。通过持续的学习、预测与迭代优化，大模型能逐步提升其语言理解和生成能力

2.4.2　大语言模型的概念

大型语言模型，即Large Language Model（简称LLM），这一术语在国内初被精炼地译为"大模型"，相较于大规模语言模型而言，这一称呼确显更为简洁有力。然而，简练之余，或许也牺牲了部分内涵的传达，尤其是语言这一核心要素的直接体现。当我们谈及模型的"大规模"，对于非专业人士而言，可能较难直观理解其背后的深意。

实际上，在近年来的技术发展中，语言模型是通过神经网络来具体实现的，而神经网络的大小，正是衡量其"规模"的关键。具体而言，这种大小通常是通过网络中的参数数量来量化的。因此，从本质上讲，LLM 代表的是一种利用极其庞大参数集构建的神经网络，进而实现对语言的深度建模与高效处理的语言模型。

假设存在一个词序列 $W=\omega_1\omega_2...\omega_n$，其出现的概率由模型 $p(W)$ 描述。换言之，针对词序列 W 的概率分布构成了语言模型。接下来，我们将对 $p(W)$ 的公式进行详细展开：

$$p(W) = \prod_{i=1}^{n} p(\omega_i \mid \omega_1\omega_2\cdots\omega_{i-1})$$

语言模型的核心在于其公式中的 $p(\omega_i \mid \omega_1\omega_2...\omega_{i-1})$ 这一部分，它表示在给定前序单词序列 $w_1w_2...w_{i-1}$ 之的条件下，单词 ω_i 出现的概率。这一概率机制是语言模型能够生成连贯、有意义句子的关键所在。通过利用这些条件概率，语言模型能够有效地预测并生成符合语言习惯和上下文逻辑的句子。

例如，在图 22 中所示的概率分布中，我们可以利用先进的语言模型来计算出在给定词语序列"眼睛-是-心灵-的"之后，词语 W 出现的概率。我们的目标是找到使得条件概率 $p(w \mid$ 眼睛-是-心灵-的) 达到最大的那个词语 W。假设，在经过计算后，我们发现这个词语是"窗口"。

22　通过逐步计算条件概率并添加使得概率最大的词语到词汇串中，我们可以生成完整、自然和流畅的句子。这种句子生成策略，不仅有助于我们更好地理解语言模型的工作原理，还可以应用于文本生成、自动摘要、机器翻译等领域

于是，我们将"窗口"添加到原有的词语序列之后，形成一个新的词汇串："眼睛-是-心灵-的-窗口"。接下来，我们重复这个过程，即在新形成的词汇串基础上，继续寻找使得条件概率 $p(w \mid$ 眼睛-是-心灵-的-窗口) 最大的词语 W，并将其添加到词汇串的末尾。

通过这样一步步地"顺藤摸瓜"，我们可以不断地将后续词语连接到已有的词汇串之后，从而逐步生成一个完整的句子。这种方法不仅能够帮助我们理解词语之间的关联性和上下文依赖关系，还能够为我们提供一种有效的句子生成策略，使得生成的句子在语法和语义上都更加自然和流畅。

2.4.3 大语言模型的架构和特点

LLM 通常采用Transformer、BERT 等深度学习架构。这些架构具有庞大的参数量、复杂的网络结构和强大的特征提取能力。通过在大规模语料库上进行预训练，大语言模型可以学习到丰富的语言知识和语义信息，从而在多项自然语言处理任务上取得显著的优势。

除了强大的表达能力外，LLM 还具有良好的泛化能力和迁移能力。这意味着它们可以轻松地应用于不同的领域和任务中，而无需进行大量的调整和优化。这一特点使得LLM 在实际应用中具有极高的灵活性和实用性。

在2.3 节中，我们学习了单词填充案例，即计算机如何处理单词的含义。然而，即便计算机能准确给出单词的定义，如果不擅长处理上下文，我们仍难以真正理解语言。以 "square" 为例，它可能表示正方形、广场或数字的平方，正确理解其含义必须依赖上下文。再比如，"这家酒店的环境非常好"与"这家酒店的房价虽然便宜"两个句子，人们对酒店环境体验的感受截然不同。因此，要准确把握这类多义词及单词间的语感，就必须掌握从词汇连接中获取的上下文信息。

word2vec 出现之后，上下文词嵌入（contextualized word embedding）的概念被提出，它采用了一种新的模式，即从大规模语料库中通过自监督学习来获取embedding。这种模式与word2vec 有显著不同，因为word2vec 仅为每个单词分配一个固定的嵌入，而上下文词嵌入则会考虑输入文本周围的上下文，动态地计算词嵌入。几乎与此同时，作为机器翻译领域的突破，有人提出了卓越的神经网络模型——Transformer。

右图 23 展示的是用于计算上下文词嵌入的Transformer架构。描绘了一个利用Transformer 对大语言模型进行微调来解决情感分析的场景。该方法首先在大规模语料库上通过自监督学习进行模型的预训练，随后利用下游任务中的数据集对模型进行微调，这种方法现已成为NLP 领域的标准范式。

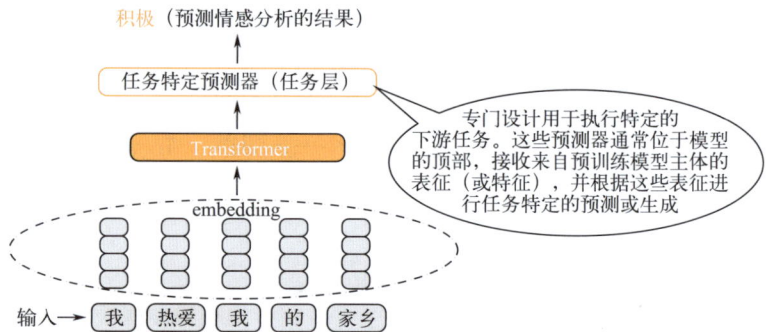

23 在大规模语料库上进行自监督学习，使模型能够学习到丰富的语言知识和表征。这种方法提高了模型的泛化能力，使得模型能够在不同的下游任务上取得良好的性能

这些预训练的大规模神经网络涵盖了LLM 和预训练语言模型（pre-trained language model，PLM），而在下游任务的数据集上对预训练模型进行适应性调整的过程，被称为微调（fine-tuning）。微调实质上是一种迁移学习方法，旨在将预训练模型专用于特定的下游任务。值得注意的是，任务特定的预测器通常是由少量参数构成的简单结构，而模型中的大部分参数才是预训练的主要对象。一般而言，LLM 倾向于采用预训练与微调相结合的策略来解决任务。

值得一提的是，LLM 通常指的是具有大规模参数和丰富语言表示能力的模型，而预训练语言模型则更强调模型在大量文本数据上进行预训练的过程和目的。在实际应用中，LLM 往往也是预训练语言模型的一种，但它们之间的区别主要在于规模和能力的不同。

此外，一种越来越普遍的方法是，不通过微调，而是利用文本提示（prompt）来引导预训练的大型语言模型解决下游任务。这种方法要求将包含下游任务指令的文本输入到大语言模型中，使其能够直接执行任务。

## 第 3 章

深入理解 Transformer 核心

在自然语言处理领域，Transformer 模型的出现无疑是一次革命性的突破。该模型由 Google 于 2017 年提出，最初作为机器翻译的模型被引入，但很快便凭借其独特的结构和高效的处理能力，在包括大型语言模型在内的广泛任务中取得了显著成效，迅速成为研究者和开发者们竞相探索的热点。然而，Transformer 模型的复杂性和创新性也为其披上了一层神秘的面纱，使得初学者和有一定经验的从业者都感到既兴奋又困惑。

本章旨在揭开这层神秘的面纱，带领读者深入探索 Transformer 模型的内核机制。本章将从 Transformer 框架的概述入手，逐步剖析其各个组成部分，包括编码器、解码器以及它们之间的交互机制，以期让读者对这一模型（框架）有一个全面而深入的理解。

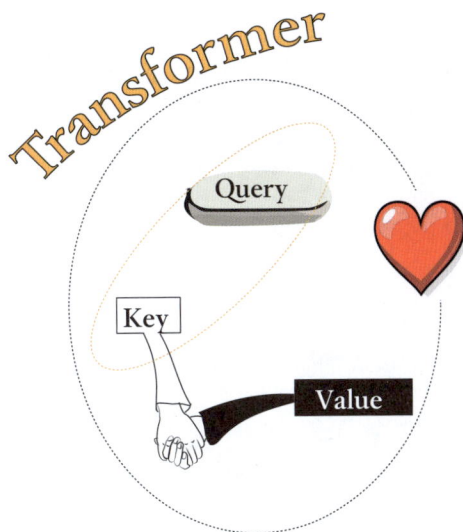

3.1 Transformer 模型剖析：揭示内核机制

在NLP 领域，Transformer 模型如同一颗璀璨的明星，以其独特的魅力和强大的实力，吸引了无数研究者和开发者的目光。它的出现，不仅革新了传统神经网络的结构，更在机器翻译、文本生成、情感分析等众多任务中展现出了卓越的性能。然而，Transformer 模型的复杂性和创新性也为其披上了一层神秘的面纱，让人既好奇又敬畏。

为了揭开这层神秘的面纱，让更多读者能够深入理解并掌握这一强大的模型，特别编写了本章内容。在这里，将从Transformer 模型的概述入手，逐步剖析其内核机制，带领读者走进这个充满魅力的世界。通过本章的学习，无论是初学者还是有一定经验的从业者，都将对Transformer 模型有一个全面而深入的理解，为进一步的研究和应用打下坚实的基础。

3.1.1 Transformer 模型概述

Transformer 模型最初是为机器翻译任务设计的，它采用了编码器- 解码器（encoder-decoder）结构。但实际上，Transformer 也可以灵活应用，只使用编码器（encoder）部分或只使用解码器（decoder）部分，这样的设计让它能够适用于更多样的任务。

当深入探讨Transformer 模型的输入时，会发现一个令人兴奋的特点：它并不直接使用单词作为输入单位，而是采用比单词更细的单位，这些单位被称为子词（sub-word）或一些特定领域的称呼。这一巧妙的设计使得Transformer 在处理文本时，能够将单词分解成更小的部分来理解，进而更准确地捕捉语言的细微差别，极大地提高了模型的性能。

例如，有一个单词"playing"，在传统的NLP模型中，这个单词可能作为一个整体单元来处理。但在Transformer 模型中，这个单词可能会被分解成更小的子词单位，比如"play"和"ing"。这样，当模型遇到类似"playful"或"played"这样的单词时，即使它们不是训练数据中明确出现的单词，模型也能够通过识别共同的子词单位"play"来理解这些单词的一部分含义和上下文 [01]。

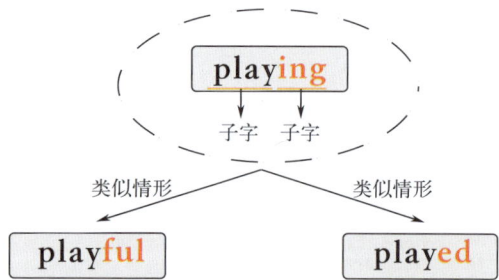

[01] 使用子字单位作为输入，模型不需要为词汇表中的每个单词都学习一个独立的表示。这大大减少了模型需要学习的参数数量，使得模型更加高效，同时也更容易扩展到新的语言和领域

这种"子词"单位的使用，使得Transformer 模型在处理未知或罕见单词时更具鲁棒性，因为它能够将单词分解成已知或更常见的子部分。例如，如果模型遇到了一个完全未知的单词"unplayable"，它仍然可以通过识别"un-""play""-able"这些子词单位来推测这个单词可能具有的含义，比如与"无法玩耍"或"不可玩的"相关。

因此，通过使用子词单位，Transformer 模型能够更灵活地处理文本，更准确地捕捉语言的细微差别，并在处理未知或罕见单词时表现出更好的性能。

传统上，许多NLP 模型都依赖于单词作为输入单位。然而，这种方法存在一个明显的问题：单词的划分往往过于粗糙，无法充分反映语言的丰富性和复杂性。相比之下，子词作为划分单位则更加细腻，能够更好地捕捉单词内部的细微变化，如词缀、时态等。对于像英语或法语这样形态丰富的语言，Transformer 能够更准确地识别和处理单词的不同变体，从而提高翻译的准确性和流畅性。

而对于汉语这样的语言文字，其特点在于没有明确的词界，传统的基于单词的模型在处理时往往面临挑战。但 Transformer 通过采用子词或特定规则作为输入单位，能够巧妙地避开这一问题。它能够将汉字分解成更小的部分，如偏旁部首或笔画，从而更好地理解汉字的构成和含义 02。这种细粒度的处理方式使得Transformer 在处理汉语时能够更准确地捕捉语言的细微差别，提高模型的性能。

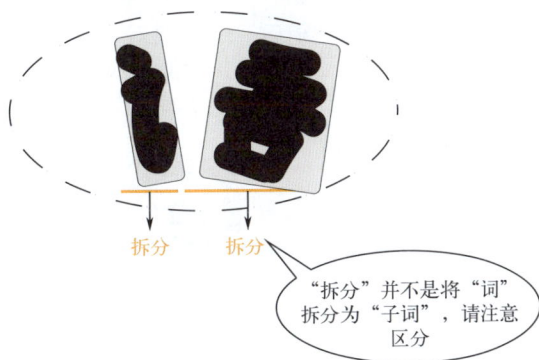

"拆分"并不是将"词"拆分为"子词"，请注意区分

02 在处理像汉语这样没有明确词界的语言时，可以考虑采用更细粒度的分析方法或模型，以更好地适应数据的特性，提高处理效果

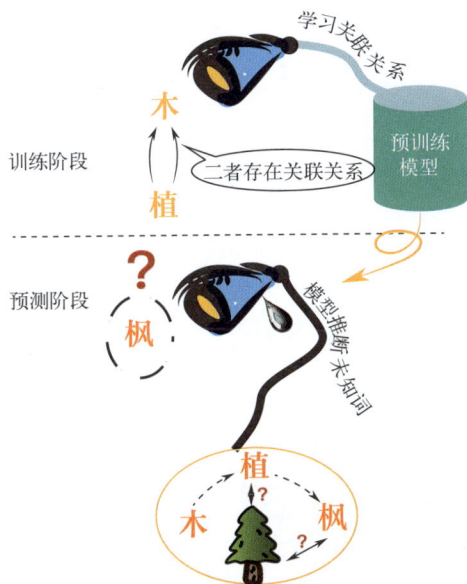

03 在处理复杂语言任务时，结合特定领域的语言知识和规则，可以进一步提高模型的性能。在构建自然语言处理模型时，应该考虑如何利用和结合外部的语言知识和规则，以提高模型的泛化能力和处理复杂任务的能力

实际上，Transformer 模型本身并不直接具备识别汉字偏旁部首的能力。偏旁部首的识别依赖于特定的语言知识和规则，这些通常通过预训练的语言模型、词典或专门的规则库来实现。然而，在处理包含汉字偏旁部首的文本时，Transformer 模型能够间接利用这些信息。

例如，预训练的语言模型可能已经学习到汉字与其偏旁部首之间的关联，使得模型在处理包含未知汉字的文本时，能够通过识别其偏旁部首来推断其可能的含义或词性，从而更准确地理解文本 03。

一些相关研究还探索了将汉字的偏旁部首作为额外特征输入到Transformer 模型中，以增强模型对复杂语言现象的理解。这种方法需要额外的预处理步骤来提取偏旁部首信息，并将其与文本序列一同输入模型。

此外，使用子词或特定规则的文字单位还有助于处理未知或罕见的单词。在传统的单词级模型中，未知或罕见的单词往往被当作特殊符号处理，这可能导致信息的丢失。而Transformer 则能够将这些单词分解成已知的子词或特殊的文字单位，从而更好地理解和处理它们。

总之，Transformer 采用比单词更细的单位作为输入，这一设计使得它能够更准确地捕捉包括汉语在内的各种语言的细微差别，极大地提高模型的性能，为自然语言处理领域带来了革命性的突破。

3.1.2　引入编码器与解码器

本小节将由浅入深地探讨基于编码器-解码器结构的Transformer模型。以中文（源语言）到英语（目标语言）的机器翻译任务为例，整个翻译过程可以概括如下：

Transformer模型通过逐个生成目标语言的令牌（tokens）来完成翻译任务。当我们向编码器输入一个中文句子，例如"我热爱我的家乡"，编码器会将其转换成一系列上下文令牌嵌入，这些嵌入可以视为包含句子意义的小标签。随后，这些小标签会被传递到解码器。解码器接收到这些小标签后，开始逐步进行翻译。例如，在已经翻译出"I love my"的基础上，解码器会根据这些小标签和已经翻译出的部分，来预测下一个应该翻译的词。在这个例子中，它成功地预测出了"hometown" 04 。

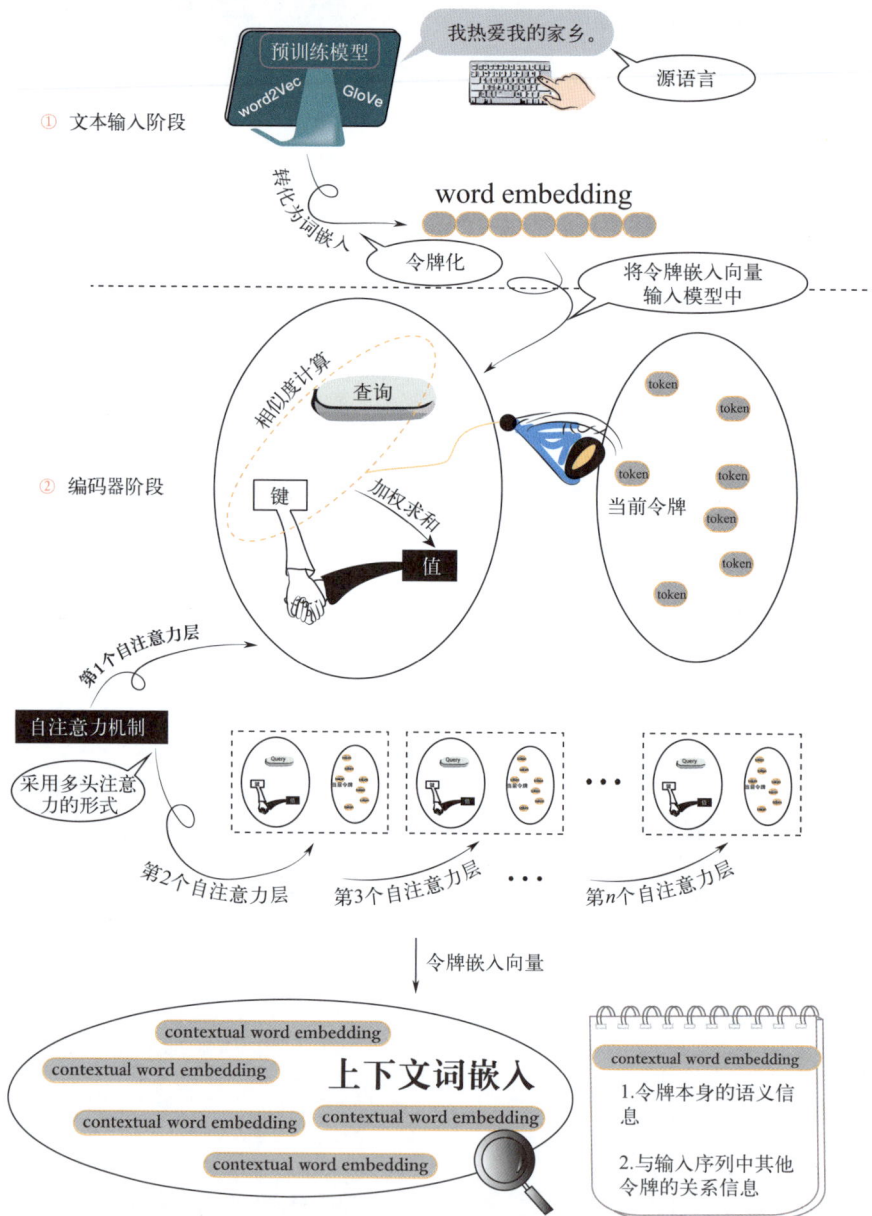

04 将文本转换为令牌嵌入，并使用自注意力机制来捕获令牌之间的依赖关系是非常重要的。与此同时，多头注意力机制可以进一步提高模型的性能

下面详细地描述一下这个翻译任务案例的整个过程。

首先，将要翻译的句子转化为输入令牌嵌入（也称为词嵌入或嵌入向量）。在这个过程中，原始文本先是被分割成一系列的令牌（tokens），这些令牌通常是单词或子词单元，这个过程就是令牌化。紧接着，每个令牌被转换为一个固定长度的向量，即令牌嵌入向量（token embedding vector）。这些向量捕获了令牌的语义含义，并作为Transformer 模型的输入。

然后，在Transformer 模型的编码器中，自注意力机制允许模型在处理每个令牌时，关注输入序列中的所有其他令牌。这是通过计算查询（Query）、键（Key）和值（Value）三种向量来实现的，其中查询向量用于与键向量进行相似度计算，以确定每个令牌对当前令牌的重要性（即注意力权重），然后使用这些权重对值向量进行加权求和，得到上下文嵌入向量。

其中，Transformer 模型中的自注意力机制（self-attention）通常采用多头注意力的形式，即并行地运行多个自注意力层，每个头关注输入序列的不同表示子空间。这样做可以提高模型捕捉复杂依赖关系的能力。

紧接着，通过自注意力机制，每个令牌的令牌嵌入向量被转换为上下文嵌入向量（上下文词嵌入：contextual word embedding）。这些上下文嵌入向量不仅包含了令牌本身的语义信息，还包含了与输入序列中其他令牌的关系信息。编码器的输出（即上下文嵌入向量序列）随后被传递给解码器。解码器使用这些信息来生成目标语言的输出序列。

在解码阶段05，解码器的工作始于接收一个特定的启动信号，通常被标记为"<BOS>"（代表"序列

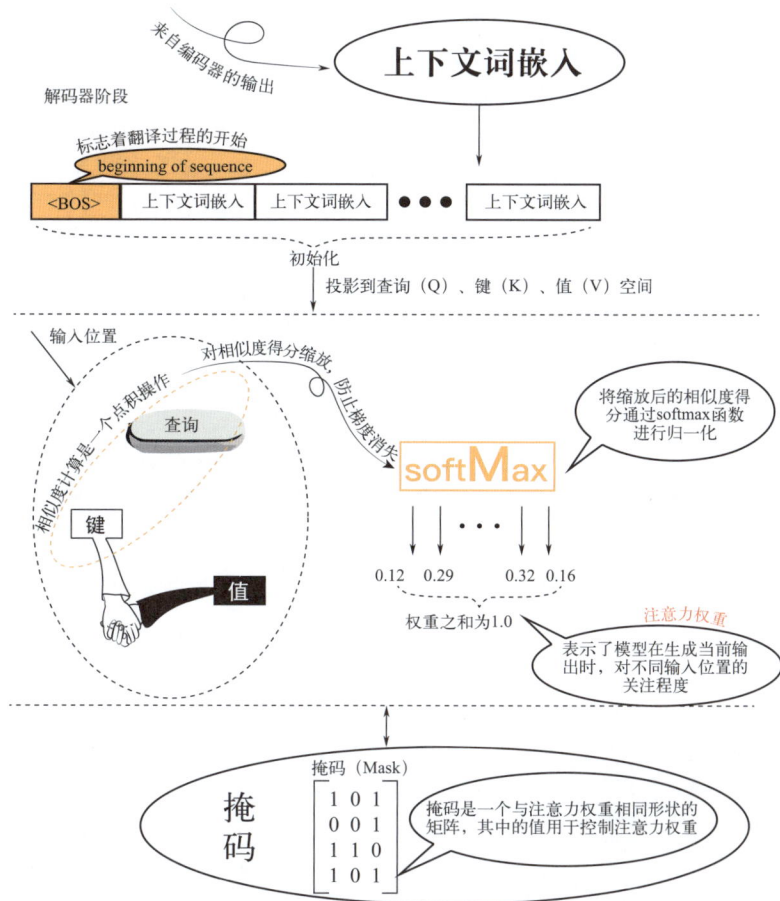

05　解码器的基本结构及工作原理示意图

49

开始"的提示符），这一信号标志着翻译任务的正式开启。与此同时，解码器还会接收来自编码器的上下文词嵌入序列，这些序列富含源语言句子的所有核心信息，为后续的翻译过程提供了坚实的基础。

特别是在某些Transformer模型的改进版中，解码器的首层通常采用自注意力机制，也被称为"带掩码的多头注意力"层。这一设计精妙地确保了解码器在处理当前词汇时，仅能够参考此前已经生成的词汇信息，从而严格保持了翻译过程的自回归属性。换句话说，每个词汇的输出都严格依赖于之前词汇的输出结果，形成了一个顺序依赖的预测链条。

接下来，解码器会进入编码器-解码器注意力（encoder-decoder attention）的操作阶段，这是翻译过程中至关重要的一环。在这一层中，解码器的每个位置都被赋予了全面的视野，使其能够捕捉到编码器输出序列中的每一个位置信息。具体来说，解码器会根据其上一层产生的输出（作为查询信息），与编码器的输出（作为键和值信息）进行精确的匹配与计算，从而准确预测出下一个词汇。这样的设计使解码器能够结合当前已翻译部分的内容以及源语言句子的整体信息，进行更为精确、合理的预测与推断。简而言之，编码器-解码器注意力机制通过高效的信息交流，显著提升了翻译的准确性与流畅性。

其中，掩码（mask）是一个与注意力权重矩阵形状相同的矩阵，用于控制注意力权重的分配。掩码会将所有指向未来位置的注意力权重设置为极小的值（如$-\infty$），这样在softmax计算后，这些权重几乎为零，从而实现了"仅能看到过去信息"的效果。多头注意力机制（multi-head attention）则允许模型并行处理输入的不同部分，每个"头"学习不同的注意力权重。在这里，每个头都会应用掩码，以确保仅关注到之前的输出。

下面，具体来看一下解码器的实现流程：

① 首先是线性投影，将输入（开始标记的嵌入向量）分别映射到查询（Q）、键（K）、值（V）三个空间；接着计算注意力分数，通过Q和K的点积得到，并应用掩码来限制未来信息的可见性；
② 然后进行softmax归一化，将注意力分数通过softmax函数进行归一化处理，由于掩码的作用，除了与开始标记相关的分数外，其他分数都接近零；
③ 最后进行加权求和，使用归一化后的注意力权重对V进行加权求和，得到当前位置的输出表示。

接下来，我们将展示一个汉译英解码器的工作实例，即将中文句子"我热爱我的家乡"翻译成英文的过程。

─────── **解码过程示例** ───────

- **时间步-01**
  - 输入：<BOS>。
  - 输出：解码器开始关注，并尝试生成第一个英文单词"i"的向量表示，但仅基于开始标记。
- **时间步-02**
  - 输入：<BOS>和之前生成的"i"的向量表示。
  - 输出：解码器现在可以看到"i"，并尝试生成下一个英文单词"love"的向量表示。
- **时间步-03**
  - 输入：<BOS>、"i"和"love"的向量表示。
  - 输出：解码器生成"my"的向量表示。

- **时间步 - 04**

  - **输入：** <BOS>、"i"、"love" 和 "my" 的向量表示。

  - **输出：** 解码器生成 "hometown" 的向量表示，完成翻译。

经过注意力层之后，解码器的输出会被送入一个基于位置的前馈网络（position wise feed-forward network）。这个前馈网络对每个位置的信息进行进一步的处理和变换，以便更好地捕捉序列中的非线性关系。在解码器的各个层级中，均融入了残差连接（residual connection）与层归一化（layer normalization）机制，旨在稳固训练流程并提升模型的整体效能。具体而言，残差连接通过直接将每层的输入与该层的输出相加，有效减轻了深层网络中梯度消失的问题；而层归一化则通过对同一层内各样本的神经元进行归一化操作，促进了模型的快速收敛，并有助于防止过拟合现象的发生。

经过多层解码器的精细处理，模型最终会输出一个涵盖目标语言句子所有潜在单词的概率分布。在此基础上，解码器会依据概率情况，选择最有可能的单词作为当前位置的输出，并将其追加到已逐步形成的翻译序列之中。这一过程将持续进行，直至生成特定的结束符号（例如<EOS>，即 "end of sequence：序列结束"标志），或达到预设的输出序列最大长度，从而确保翻译任务的顺利完成。

在实际的翻译作业流程中，为了追求更为出色的翻译效果，翻译系统往往会舍弃简单的贪心选择策略，转而采用更为复杂且效能更优的方法，如贪心搜索与束搜索。具体而言，贪心搜索策略基于即时最优原则，在翻译的每一步都果断选择当前概率最高的单词作为输出。尽管这种方法操作简便、反应迅速，但可能因过于关注当前步骤而忽视了整体的最优解[06]。

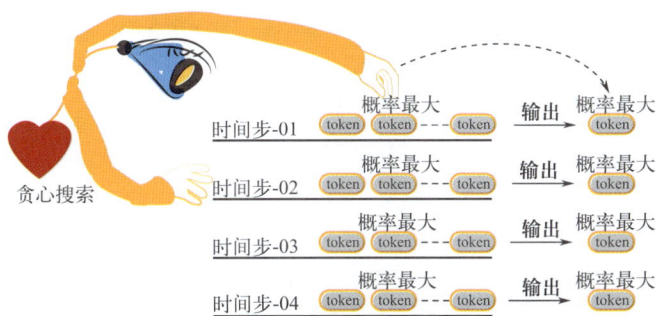

06　在实际翻译过程中要注重策略选择、权衡计算复杂度和翻译质量、灵活应用不同策略，并持续优化和改进翻译过程

相对而言，束搜索策略则展现出了更为周全的考虑。它不仅在每个时间点上都会评估并保留多个有潜力的候选输出序列，还会根据这些序列的累积概率和当前状态进行动态的更新与扩展。通过维护一个包含最优候选的"束"，束搜索在翻译的每一步都进行全局性的优化，直至最终挑选出概率最高、整体最优的翻译序列。此外，束搜索的宽度可以根据实际需求进行灵活调整，以在计算资源和翻译质量之间找到最佳的平衡点。

这两种先进策略的应用，不仅大幅提升了翻译结果的准确性和语言的流畅性，还显著增强了翻译系统处理复杂语言结构和长句翻译的能力。它们通过更为精细和全面的搜索机制，有效地减少了因局部最优选择而引发的全局性错误，从而为用户提供了更加接近人类翻译水平的高质量译文。

在此基础上，解码器能够高效地利用编码器生成的上下文词嵌入信息，逐步构建出目标语言的翻译句子。这一过程充分展示了 Transformer 模型在机器翻译任务中的卓越性能和高度灵活性。值得一提的是，编码器和解码器在特定情况下还可以独立使用。编码器单独使用时，可以将输入的句子转换为一系列词嵌入向量，这些向量可以看作是对输入句子的一种深层次表示；而解码器单独使用时，则能够根据已给出的句子片段，预测并生成后续的内容。

综上所述，Transformer 模型的编码器 - 解码器架构凭借其精妙的设计，成功实现了从中文到英语的精准翻译，进一步彰显了该模型在自然语言处理领域的强大实力。

3.2 编码器：文本信息的变换引擎

3.1 节已对编码器和解码器的整体框架进行了概述。本节将进一步深入探讨编码器的具体构造，这一在NLP领域中发挥关键作用的序列数据处理组件。编码器通过一系列精细的转换步骤，将输入的文本转化为蕴含丰富语义及上下文信息的高维向量表示。

在本节中，将基于3.1 节的内容，对编码器的内部结构进行更为详尽和全面的剖析[07]。在Transformer 架构中，编码器由多个处理块（亦称层或编码层）精心构建而成，每一处理块均以统一的方式对输入的词嵌入进行精细处理。这些处理块层层堆叠，每一层都在前一层的基础上逐步增强输入的上下文信息。

在初始层中，处理块主要聚焦于捕捉词与词之间的表面级语境特征，如词的邻近性和基础语法结构，从而建立起文本的基础理解。随着层数的增加，模型开始融入更复杂的语法与语义信息，逐渐捕捉到更深层次的语义内容。中间层次的处理块进一步关注词汇间的复杂依赖关系和语法规则，深化模型对语言结构的理解能力。而最后几层的处理块则致力于捕捉文本的深层语义关联、逻辑推理以及上下文中的语义一致性，实现对文本全面而深入的理解。

通过这种逐层深入、逐步精炼的处理方式，Transformer 编码器能够在不同层面上精准捕捉和整合语言输入的各种语境信息，从而实现对复杂文本数据的高效建模和表示，为后续的解码和生成任务奠定坚实基础。

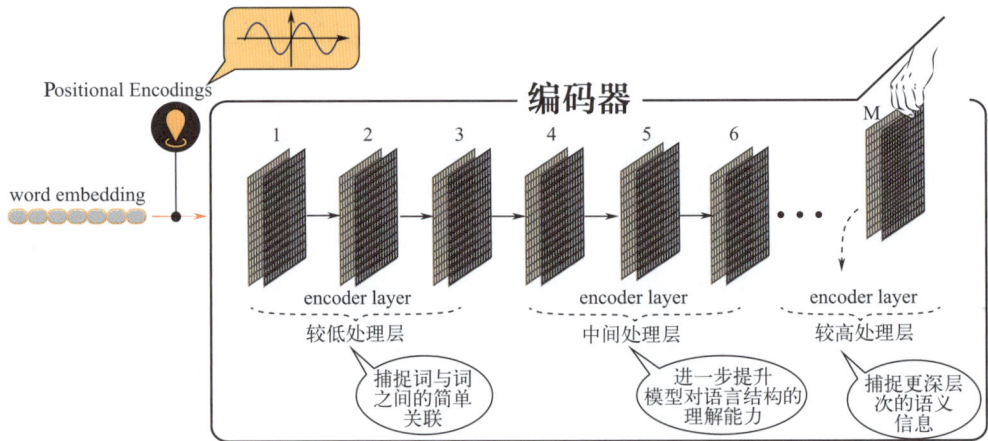

07 编码器的结构设计使其在处理不同类型的语言数据时表现出色。不仅可以适应简单的词汇关系，还可以处理复杂的语法结构和深层次的语义含义。这种灵活性和泛化能力使得它成为处理包括翻译、摘要、问答和情感分析等任务的首选

本节将详细阐述编码器中涵盖的每个关键组成部分，包括输入词嵌入、位置编码、自注意力机制、多头注意力机制、前馈神经网络、残差连接、层正则化以及dropout 等要素。

3.2.1　词嵌入和位置编码

在Transformer 模型中，处理NLP 任务的首要步骤是将文本输入转换成向量形式，这一过程生成的向量被称作词嵌入（word embeddings）。词嵌入不仅蕴含了单词的语义内容，还必须整合单词在句子中的位置信息，这一任务由位置编码（positional encoding）来承担。

词嵌入在NLP 中起着举足轻重的作用，它们负责把文本中的单词映射到连续向量空间，这些向量不仅体现了单词的语义特征，还反映了单词在不同上下文环境中的具体含义和用法。

- **静态信息与动态上下文的融合**

词嵌入可以被视为存储了单词的静态语义信息，例如，"apple" 这个词的词嵌入向量可能包含了与水果相关的语义特征。然而，在实际运用中，单词的具体意义往往受上下文的影响。因此，Transformer 模型会通过其编码器动态地调整词嵌入向量，以精确反映单词在具体语境中的语义变化。

- **动态上下文信息的赋予**

在Transformer 的编码器中，词嵌入向量并非固定不变。相反，它们会经过多层处理块的精细调整，每一层都运用自注意力机制、前馈神经网络等技术来不断更新和丰富单词的上下文信息。这种处理方式使模型能够更准确地理解单词在不同语境中的含义及其相互关系。

- **词嵌入矩阵的构建与优化**

为了表示词汇表中所有单词的词嵌入，模型会采用一个复杂的词嵌入矩阵。这个矩阵的维度由词汇表的大小和所选词嵌入向量的维度共同决定。每个单词在矩阵中都有唯一的向量表示，而在模型训练过程中，这些向量的值会被不断调整，以最大化地捕捉单词的语义信息和上下文关系。通过这样的优化过程，Transformer 模型能够更精准地处理和理解自然语言文本。

假设现在有一个简化的词汇表，包括三个单词：[" 苹果"，" 鸭梨"，" 橘子"]。然后选择将每个单词表示为一个3 维的词嵌入向量，这里是一个简化的示例：

- " 苹果" 的词嵌入向量：[0.5, 0.8, -0.2]
- " 鸭梨" 的词嵌入向量：[-0.1, 0.9, 0.4]
- " 橘子" 的词嵌入向量：[0.0, 0.3, 0.6]

这些向量被组织成一个 3×3 的词嵌入矩阵，其中每一行代表一个单词的词嵌入向量。在实际的模型中，词汇表会远远大于三个单词，并且词嵌入向量的维度可能会是几百甚至几千。

在一个已训练完备的NLP 模型中，词嵌入矩阵构成了模型的核心组成部分。以文本分类任务为例，模型需深入理解每个单词的语义，并依据上下文来判别文本的情感倾向或主题类别。借助词嵌入矩阵，模型能够将每个单词转换成具有数学意义的向量表示，从而在模型内部进行数学运算与比较分析。当模型面对由多个单词组成的文本时，例如 "I like eating pear very much！"，它会利用词嵌入矩阵检索出每个单词对应的词嵌入向量。随后，模型会将这些向量进行组合，以综合解析文本的整体含义及情感色彩。这种处理方式极大地提升了模型处理复杂语言任务的能力，包括文本生成、翻译、情感分析等多个领域[09]。

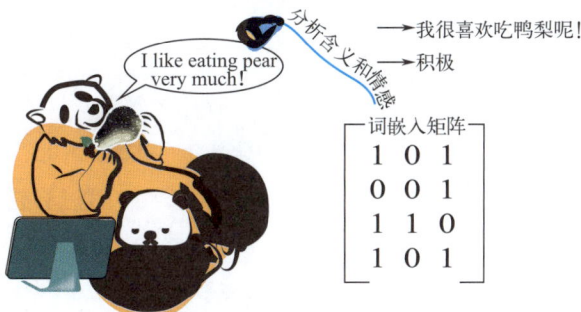

08 词嵌入向量的生成是依赖于上下文的，这意味着同一个词在不同的句子或语境中可能有不同的向量表示。这种上下文依赖性使得模型能够更精确地捕捉单词的含义变化，从而更好地理解和表达文本的语义

总之，词嵌入在NLP 中扮演着关键角色，通过静态语义信息和动态上下文调整，帮助模型更好地理解和处理复杂的自然语言文本任务。

在NLP领域，传统的词嵌入技术虽能将单词映射至连续的向量空间，却往往忽略了单词在句子中的精确位置及顺序，导致模型难以区分如"我热爱我的家乡"与"我的家乡我热爱"这类词序迥异但词嵌入向量相似的句子。为解决这一难题，科研工作者们引入了位置编码（positional encodings）技术。

位置编码技术匠心独运，利用正弦和余弦函数为句子中的每个单词分配一个独一无二的向量，这个向量与词嵌入向量相加，使得模型能够明确感知到单词在句子中的具体位置。以"我热爱我的家乡"为例，每个词都会被赋予一个特定的位置编码，如第一个词"我"的位置编码可能是[0.84, 0.54]，第二个词"热爱"的位置编码则可能是[-0.61, 0.24]，以此类推。

在词嵌入与位置编码的结合过程中，我们采用了一种特殊的方法来生成位置编码向量，确保每个位置都有一个独特的编码。尽管具体的生成方法涉及复杂的正弦和余弦函数，且每个维度的频率随位置而变化，但无需深入数学细节，只需理解这种方法就能够有效地为模型提供词序信息。

以"我热爱我的家乡"中的"我"为例 **09**，假设其词嵌入向量为[0.2, 0.5, -0.1]，位置编码向量为[0.84, 0.54]（此处为简化说明，假设位置编码向量与词嵌入向量维度相同，且第三个位置编码分量为0或已省略），则两者结合后的最终输入向量为[1.04, 1.04, -0.1]。这样，模型便能够根据结合后的向量，更准确地理解和处理自然语言文本。

通过整合位置编码，Transformer 模型中的处理单元能够更精确地捕捉每个词在句子中的位置信息，从而使模型能够有效区分不同词序所蕴含的意义。这一创新举措极大地提升了模型在机器翻译、文本生成及语义理解等多项NLP任务中的性能，展现了更为卓越的表现能力。

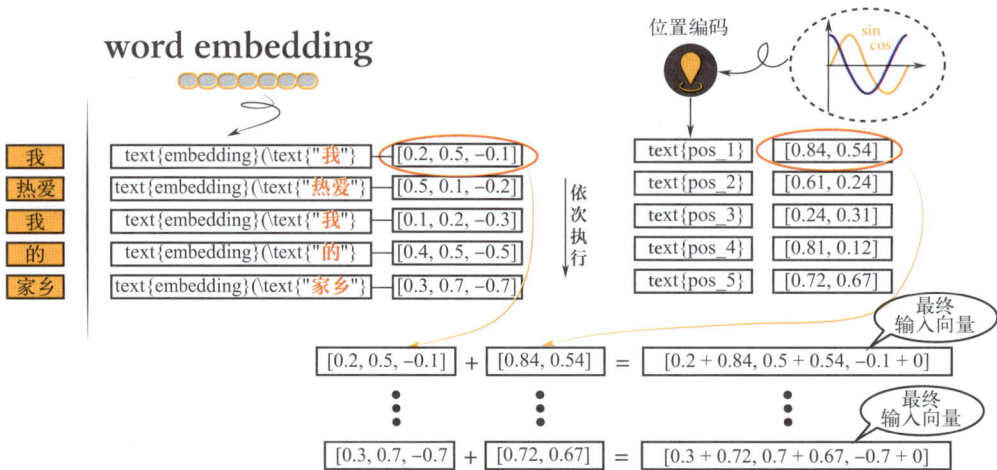

09 通过这种方式，模型能够在处理文本时更好地理解词语的语义和它们在句子中的位置关系。这种结合使得模型能够更准确地区分不同词序的句子，从而提升了在诸如文本分类、语义理解和生成任务中的性能表现

3.2.2　自注意力机制和多头注意力机制

在阅读故事的过程中，通常人们的视线虽逐字扫过文字，但大脑却能自然而然地将当前内容与相关词语相联系，从而更全面地理解故事情节。自注意力机制正是受此启发，它使模型在处理句子时，不仅关注当前单词，还同时审视句子中的其他单词，以捕捉到词与词之间的微妙关系，进而深化对整个句子意义的理解。

在上一章中，对注意力机制进行了初步探讨。本章则将进一步聚焦于 LLM 中的自注意力机制，这一机制在文本处理领域具有举足轻重的地位。其核心在于精准地衡量各词语的重要性，并高效地捕捉上下文信息。Transformer 模型作为自注意力机制的典范，其"键（key）-查询（query）-值（value）"的注意力架构是核心所在。具体来说，模型首先将每个输入的词嵌入分别映射为键、查询和值三种向量表示。查询向量负责在全局范围内搜寻与当前词高度相关的键向量，键向量作为被查询的目标，而值向量则蕴含了相关词语的丰富语义信息。当查询向量与某个键向量成功匹配时，相应的值向量将被提取并融合，以生成新的输出嵌入。这一过程不仅显著提升了模型对文本内容的理解能力，还极大地增强了其表达能力。

在之前的讨论中，我们提到了注意力机制中对 Query（Q）、Key（K）和 Value（V）的一种常见设置，即 Q=K=V 的限制。但实际上，这三者并不必严格遵循这一约束。根据 Query、Key 和 Value 之间的关系及其应用场景，注意力机制可以进一步细分为 Self-Attention 和 Cross-Attention 两种类型 [10]。

- Self-Attention：Query、Key 和 Value 均源自同一输入序列，即 Q=K=V。这意味着它们处于相同的模态或特征空间内，允许模型在内部对输入序列的不同部分进行关联和比较。Self-Attention 特别适用于捕捉序列内部的依赖关系和上下文信息，是 Transformer 模型中不可或缺的一部分。
- Cross-Attention：允许 Query、Key 和 Value 来自不同的输入序列或模态。这意味着 Q、K 和 V 可以具有不同的特征表示或来自不同的数据源。Cross-Attention 在跨模态任务（如机器翻译、图像描述生成等）中非常有用，因为它能够桥接不同模态之间的信息，实现更复杂的特征融合和对齐。在实际应用中，可以根据具体任务需求对 Cross-Attention 附加特定的条件或约束，以优化模型性能。

在 Cross-Attention 中，Key 和 Value 可以来自不同的模态或条件。例如，在基于文本的图像生成任务中，提示文本可以作为 Query，而图像数据则作为 Key 和 Value。这样，模型就能够根据文本提示生成相应的图像。这也是 Attention 在最近的图像生成模型中变得越来越重要的原因。

关于 Cross-Attention 中 Key 和 Value 来源改变时矩阵乘积的维度问题，实际上只要 Query 和 Key 的维度一致，就可以进行计算。即使 Value 的维度与 Query、Key 不同，也可以通过适当的变换或投影来使其匹配。因此，在 Cross-Attention 中，Query、Key 和 Value 的维度并不一定要完全相同，只要能够满足计算需求即可。因此，自注意力机制的引入无疑是现代自然语言处理领域的一项重要进展。它不仅使模型在理解和生成语言方面迈上了新的台阶，还通过全面考虑文本中各部分的相关性，更精准地捕捉语境和含义。无论是自注意力还是交叉注意力，都展示了这一机制在处理序列数据和长距离依赖方面的出色表现。

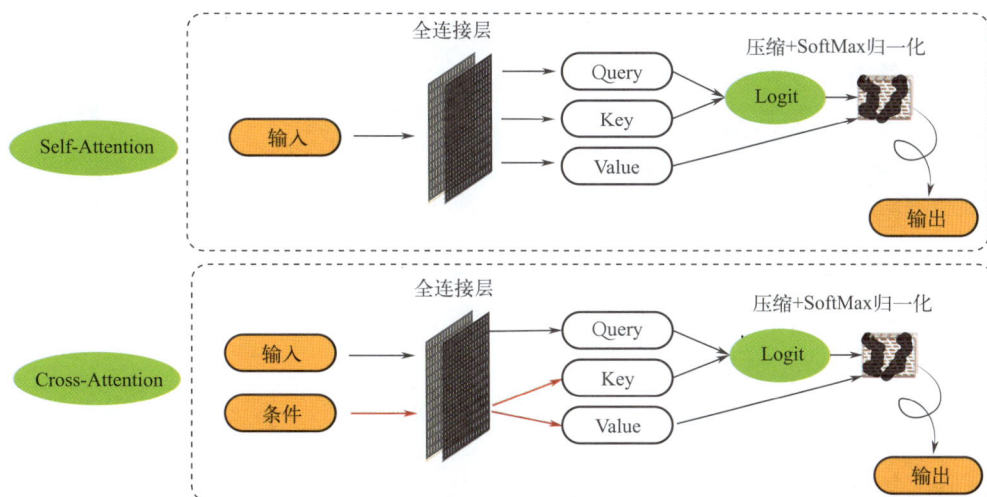

[10] 在注意力机制中，Query、Key 和 Value 的设置并不固定，它们之间的关系可以根据具体任务进行调整。这种灵活性使得注意力机制能够适应不同的应用场景和需求

以下通过图示，将详细阐述自注意力机制的工作流程 **11**。

（1）嵌入层（embedding layer）

首先，每个输入词汇都被转换为一个固定维度的向量，这些向量是通过训练获得的，能够精准捕捉词汇的基本语义信息，通常被称为"词嵌入"。

（2）键、查询、值的生成（key, query, value Generation）

随后，每个词嵌入都经过不同的线性变换（由各自的权重矩阵实现），生成三种不同的向量：键（Key）、查询（Query）和值（Value）。具体而言，查询向量代表着我们想要深入探究的词汇，键向量则是与之进行对比的词汇，而值向量则体现了每个词汇在最终输出中的贡献程度。当两个词汇关系紧密时，相应的值向量在最终输出中会占据更重要的地位。

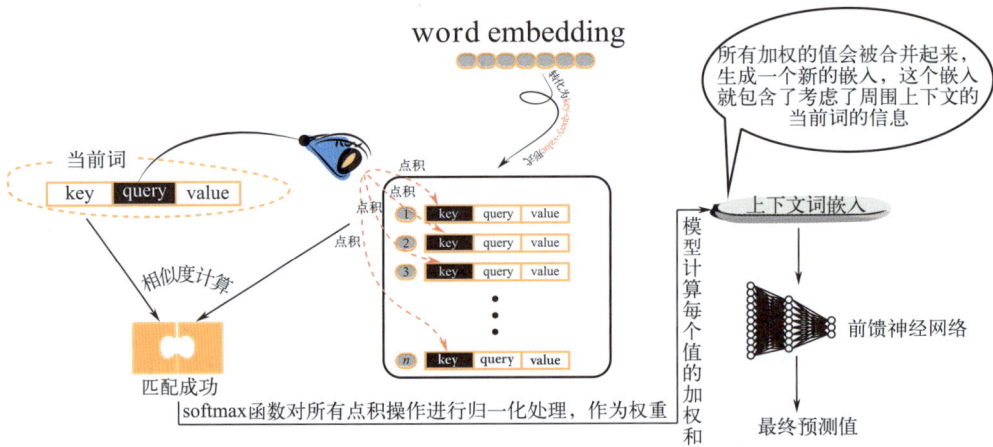

11 通过自注意力机制，模型能够深入理解文本中词语的上下文关系，这对于理解句子的意义、情感和语义关联至关重要。这种理解能力是传统方法难以比拟的

（3）注意力得分计算（attention scores calculation）

模型会计算每个查询向量与所有键向量之间的点积，以此来衡量它们之间的相似度。接着，利用softmax函数对这些点积得分进行归一化处理，从而得到一个概率分布，这个分布清晰地展示了每个词汇对当前查询词汇的重要性程度。

（4）加权值向量的合成（synthesis of weighted value vectors）

根据上述概率分布，每个值向量都会乘以相应的权重，这样，与查询词汇关系更紧密的词汇（即更重要的词汇）的值向量在最终输出中会拥有更大的影响力。所有加权后的值向量被加总起来，形成一个综合向量，这个向量全面而准确地表示了当前词汇在特定上下文中的所有相关信息。

（5）输出层（output layer）

最后，这个综合向量可能会经过更多的处理层（例如前馈神经网络层）进行进一步的处理，最终生成输出。这个输出既可以是生成任务中下一个词汇的预测，也可以是分类任务中的分类标签。

应用场景示例：学校旅行故事生成

让我们将自注意力机制的概念融入一个生动的学校旅行故事生成场景，以展现这一机制在NLP任务中的实际应用。设想一个关于学校组织暑假到北京旅游的故事，该故事需涵盖不同的地标、活动及相关的情绪或历史背景。

（1）输入与词嵌入

故事的序幕缓缓拉开："学校组织了一次到北京的暑假旅行，学生们非常开心。"在这一步，句子中的每个词汇（例如"学校""北京""学生""开心"）都会被精心转换成词嵌入，为后续的语义分析打下坚实基础。

（2）生成键、查询、值

针对"开心"这一词汇，模型会生成一个查询向量，这个向量仿佛是一双探索的眼睛，寻找着故事中与学生情感状态紧密相连的其他词汇。同时，每个词汇的键和值向量也会应运而生，它们如同桥梁，帮助模型深刻理解上下文中的语义关联。

（3）计算注意力得分

模型会将"开心"这一查询词汇与其他所有词汇的键向量进行点积运算，从而评估出它们之间的语义相关性。例如，它可能会发现"学生"、"暑假旅行"与"开心"之间存在着高度的关联。

（4）加权值向量并聚合

根据注意力得分，模型会赋予"学生"和"暑假旅行"的值向量更高的权重，并将它们巧妙地加总，形成一个综合的上下文向量。这个向量如同一块拼图，帮助模型准确理解在这个特定句子中，"开心"是如何与学生和暑假旅行活动紧密相连的。

（5）生成故事的下一部分

借助这个聚合的向量，模型仿佛获得了灵感，可能会生成接下来的句子："他们满怀期待地计划着参观天安门、长城和故宫等名胜古迹。"这充分展示了模型如何利用自注意力机制，精准地提取和利用与当前词汇相关的信息，从而续写出一个连贯、丰富且符合上下文的故事情节。

自注意力机制的优势

自注意力机制作为一种前沿技术，赋予了模型直接审视并处理输入序列中任何部分的能力。这与传统的序列处理模型（如循环神经网络RNN）截然不同，RNN在处理信息时需要循序渐进，而在处理长距离的数据关系时往往力不从心。自注意力机制则能够同时聚焦序列中的所有元素，实现更快更有效的并行处理。这种能力意味着模型无需像RNN那样，通过时间来逐步传递信息，而是可以直接触及序列中任何一个部分的信息。这种处理方式极大地减少了在处理长序列时可能出现的信息丢失问题。

正是由于这种处理机制的高效性和强大能力，自注意力机制已经成为众多NLP任务（如机器翻译、文本摘要和情感分析等）的核心技术。它让机器能够更好地理解和处理语言数据，从而提供更加精准的服务。

多头注意力的工作流程

为了进一步增强自注意力机制（Key, Query, Value）的功能并提升处理效率，Transformer 模型引入了多头注意力机制。这一技术使模型能够同时运用多个注意力机制，关注数据中的不同信息片段，从而显著提升了模型的表现力和学习能力。多头注意力机制是自注意力机制的扩展，它允许模型在不同的表示子空间中并行地处理信息。

（1）初始化输入

输入数据是一组向量，每个向量代表输入序列中的一个元素（如一个词或像素）。

（2）线性变换

在多头注意力机制中，我们对输入向量进行多组独立的线性变换。这些变换分别生成多组Query（Q）、Key（K）和Value（V）。每一组变换都对应一个"头"。例如，若设置8个头，则会有8组Q、K、V。

（3）注意力函数计算

对于每一头，我们独立计算注意力得分。这一步通过计算Query 和所有Key 的点积来完成，目的是衡量每个元素对当前Query 的相关性。计算得到的点积通常还会除以一个缩放因子（通常是Key 向量长度的平方根），以帮助训练的稳定性。然后，使用softmax 函数对这些分数进行归一化处理，使得分数和为1。这一步得到的是每个Value 的权重，权重越高表示当前元素与Query 的相关性越强。

（4）权和计算

对于每一头，根据softmax 函数的输出对Value 进行加权求和。这样，每个头都会输出一个加权和向量，这个向量是对输入序列的一个新的表示，侧重于与当前Query 最相关的部分。

（5）拼接和最终线性变换

将所有头输出的向量拼接起来。这一大向量包含了来自不同表示子空间的信息，每个头关注输入数据的不同方面。拼接后的向量通过另一个线性变换，以整合不同头的信息，产生最终的输出向量。

多头注意力的优势

多头注意力机制是深度学习模型中一个极为强大的组件，特别是在处理序列数据时展现出了卓越的性能。其核心优势在于，该机制允许模型在不同的表示空间内并行地捕捉序列的多种特征，从而实现了对数据的全面而深入的理解。以文本处理为例，多头注意力机制中的每一个头都可以被视作一个独立的特征提取器。一个头可能专注于文本的语法结构，细致入微地分析句子中的词汇排列和语法规则；而另一个头则可能侧重于捕捉词汇之间的语义关系，理解词语在上下文中的含义和联系。这种多角度、多层次的审视方式，使得模型能够更加准确地把握文本的整体结构和深层含义，进而在处理复杂任务时表现出更高的准确性和鲁棒性。

此外，多头注意力机制的并行处理特性也极大地提高了模型的计算效率和表达能力。每个头都可以独立地关注输入数据的不同特性，无需等待其他头的处理结果，从而实现了高效的并行计算。这种并行性不仅加快了模型的训练速度，还使得模型能够同时捕捉多种特征，提高了其灵活性和适应性。正是这些优势，使得多头注意力机制成为Transformer 架构中的关键组件之一。Transformer 架构在机器翻译、文本生成、语音识别等多种任务上取得的显著成效，很大程度上归功于多头注意力机制的出色表现。

3.2.3　前馈神经网络层和残差连接

在 Transformer 架构的每个编码器层中，除了核心的多头注意力机制外，还嵌入了一个至关重要的前馈神经网络（feed-forward neural network, FFN）。这一网络层独立地对每个位置的词嵌入进行精细化处理，且各位置间互不干扰，确保了模型能够对每个词汇进行个性化、非线性的特征提取。

前馈神经网络层的构成

（1）线性变换层

- 第一层：此层负责将输入向量（如 512 维的词嵌入）映射至一个更高维的空间（如 2048 维），这一过程类似于使用放大镜，旨在挖掘并放大输入数据中的细微特征。
- 第二层：随后，将高维向量回缩至原始维度（如 512 维），这一过程是从丰富的特征中提取关键信息，并重新编码为更为紧凑的形式。

（2）激活函数的应用

在两层线性变换之间，引入非线性激活函数是提升网络表达能力的关键。通常采用 ReLU（修正线性单元）或 GELU（高斯误差线性单元），特别是 GELU，因其平滑特性和卓越的收敛性能，在大语言模型中备受青睐。激活函数通过对输入向量的每个元素进行非线性转换，显著增强了网络捕捉复杂模式和关系的能力[12]。

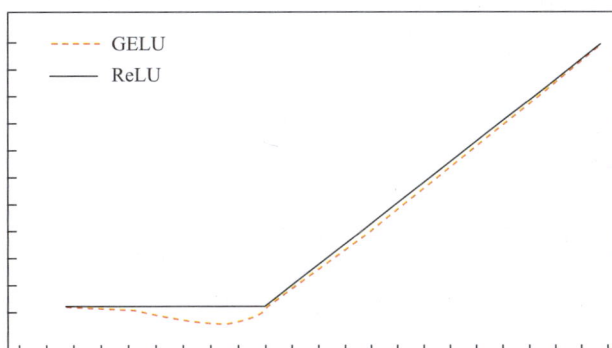

[12] GELU 提供了比 ReLU 更平滑的非线性，这有助于处理那些更复杂或者需要更细微梯度信息的问题。由于 GELU 的平滑特性，它在梯度传递方面相对于 ReLU 有所改进，减少了梯度消失的风险

前馈神经网络层的工作机制

- 独立处理：对于输入序列中的每个词向量，FFN 均独立执行上述处理流程，确保每个词的特征提取不受序列中其他词的影响。这种独立性不仅提升了模型处理的灵活性，还便于并行计算，加速了处理过程。
- 残差连接：为克服深层网络训练中的梯度消失问题，FFN 的输出会与原始输入相加，形成残差连接。这一机制为梯度提供了直接流向早期层的路径，有效缓解了深层网络训练中的梯度衰减现象。
- 层归一化：在残差连接后，进一步应用层归一化（layer normalization），以调整数据规模，确保处理后的数据更适合后续的模型学习。

值得注意的是，在 Transformer 模型中，当我们将 FFN 的输入维度设定为 512，并将其中间层（隐藏层）的维度提升至 2048 时，FFN 所包含的参数数量竟然占据了整个 Transformer 模型总参数约 $\frac{2}{3}$。这一比例鲜明地突出了 FFN 在 Transformer 模型中的核心与重要地位。

FFN 不仅像是一个巨大的信息仓库，存储着丰富的上下文信息，而且它还通过自身庞大的参数集合，巧妙地为输入数据增添了相关的上下文信息。这种增添并非简单的堆砌，而是经过精心设计与计算，使得模型能够更准确地理解和处理输入数据。正因如此，FFN 的存在显著提升了 Transformer 模型的整体表现力，使得模型在处理各种复杂任务时都能展现出更加出色的性能。

简而言之，FFN 就像是 Transformer 模型中的"智慧大脑"，通过其强大的信息处理与整合能力，为模型提供了源源不断的动力与支持。

在前馈神经网络（FFN）中，残差连接的应用基于一个核心理念：将某一层的输入直接与该层后续某层的输出进行相加。具体来说，若我们有一个输入向量 (a)，并经由一个函数 $(F(a))$ 进行处理以获得输出，残差连接的机制便是将这个原始输入 (a) 无损地添加到函数输出 $(F(a))$ 上，从而产生最终输出 $(F(a)+a)$。这一设计巧妙地构建了一条"捷径"或"快速通道"，使得梯度信息能够更为直接地传递[13]。

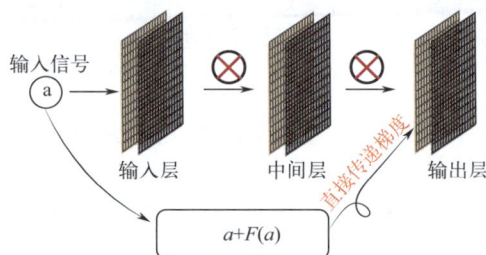

[13] 残差连接的应用表明，网络架构的设计可以采取更灵活的方式。设计者可以构建更深的网络而不必担心梯度消失问题。这种设计自由度在许多现代深度学习应用中非常重要，如图像识别、语音处理和自然语言处理

此机制的优势在于，它不仅简化了网络的学习过程（因为网络只需学习输入与输出之间的差异，即残差），而且还有效缓解了深层神经网络中常见的梯度消失或梯度爆炸问题。通过这条直接的"信息传递通道"，梯度能够更顺畅地回传到网络的较早层，从而促进了整个网络的有效训练与优化。

不妨将残差连接想象成学习时的"备忘录"。例如，当一个学生在学习新的数学概念时，如果能够将新知识与旧知识联系起来，他就更容易理解和记住新内容。在这里，旧知识就像是输入 (a)，而新学到的部分就像是 $(F(a))$，将这两部分加起来（$(F(a)+a)$）帮助学生更好地掌握和深化理解。

为什么使用残差连接

① 防止梯度消失：在深层网络中，信息和梯度需逐层传递。然而，每经过一层，梯度可能会逐渐减小，最终导致梯度消失问题。残差连接通过创建一条直接的通路，有助于保持梯度在深层网络中的有效传递，从而确保模型能够得到有效训练。

② 加速模型收敛：研究表明，引入残差连接可以显著加快模型的收敛速度，即模型在学习过程中达到最优性能所需的时间会大大缩短。

③ 提高模型性能：残差连接使得网络能够在不丢失低层次信息的情况下，学习到更深层次的特征。这种信息保留和层次化特征学习的能力通常能够提升模型的整体性能。

在 Transformer 模型中，残差连接的应用尤为显著。Transformer 的每个编码器层以及后续的解码器层都融入了残差连接。这种做法不仅有助于避免梯度消失问题，还确保了即使模型非常深，输入信号也能有效地传递到输出层。

总之，残差连接是编码器和解码器中一个简洁而强大的工具。它通过为网络提供一条直接的梯度流动路径，有效地解决了深层网络训练中的常见问题，从而提升了模型的稳定性和性能。

残差连接之后的层归一化处理

在编码器的设计中，残差连接之后的层通常会进行归一化处理，这一步骤对于模型的稳定学习和性能提升至关重要。归一化处理的核心目标在于平衡不同特征的贡献，确保没有哪个特征因其数值过大而主导模型的学习过程。

层归一化作为一种特定的归一化方法，其独特之处在于它是在单个样本的维度上进行操作的，而不是基于整个批次的样本。为了更直观地理解这一点，我们可以借助一个日常生活中的比喻。想象你是一位教师，正在审阅一名学生的多科成绩报告。为了全面、公正地评价这名学生的学业表现，你可能会首先计算他所有科目的平均分，然后逐一比较每门科目的成绩与这个平均分的差距，从而了解他在哪些科目上表现突出，哪些科目需要加强。这个过程与层归一化的原理不谋而合，都是关注于单个实体（在这里是学生，对应于模型中的单个样本）的所有方面（各科成绩，对应于样本的所有特征）。

相比之下，批量归一化（Batch Normalization）则更像是在班级层面上进行评估。它会首先统计整个班级在每门科目上的平均成绩和标准差，然后据此调整每个学生的成绩，以反映其在班级中的相对位置。这种方法依赖于整个批次的数据，对每门科目（特征）进行独立的归一化处理。

层归一化的优势在于其灵活性和独立性。由于它仅基于单个样本的数据进行处理，因此特别适用于样本大小不一致或需要频繁更新的场景。在这种情况下，每个样本都可以被独立地处理，其结果不会受到批次中其他样本变化的影响。这种特性使得层归一化成为在线学习和小批量数据处理任务中的理想选择。

总之，层归一化通过关注并适应每个独立样本的特性，帮助模型在处理单个数据点上实现更好的性能。这一机制对于提升模型的稳定性和泛化能力具有重要意义，尤其是在面对复杂多变的数据环境时。

层归一化的步骤

① 计算样本内激活值的平均值与方差：在这一初步阶段，针对当前层的每一个样本，我们会计算其所有激活值的平均值以及方差。这一步是为了获取该样本在当前层特征分布上的中心位置和离散程度。
② 规范化处理：紧接着，我们利用上一步计算得到的平均值和方差，对每个样本的激活值进行规范化调整。这一操作的目的是将激活值的平均值调整为 0，同时使其标准差达到 1。通过这样的处理，不同特征的数值被统一到了相同的尺度上，有助于模型更加公平地对待每一个特征。
③ 重新缩放和偏移调整：在规范化之后，层归一化还会引入两个重要的可学习参数：缩放参数和偏移参数。这两个参数的作用是对规范化后的数据进行进一步的调整，以恢复数据原始的表征能力。具体来说，缩放参数可以控制数据的整体幅度，而偏移参数则用于调整数据的中心位置。通过这样的操作，层归一化不仅实现了特征的均衡，还保留了数据原有的信息量和表达能力。

层归一化的代码示例

输入：
```
import numpy as np

# 假设的学生成绩
scores = np.array([82, 90, 78])
```

```python
def layer_normalization(scores, gamma, beta):
    # 计算平均值和方差
    mean = np.mean(scores)
    variance = np.var(scores)

    # 归一化处理
    normalized_scores = (scores - mean) / np.sqrt(variance + 1e-5)  # 加上一个小常数防止除以零

    # 重新缩放和偏移
    scaled_scores = gamma * normalized_scores + beta

    return scaled_scores

# 定义 gamma 和 beta 参数
gamma = np.array([1.2, 1.0, 1.5])  # 不同科目对成绩有不同的缩放重视
beta = np.array([5, 0, -5])        # 不同科目的偏移量

# 执行层归一化
normalized_scores = layer_normalization(scores, gamma, beta)

print(" 原始成绩 :", scores)
print(" 归一化后的成绩 :", normalized_scores)
```

输出：
```
原始成绩: [82 90 78]
归一化后的成绩: [ 4.67928657  1.33630594  -6.60356713]
```

代码解析

- gamma 和 beta 参数：代码中为每门课设定了不同的 gamma 和 beta 值。这表明不同的课程可以有不同的重视程度（通过 gamma 控制）和基线调整（通过 beta 控制）。
- 影响展示：通过这些参数的应用，我们可以看到最终的成绩如何从原始的、仅归一化的成绩中变化，展示了这些可学习参数的作用和重要性。
- 每个成绩的调整反映了 gamma 和 beta 参数的影响。
- 第一门成绩较低但经过较大的 (gamma) 缩放和正向 (beta) 偏移后上升至 4.679。表示它在调整后比其他两个数值要高，这可能指其原始分数与组内平均值的差异最大且正向调整后的结果更为积极。
- 第二门成绩最高，未经过偏移，仅经过标准化处理。结果表示中等位置，相对于组内平均值的偏差较小。
- 第三门成绩较低，并经过最大的 gamma 缩放和负向 beta 偏移，导致其值显著降低至 -6.604。该成绩经过调整后显著低于其他两者，它可能是距离组内平均值最远的一个低分，且调整后更加突显其低分特性。

在实际应用中，归一化处理所得到的分数主要作为模型训练时的特征输入，其核心价值在于助力模型更精准地捕捉和理解各特征间的内在关联及差异。通过归一化，模型训练过程中的参数更新得以更加高效且稳定地进行。值得注意的是，这些经过转换的分数值，虽然对模型训练至关重要，但它们并不直接对应学生的绩点或成绩等级，而是作为一种标准化的数据表示，服务于模型的优化与学习过程。

3.2.4　Dropout 正则化机制

Dropout 作为一种正则化机制，其核心目的在于防止模型对训练数据产生过拟合现象，进而提升模型的泛化能力。在 Transformer 模型中，Dropout 被广泛应用，成为确保模型在处理诸如语言翻译、文本生成等复杂序列任务时保持稳健的关键策略。具体来说，Transformer 在多个关键环节巧妙地融入了 Dropout 机制：

- 在多头注意力机制中，Dropout 被用于调整注意力权重，这一做法有助于模型在多样的表示子空间中捕获更为丰富的信息。
- 在残差连接之后，每个子层（例如自注意力层）的输出都会经过 Dropout 处理。这样的设计不仅有助于模型在新增层时保留已学知识，还能有效控制模型的复杂度。
- 前馈网络内部同样采用了 Dropout，以增加网络处理不同数据时的随机性，从而降低过拟合的风险。

训练与推理阶段的 Dropout 行为

值得注意的是，Dropout 在训练和推理阶段的表现有所不同：

- 训练阶段时，Dropout 会随机丢弃部分神经元（通常依据预设的概率，如 20% 或 50%），使得每次数据输入时网络结构都略有差异。这种策略相当于从原始网络中随机采样出大量不同的"子网络"，每个子网络都参与训练，从而增强了模型的泛化能力。
- 而在推理或测试阶段，为了保持输出的一致性和稳定性，Dropout 通常不会被应用。此时，所有神经元都会被保留，并且其输出会乘以训练阶段使用的丢弃概率的倒数（进行倒数缩放），以弥补训练时神经元的随机丢弃所带来的影响。

通过在关键位置和阶段灵活运用 Dropout 机制，Transformer 模型得以在处理各种复杂任务的同时，保持良好的泛化能力，从而在实际应用中展现出更加出色的性能。

以下是一个典型的 Python 代码示例，展示了如何在 Transformer 模型中应用 Dropout 机制。该代码基于 PyTorch 库，并简化了 Transformer 的实现以突出 Dropout 的使用。

输入：

```python
import torch
import torch.nn as nn
import torch.nn.functional as F
import math  # 导入 math 库，用于计算平方根

class TransformerModel(nn.Module):
    def __init__(self, input_dim, model_dim, num_heads, num_layers, dropout_rate=0.2):
        super(TransformerModel, self).__init__()

        self.model_dim = model_dim  # 模型维度
        self.num_heads = num_heads  # 多头注意力机制的头数
        self.num_layers = num_layers  # Transformer 层数
        self.dropout_rate = dropout_rate  # Dropout 概率

        # 输入嵌入层
        self.embedding = nn.Embedding(input_dim, model_dim)

        # 位置编码（简化版，用于演示）
        self.positional_encoding = nn.Parameter(torch.zeros(1, 1000, model_dim))
```

```python
        # 多头注意力层列表
        self.attention_layers = nn.ModuleList(
            [nn.MultiheadAttention(model_dim, num_heads, dropout=dropout_rate) for _ in range(num_layers)]
        )

        # 前馈神经网络列表
        self.feedforward_networks = nn.ModuleList(
            [nn.Sequential(
                nn.Linear(model_dim, model_dim * 4),  # 线性层，将维度扩展到 4 倍
                nn.ReLU(),  # ReLU 激活函数
                nn.Dropout(dropout_rate),  # Dropout 层，用于减少过拟合
                nn.Linear(model_dim * 4, model_dim)  # 线性层，将维度恢复为原始维度
            ) for _ in range(num_layers)]
        )

        # 层归一化
        self.norm1 = nn.LayerNorm(model_dim)  # 第一层归一化
        self.norm2 = nn.LayerNorm(model_dim)  # 第二层归一化

        # 最终输出层（简化版，用于演示）
        self.output_layer = nn.Linear(model_dim, input_dim)
        # 线性层，将维度映射到输入维度（如分类任务中的词汇表大小）

    def forward(self, src, src_mask=None, tgt=None, tgt_mask=None, memory_key_padding_mask=None):
        # 嵌入和位置编码
        emb = self.embedding(src) * math.sqrt(self.model_dim)
        # 嵌入后乘以根号模型维度进行缩放
        emb += self.positional_encoding[:, :emb.size(1), :]  # 添加位置编码

        # Transformer 层
        for i in range(self.num_layers):
            # 多头注意力机制
            attn_output, attn_output_weights = self.attention_layers[i](emb, emb, emb, attn_mask=src_mask)
            attn_output = F.dropout(attn_output, p=self.dropout_rate, training=self.training)
            # Dropout 层，用于减少过拟合（仅在训练阶段有效）
            emb = self.norm1(emb + attn_output)  # 残差连接 + 层归一化

            # 前馈神经网络
            ff_output = self.feedforward_networks[i](emb)
            ff_output = F.dropout(ff_output, p=self.dropout_rate, training=self.training)
            # Dropout 层，用于减少过拟合（仅在训练阶段有效）
            emb = self.norm2(emb + ff_output)  # 残差连接 + 层归一化

        # 最终输出（简化版，用于演示）
        output = self.output_layer(emb)
        return output

# 超参数设置
batch_size = 32
seq_length = 100
input_dim = 10000  # 词汇规模
model_dim = 512
num_heads = 8
num_layers = 6
dropout_rate = 0.2

# 创建一个 Transformer 模型实例
model = TransformerModel(input_dim, model_dim, num_heads, num_layers, dropout_rate)

# 生成一些随机数据作为输入
src = torch.randint(0, input_dim, (batch_size, seq_length))
# 前向传播并获取输出
output = model(src)
print(output.shape)
```

```
# 前向传播并获取输出
output = model(src)
print(output.shape)
```

输出：　torch.Size([32, 100, 10000])

───────────────────── 代码解析 ─────────────────────

这个代码示例中，Dropout 机制被应用在了以下几个关键位置：

- 多头注意力机制：在nn.MultiheadAttention 中通过dropout 参数设置。
- 残差连接之后：在每个子层的输出上应用了 Dropout，通过F.dropout 函数实现。
- 前馈网络内部：在前馈网络的ReLU 激活之后应用了 Dropout。

此外，代码还展示了如何在训练和推理阶段正确地应用Dropout（通过training 参数来控制）。在推理阶段，虽然Dropout 不会被应用，但代码中没有显式展示推理阶段的特殊处理（如乘以丢弃概率的倒数），因为这通常是在模型部署时通过调整模型的权重来隐式处理的（在训练过程中已经考虑了这一点）。

理解Dropout 背后的机制和作用

Dropout 在Transformer 模型里扮演了一个重要角色，它主要是在每一层（比如自注意力层和前馈神经网络层）工作。简单来说，Dropout 会按照一个设定的概率p，随机地把输入数据里的一些数值变成0。这个过程就像是用一个特别的矩阵（伯努利分布样本矩阵，里面每个数字要么是0 要么是1，是 0 的概率是p，是 1 的概率是$1-p$）和输入数据相乘，这样就能随机地"扔掉"一些数据。

但是，如果直接这么扔，输出的数据整体就会变小，期望值和原来不一样了。为了避免这个问题，Dropout 还会对剩下的数据做个调整，让每个保留下来的数值都乘以$1/(1-p)$，这样输出的数据期望值就能和原来差不多，不会因为Dropout 而变来变去。

所以，Dropout 就像是给模型做了一个"随机减肥"，让模型不能太依赖某些特定的数据，从而提高它的泛化能力，让它对没见过的数据也能处理得更好。假设有一个输入张量X，Dropout 操作可以表示为：

$$\text{textDropout}(X, p) = X \odot M$$

其中，$\odot$代表两个矩阵对应位置的元素相乘。M是一个和X形状一样的矩阵，它的每个元素都是根据伯努利分布随机生成的，具体来说，每个元素有p的概率是0，有$1-p$的概率是1。缩放调整后的输出可以表示为：

$$\text{textDropout}(X, p) = \frac{X \odot M}{1 - p}$$

读者请注意，这里的公式是概念性的，实际实现中可能略有不同（例如PyTorch 中的nn.Dropout 模块会自动处理缩放）。

在Transformer 模型中，Dropout 通常被应用于多头自注意力机制的输出、前馈神经网络层的输入或输出等位置，以减少模型对特定神经元或连接的依赖，从而提高模型的泛化能力。

需要强调的是，Dropout 通过随机丢弃部分神经元的方式，有效地实现了模型的正则化，是深度学习领域广泛使用的正则化技术之一。在Transformer 模型中的应用，进一步证明了其在复杂神经网络结构中的有效性和实用性。下面是一个实现Dropout 操作及其缩放调整的Python 代码示例。

输入：
```
import numpy as np

def dropout(X, p):
    """
    对输入张量 X 应用 Dropout 操作。

    参数：
    X (numpy.ndarray): 输入张量。
    p (float): Dropout 概率。

    返回：
    numpy.ndarray: 应用 Dropout 后的张量。
    """
    # 生成与 X 形状相同的伯努利分布样本矩阵 M
    M = np.random.binomial(1, 1 - p, X.shape)

    # 对输入张量应用 Dropout 操作
    dropout_output = X * M

    # 缩放调整以保持期望值不变
    scaled_dropout_output = dropout_output / (1 - p)

    return scaled_dropout_output

# 示例输入张量
X = np.array([[1, 2, 3], [4, 5, 6], [7, 8, 9]], dtype=np.float32)

# Dropout 概率
p = 0.5

# 应用 Dropout 操作及缩放调整
output = dropout(X, p)

print(" 输入张量 :\n", X)
print(" 应用 Dropout 及缩放调整后的输出张量 :\n", output)
```

输出：
```
输入张量:
[[1. 2. 3.]
 [4. 5. 6.]
 [7. 8. 9.]]
应用Dropout 及缩放调整后的输出张量:
[[ 0.  0.  6.]
 [ 0. 10.  0.]
 [14.  0.  0.]]
```

代码解析

在这个示例中，dropout 函数接收一个输入张量X和一个Dropout 概率p。它首先生成一个与X形状相同的伯努利分布样本矩阵M，其中每个元素以概率$1-p$为1（保留），以概率p为0（丢弃）。然后，它将M与X逐元素相乘，实现Dropout 操作。最后，它对保留的元素进行缩放调整，以保持输出张量的期望值与输入张量大致相等。

读者请注意，由于使用了随机性，每次运行此代码时输出都会有所不同。此外，实际中我们可能会使用著名的深度学习框架的Dropout 层（如PyTorch 中的nn.Dropout），它们通常会自动处理缩放调整，并且能够在GPU 上高效运行。

3.3 编码器 + 解码器：信息传递与生成的精华

编码器的主要职责在于深入理解和处理输入数据，它能够将复杂的语言输入转化为高维度的中间表示形式。与此相对，解码器则巧妙地利用这些中间表示，专注于生成既语义连贯又逻辑一致的文本输出。编码器与解码器的这种协同工作机制，不仅显著提升了模型对语言的理解深度，还极大地增强了文本生成的质量及其与输入内容的相关性。本节将深入探讨编码器和解码器之间的精妙配合，特别是交叉注意力机制如何赋能解码器，在文本生成过程中高效地筛选并运用编码器中的关键信息，从而实现更加精准和高质量的文本输出。

3.3.1 交叉注意力机制和输出分布计算

相较于编码器，解码器在其各个处理模块中融入了双重注意力机制，并配备了独特的输出生成机制。解码器的具体构造如下：

- 双重注意力机制：解码器的每个处理单元均融合了自注意力机制和交叉注意力机制。这两种机制虽然都建立在"键—查询—值"框架之上，但各有其独特的功能与侧重点。自注意力机制使得解码器内部各位置能够相互关注，有效捕捉已生成序列的上下文信息。而交叉注意力机制则专注于整合来自编码器的信息，确保解码器能将输入数据的上下文巧妙融入即将生成的输出文本中。
- 输出生成机制：在充分处理输入信息及内部生成的序列信息后，解码器进入输出阶段，此时会计算令牌输出分布。这一关键步骤涉及对所有潜在的输出令牌（例如单词或字符）进行概率分布的计算，以精准选择下一个最可能的令牌。具体实现方式是，将解码器的最终输出向量转换为对每个可能令牌的预测得分，并通过softmax 函数将这些得分转换为概率值。

接下来，我们通过一个具体场景来深入剖析解码器的结构与工作流程，以便读者能更好地理解其运作机制。假设我们的任务是将英文句子"How are you?"翻译成中文"你好吗？"。

(1) 输入与编码阶段

首先，英文句子"How are you?"被送入编码器进行处理。编码器会逐个读取句子中的每个单词（如"How"，"are"，"you"，"?"），并将它们转换成一系列数值化的向量表示。这些向量不仅捕捉了单词的语义信息，还蕴含了它们在句子中的上下文关系。

(2) 解码过程

随后，解码器开始工作，其目标是逐步构建出对应的中文翻译。以下是解码器操作的详细步骤：

第一步：生成第一个词。

- 自注意力机制：由于此时尚未生成任何中文词汇，自注意力机制主要处于初始化状态，为后续的生成过程做准备。
- 交叉注意力机制：解码器会审视编码器输出的所有向量（英文单词的数值表示），并开始聚焦于与生成"你"这个词最相关的信息。
- 输出生成：解码器通过计算每个可能的中文字符的概率，最终选择"你"作为翻译的第一个词。

第二步：生成第二个词。

- 自注意力机制：此时，解码器不仅要考虑编码器的输出，还要顾及它自己已经生成的"你"。自注意力层确保新生成的词与已有词汇在语义上保持连贯。
- 交叉注意力机制：解码器再次参考编码器的输出，寻找接下来最合适的词。
- 输出生成：同样地，解码器通过计算概率，选择"好"作为翻译的第二个词。

第三步：生成第三个词（结束符或标点）。

- 自注意力机制：现在，解码器同时关注已经生成的"你"和"好"，确保接下来的词（在这个例子中是标点）与前面的词汇在逻辑上保持一致。
- 交叉注意力机制：继续利用编码器的信息来确定翻译的结束。
- 输出生成：最后，解码器选择"吗？"作为结束的标点，从而完成整个翻译过程。

最终，解码器输出的"你好吗？"是对"How are you?"的准确翻译。这个过程生动地展示了解码器如何巧妙地利用编码器的信息以及自身已生成的文本信息，来逐步构建和优化翻译结果。这个例子充分说明了解码器在语言处理任务中，尤其是在处理需要深入理解和转换大量上下文信息的复杂任务（如翻译）时，所发挥的关键作用。

3.3.2　掩蔽处理和序列生成

（1）掩蔽处理

当我们训练一个语言模型来生成文本时，掩蔽处理（masking）无疑是一个至关重要的步骤。它不仅确保模型在预测下一个词时仅能使用之前的词汇信息，还有效避免了信息的提前泄露。这种精巧的设计，使得模型在生成文本时，如同我们填写一个只能看到前面词汇的填空题，每一步都严格依赖于前序的词汇积累。

在实际操作中，掩蔽处理通过"隐藏"还未被预测的词来实现。这样，每次模型生成新词时，都仅依赖于它已知的词序列，从而精确模拟了我们说话或写作的自然流程。这一机制与Transformer模型的序列生成过程紧密相连，共同构成了模型高效、准确的文本生成能力。

（2）序列生成

序列生成是Transformer模型文本生成的核心过程。它一步步地进行，模型每次添加一个新词，直至句子完整，并以一个特殊的结束标记作为句子完成的信号。这一过程不仅依赖于前序词汇的累积信息，还充分利用了模型的注意力机制。这种机制使得模型在生成文本时，能够全面、准确地考虑上下文信息，从而生成既准确又详尽的文本。

结合编码器的深入理解能力和解码器的精确生成能力，Transformer模型在诸多复杂的语言处理任务中，如机器翻译、自动摘要和内容创作等，都展现出了卓越的性能。编码器先全面理解整个输入信息，然后解码器根据这些信息精确生成输出文本。这种高效的合作模式，确保了信息在传递和生成过程中的高质量和高效率，充分展现了现代深度学习技术在理解和生成语言方面的先进性。

以聊天机器人为例，这个场景目的是可以更直观地理解掩蔽处理和序列生成在实际中的应用。当聊天机器人生成回复时，如"我明天有空"，它需要逐步构建这个句子。在生成每个词时，机器人都仅能看到之前的词，而无法预知后续的词。这种掩蔽处理的方式，确保了机器人在预测当前词时，仅依赖于之前的上下文信息，从而防止了信息的未来泄露。

在序列生成的过程中，聊天机器人不断根据前序词汇和上下文信息生成新词，直至整个句子完成。每一步的生成都严格依赖于前一步的输出，形成了一个连续、有序的生成过程。这种生成方式不仅确保了句子的连贯性和有意义性，还使得机器人能够更准确地理解用户的意图，并给出恰当的回复。

总的来说，掩蔽处理和序列生成是 Transformer 模型文本生成过程中的两个关键环节。它们共同作用，确保了模型在生成文本时能够严格依赖于前序词汇和上下文信息，从而生成准确、连贯、有意义的文本。这种技术不仅应用于聊天机器人等交互式场景，还广泛适用于机器翻译、自动文摘等许多复杂的语言处理任务中。通过这种方式，Transformer 模型能够有效地理解和生成语言，展现出卓越的性能和广泛的应用前景。

3.4　解码器：文本生成的要诀

相较于 Transformer 的标准编码器-解码器架构，独立解码器结构以其对交叉注意力机制的独特省略而脱颖而出。在标准的 Transformer 框架内，解码器不仅依赖自注意力机制来梳理其内部状态，还借助交叉注意力机制来吸纳编码器传递的输入信息。然而，在某些特定任务或模型变种中，编码器的这种输入或许并非不可或缺。此时，解码器便可能采取一种更为精简的形式，即不囊括交叉注意力机制。

3.4.1　省略交叉注意力机制

独立解码器的应用范畴极为广泛，尤其在自回归生成任务中大展拳脚。在这类任务中，模型仅凭借之前生成的序列来预测下一个输出，无需额外的编码器输入。举例来说，在部分语言模型或生成式模型中，解码器可以完全脱离编码器独立运作，仅依靠自注意力机制和之前生成的词汇来构筑输出序列。

省略交叉注意力机制后，独立解码器的结构得以简化，计算效率也可能因此提升。由于无需再处理来自编码器的额外信息，解码器能更专注于自身状态的更新和输出序列的生成。此外，这种精简后的解码器在结构上与编码器更为契合，它们都主要依赖自注意力机制来处理信息。

值得注意的是，尽管独立解码器在结构上省略了交叉注意力，但在自注意力机制中仍保留了关键的掩码处理。这一步骤对于防止位置前瞻至关重要，它确保模型在生成当前词时无法窥见未来的词，从而维护了生成过程的自回归性。

进一步来说，独立解码器结构的一个核心特征，就是它去除了交叉注意力机制。这一设计创新使得该结构特别适合于那些不依赖编码器输出的任务场景，尤其是自回归生成任务。在常规的编码器-解码器架构中，解码器通常会利用交叉注意力机制来"捕获"并融合编码器输出的信息，这些信息往往蕴含了输入数据的深层语义特征。然而，在某些特定任务中，解码器或许并不需要这些额外的"辅助"。

当交叉注意力机制被省略后，独立解码器便不再关注或依赖编码器的输出，而是完全基于其自身之前的输出来逐步推导出后续的序列。这种设计赋予了解码器更高的自主性和独立性，使其在处理任务时更加得心应手，尤其适用于那些仅需根据已生成序列来"创作"新内容的场景。在文本生成、序列预测等任务中，独立解码器能够仅凭借"历史记忆"来生成连贯、合理的输出，无需借助外部信息。

在独立解码器的工作流程中[14]，自注意力机制发挥着至关重要的作用。它使解码器在处理每个新元素时，都能全面、深入地考虑到之前所有元素的信息，同时又严格避免了信息的"提前泄露"。这种机制确保了模型在生成序列时，每一步都严格基于已知的历史信息，从而保证了生成过程的自回归性和准确性，使模型能够逐步构建出完整且连贯的序列。

总而言之，独立解码器结构通过去除交叉注意力机制，实现了对特定任务的精确优化和高效处理。它不仅提升了模型的自主性和灵活性，还借助自注意力机制确保了生成过程的精确性和连贯性。这种设计选择为那些无需编码器输入的任务提供了一种新颖且高效的解决方案，展现了其在复杂语言处理任务中的独特魅力和广泛应用前景。

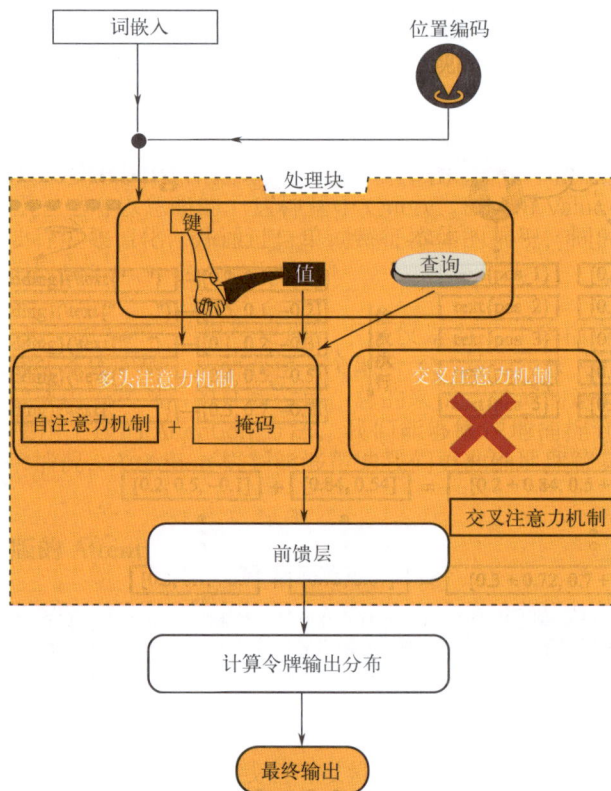

[14] 由于解码器专注于处理自身生成的历史信息，它更专注于保持生成内容的一致性和连贯性。这对于那些对话题连贯性和风格一致性要求较高的生成任务尤为重要

3.4.2　自回归生成任务的应用

在 NLP 的广阔天地里，自回归生成任务占据着举足轻重的地位，尤其在生成式语言模型中展现出了其独特的魅力。这类任务的核心在于，模型仅凭借之前生成的序列来预测或生成下一个可能的输出，完全无需依赖外部（如编码器）提供的额外信息。这种机制使得模型能够更加专注于自身输出历史的挖掘与利用，从而实现更加精准和连贯的生成效果。

自回归模型在生成新输出时，会全面考虑所有之前的输出信息。这一过程得益于自注意力机制的巧妙运用，它使得模型在生成每一个新词或新元素时，都能"回望"并借鉴其之前的所有输出。这种机制不仅确保了生成语言的语法正确性，更赋予了模型维持话题连贯性和逻辑性的能力，使得生成的文本更加自然流畅。

具体应用案例剖析

（1）股市预测模型：捕捉时间序列的奥秘

股市预测模型是自回归模型在金融市场中的一次成功实践。在这个案例中，模型的任务是预测未来的股票价格，其依据仅仅是过去的价格序列。模型通过深入学习历史价格数据之间的时间依赖性和模式，从而生成对未来价格的精准预测。这种纯自回归的设计使得模型结构更加简洁明了，便于训练和实施。尤其在高频交易等需要即时决策支持的场景中，这种模型能够迅速响应历史数据的变化，及时更新预测结果，为投资者提供有力的决策依据。然而，值得注意的是，这种模型在忽略外部影响因素的同时，也可能导致预测的不准确，特别是在外部因素对市场行为产生显著影响的情况下。因此，在实际应用中需要权衡利弊，合理选择。

（2）自动生成诗歌：挖掘文本内部的韵律与结构

自动生成诗歌是自回归生成任务在文学创作领域的又一力作。在这个案例中，解码器被训练为仅依赖于它之前生成的诗行来继续创作。每当模型生成一行诗时，它都会全面考虑所有之前的诗行，而无需任何外部的编码器输入。这种独立解码器的设计使得模型能够更加专注于文本的内部结构和韵律的挖掘与利用，从而生成出更加优美、连贯的诗歌作品。这种方法的优点在于模型结构简单、计算成本较低，特别适合于那些生成内容较为独立且自包含的任务，如诗歌或故事创作等。通过自回归生成的方式，模型能够捕捉到文本之间的内在联系和规律，生成出更加符合人类审美和语言表达习惯的文本作品。

总而言之，自回归生成任务在 NLP 领域展现出了广泛的应用前景和巨大的潜力。无论是金融市场中的股市预测模型还是文学创作中的自动生成诗歌模型，自回归机制都发挥着举足轻重的作用。未来随着技术的不断进步和应用的不断深入，自回归生成任务有望在更多领域展现出其独特的魅力和价值。

3.5　像素级 Transformer 详解：中译英为例

Transformer 是一个深度学习模型，其核心在于 Attention 机制，并融合了多种先进的机制和技术。在第 2 章的最后一小节中，通过像素级的手法已对 Attention 机制进行了详尽的阐述。为了保持这种深入细致的分析风格，在第 3 章的最后一节，同样将采用精细的笔触来全面介绍 Transformer。在此，将引用一篇著名论文中所展示的 Transformer 结构图 15，以便更直观地展现其构造与原理。

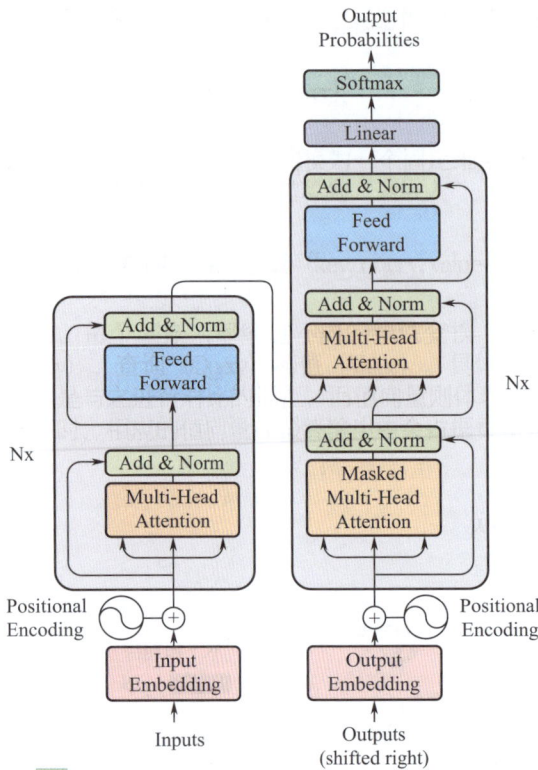

Output
Probabilities

Softmax

Linear

Add & Norm

Feed
Forward

Add & Norm

Multi-Head
Attention

Nx

Add & Norm

Feed
Forward

Add & Norm

Add & Norm

Multi-Head
Attention

Masked
Multi-Head
Attention

Nx

Positional
Encoding

Positional
Encoding

Input
Embedding

Output
Embedding

Inputs

Outputs
(shifted right)

15 Transformer 结构示意图，出自论文 "Attention Is All You Need"

接下来，让我们一起详细解读这张Transformer 结构图。首先，从宏观角度来看，Transformer 主要由两大部分组成：编码器和解码器。虽然我们在本章前面的小节已经对这两部分的结构进行了深入探讨，但在这里再次提及，是为了结合一个实际的应用场景——比如机器翻译，来帮助大家更牢固、更透彻地理解Transformer 的工作原理。

从图 15 中可以清晰地看到，左侧是编码器部分，而右侧则是解码器部分。在机器翻译的场景中，编码器就像是一个"理解者"，它负责捕捉并理解源语言文章的特征。而解码器更像是一个"表达者"，根据编码器提供的源语言文章的意思（也就是那些特征），用目标语言将这些意思组织成一篇流畅的文章。

在图 15 的数据流程中，信息从底部向顶部流动。底部代表输入，而顶部则代表输出。以翻译任务为例，流程如下所述：

编码器首先接收源文本作为输入，并处理该文本以生成其特征表示，这构成了编码器的输出。

解码器在接收输入时涉及两个关键部分：

- 翻译特征输入：在翻译任务的学习和推论阶段之后，解码器需要接收两个输入。首要输入是编码器生成的源文本特征，即"翻译原文章的特征"。这一特征在解码过程中被中途引入，以指导翻译的进行。在图示中 15，这部分被明确标识为解码器的一个输入。
- 前一个单词的上下文输入：除了源文本特征外，解码器还需要接收关于之前翻译单词的上下文信息，即"学习后推理到前一个单词的文章"。但这里有一个重要的区分：在学习阶段和推论阶段，这一输入的提供方式是不同的。在学习阶段，解码器会一次性接收所有学习数据中的句子作为上下文输入。而在推论阶段，解码器则是根据前一个单词的翻译结果来动态接收这一输入。

在解码器的输出端，生成的是下一个单词的概率分布。这一输出是基于当前已翻译的文本和原文本特征的综合考量。如图 16 所示，以"我喜欢读书"翻译成英文为例，我们来看模型是如何进行翻译的，也就是推理的流程。

在解码器对目标文本进行学习和推断的过程中，它首先会从待翻译文本的起始位置开始，逐个学习每个单词，并基于这些学习进行逻辑推断。当解码器开始处理待翻译句子的首个单词时，其输入被特定为表示句子开始的特殊符号"BOS"，在图示中 16 这被标记为"<BOS>"。在解码器的工作流程中，首要步骤是识别输入"<BOS>"的特征，随后结合这些特征及翻译源句子的特征，通过学习来推断翻译源句子的起始单词。

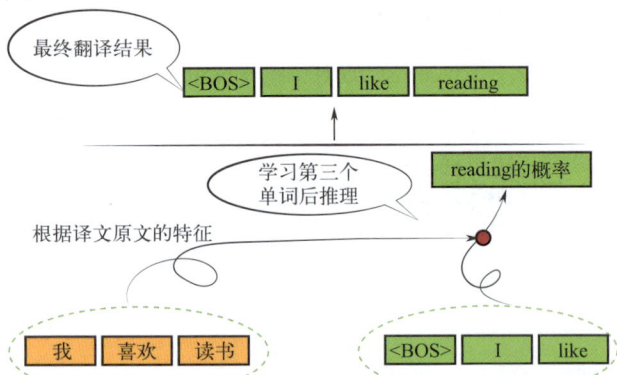

最终翻译结果

<BOS>　I　like　reading

学习第三个单词后推理

根据译文原文的特征

reading的概率

我　喜欢　读书

<BOS>　I　like

16 Transformer 模型通过逐步学习与推理，将源语言的句子逐个地转换为目标语言的句子。这一过程体现了序列到序列（Seq2Seq）的学习范式，在机器翻译、文本生成等领域具有广泛应用

这一学习与推断的结果将以词汇表中每个单词的概率形式呈现。在此假设中，"I"是学习与推断后的结果，即"I"具有最高的概率。

至此，我们已成功推断出翻译目标文章的首个单词为"I"，这是基于初步学习后的推理结果，与解码器最初输入的起始标记<BOS>结合，形成了"<BOS>I"。接下来，进入第二个单词的学习与推理阶段。

此阶段继续利用编码器提取的翻译源文章特征，解码器则接收"<BOS>I"作为输入。结合这一输入特征和原句特征，系统学习后推断出第二个单词为"like"。于是，当前的翻译对象句子更新为"<BOS>I like"。

随后，进行第三个单词的学习与推理。过程与前述相似，仍依托编码器提供的翻译源文章特征，解码器则输入"<BOS>I like"。基于这一新输入的特征和原句特征，系统学习后推断出第三个单词"reading"。

至此，所有单词的学习与推理均已完成，最终形成了完整的翻译目标句子"<BOS>I like reading"。这便是机器翻译中Transformer模型进行学习后推理的整个流程。需注意的是，图中除翻译原文的标点符号和目标文本外，还省略了标志文章结束的特殊符号"EOS"。实际上，在翻译目标句中下一个单词的学习与推理结束时，便是EOS被学习与推理的时刻。

再次审视图示，可以更清晰地理解Transformer模型在机器翻译中的逐步推理过程。

- 在第二个单词"like"的学习与推理阶段，模型依据的是原翻译句子的特征以及"<BOS>I"的特征。这里的"<BOS>I"实际上代表了学习并推理出的前一个单词序列，即"学习到前一个单词后推理出来的文章"。尽管它起初只是一个包含特殊标记<BOS>的序列，但随着推理的进行，它逐渐扩展为包含实际单词的序列。在这个阶段，"<BOS>I"作为输入，帮助模型推理出下一个单词"like"。
- 类似地，在第三个单词"reading"的学习与推理中，模型将学习并推理出的前两个单词序列"<BOS>I like"作为输入。这个序列同样代表了"学习到前一个单词后推理出来的文章"，它包含了足够的上下文信息，以支持模型推理出下一个单词"reading"。
- 那么，对于第一个单词"I"的学习与推理阶段呢？在这个阶段，最开始输入的<BOS>实际上扮演了"学习到前一个单词后推理出来的文章"的角色。尽管它只是一个特殊的标记，不包含任何实际的单词，但它为模型提供了一个起始点，使得模型能够开始构建和推理出目标句子的第一个单词。

因此，我们可以看到，在Transformer模型的逐步推理过程中，"学习后推论到前一个单词的文章"是从<BOS>开始，逐渐通过学习和推理连接起每个单词的。这个过程利用了前一个单词序列的特征和翻译源文章的特征，来推理出下一个单词，从而逐步构建出完整的目标句子。

翻译对象文章的单词，从开头一个一个按顺序学习。这时，解码器输入的是"学习到前一个单词后进行推论的文章"。换句话说，在学习后推理下一个单词时，输出的所有学习后推理结果单词都会再次输入到解码器中。解码器在学习一个单词后进行推论时，从输入到计算、输出，然后再将输出结果输入到自身（解码器），如此反复。这种将自身输出结果再次输入自身并重复处理的性质称为"自回归"。

自回归的翻译目标文章的结构流程，本质上与基于RNN的seq2seq的解码器相同。

更进一步思考，Transformer模型的学习后推理与基于传统的RNN的seq2seq模型有什么不同？

二者在编码器和解码器的处理上存在显著的不同，这些不同主要体现在处理方式和计算效率上。结合图 17 所展示的二者结构原理描述，我们一起讨论一下二者的区别和联系。

以下是对两者差异的详细分析：

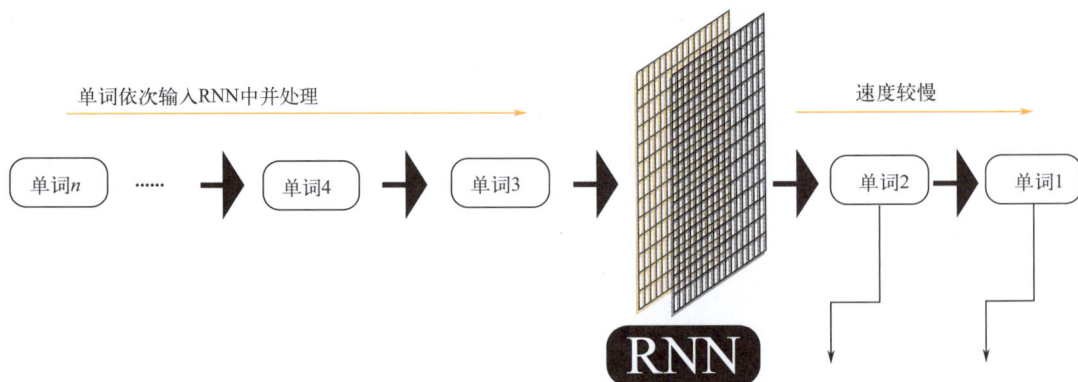

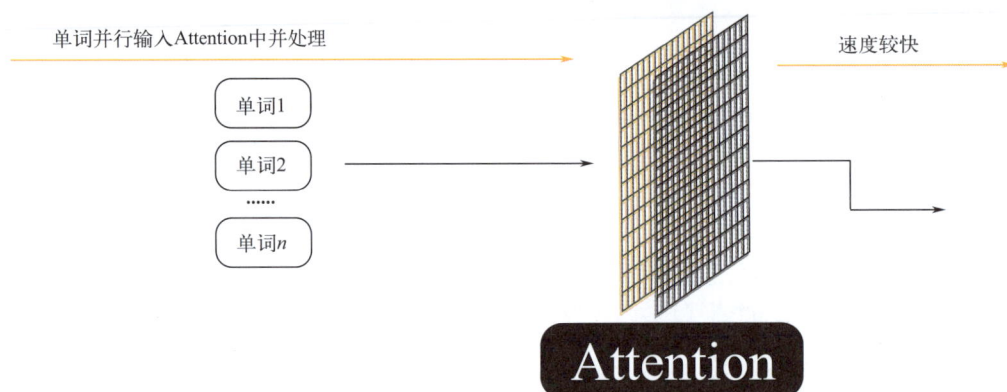

17 Attention 机制是 Transformer 模型的核心，它使得模型能够同时处理序列中的所有词，并捕捉到长距离依赖关系。在设计模型时，可以借鉴 Attention 机制的思想，通过引入类似的机制来增强模型对序列数据的处理能力

编码器处理的不同

（1）基于RNN 的seq2seq 模型

- 处理方式：编码器需要从翻译源文章的开头依次输入单词，根据单词的数量，从输入到输出逐一进行处理。这意味着每个单词的处理都依赖于前一个单词的处理结果，因此是顺序处理的。
- 计算效率：由于需要逐一处理每个单词，因此处理时间和计算量会随着单词数量的增加而增加。

（2）Transformer 模型

- 处理方式：编码器可以批量输入翻译原文中的单词并批量处理。这是因为Transformer 模型是基于 Attention 机制而不是RNN，Attention 机制允许模型同时处理所有输入序列中的词，从而更有效地捕捉长距离依赖关系。
- 计算效率：由于能够批量处理输入单词，Transformer 编码器只需要一次从输入到输出的处理，计算时间相对较少，不受单词数量多少的影响。

解码器学习后推理的不同

基于RNN 的seq2seq 模型与基于自回归的Transformer 模型：
- 处理方式：在从开头的单词开始一个一个顺序处理这一点上，两者本质上是一样的。这意味着在解码过程中，每个单词的生成都依赖于前一个单词的生成结果。

- 计算量比较：原则上，Transformer 解码器需要更少的计算量。这是因为Transformer 的Attention 机制使得模型在解码时能够更高效地利用上下文信息，从而减少了不必要的计算。

学习时的差异

基于Attention 的Transformer 解码器
- 在学习时推理有很大的好处。由于Attention 机制的存在，Transformer 模型能够在学习时更好地捕捉到序列中的依赖关系，从而生成更准确的输出。这种优势在解码器上同样适用，使得Transformer 模型在生成任务中表现出色。

优化方面

Transformer 模型
- 由于其基于Attention 机制的结构特点，Transformer 模型在优化方面有更多的选择和空间。例如，可以通过稀疏注意力机制、内存优化、模型压缩、硬件加速及算法创新等多种策略来进一步提升模型的训练速度和推理效率。

通过以上分析可以看出，Transformer 学习后推理与基于 RNN 的 seq2seq 模型在编码器和解码器的处理上存在显著差异，这些差异主要体现在处理方式和计算效率上。Transformer 模型由于其独特的 Attention 机制结构，在处理长序列和复杂依赖关系时表现出色，具有更高的计算效率和更广泛的应用前景。

截至目前，相信读者对 Transformer 模型的推理流程已有了基本了解。接下来，我们将更进一步，深入探讨 Transformer 的学习原理。为了保持连贯性，我们将继续沿用之前的方法，以中英翻译作为实例来展开讲解。

我们知道，神经网络中的权重和偏置在学习开始时是随机初始化的。当使用单个学习数据进行训练时，网络会进行前向传播以产生输出，并与已知的"正确答案"（目标标签）进行比较，从而计算出损失。随后，通过反向传播算法更新权重和偏置，以最小化该损失。这一过程针对大量学习数据重复执行，以便逐步优化权重和偏置，达到最佳性能。学习完成后，网络便能够进行高精度的推理。

以中文和英文文章作为学习数据为例，如下所示：

源文本：我喜欢读书。
目标文本：I like reading.

在上述例子中，源文本和目标文本的组合构成了一个学习数据对。其中，源文本是待翻译的输入，而目标文本是已知的翻译输出，即"标签"。在学习阶段的前向传播过程中，尽管待翻译的句子（即未来的输入）是未知的，但在当前训练步骤中，标签是已知的，并被用作监督信号来指导网络的学习。这种已知的"正确答案"信息在训练过程中被充分利用，以帮助网络逐步学会正确的翻译映射。

学习流程如下：

- 首先，在学习阶段，模型会根据给定的中文原文"我喜欢阅读"进行英文翻译的推理。这一步骤是模型的前向传播过程，旨在生成一个初步的翻译结果。
- 接着，模型会评估这个初步翻译结果与已知的英文标签"I like reading"之间的差异，即计算损失。损失的大小反映了模型当前翻译质量与理想翻译质量之间的差距。
- 根据计算出的损失，模型会调整其内部参数（如权重和偏置）[18]，以便更接近"正确答案"。这一过程通过反向传播算法实现，它指导模型如何修改其参数以减小损失。例如，如果模型在学习时推理出的句子中包含了"hate"而不是正确的"like"，那么损失计算会反映出这一错误，并促使模型调整参数以纠正它。

- 最后，经过多次迭代学习，模型会逐渐优化其参数，使得在学习结束后，它能够以最高的精度进行翻译推理。此时，模型的学习目标已经达成，即能够准确地将中文翻译成英文。

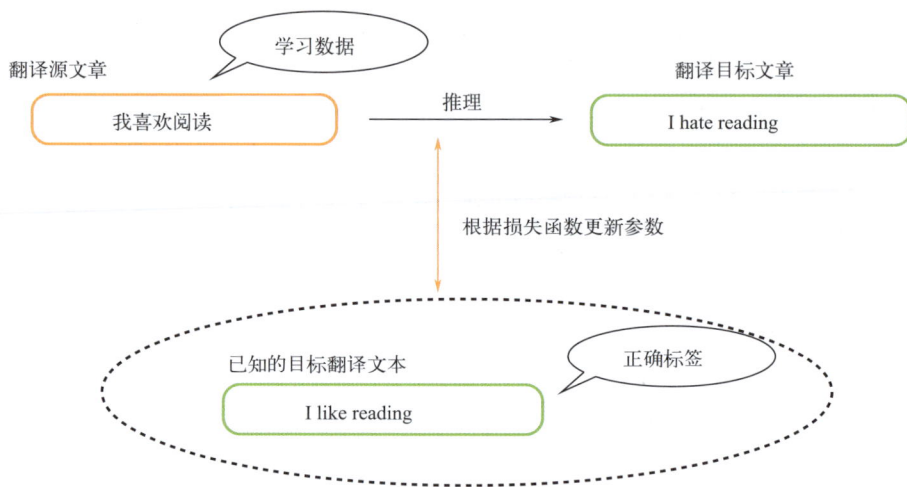

18 学习阶段的目标是为了让模型在推理时能够更准确地预测未知数据。通过大量的学习和参数调整，模型可以逐渐学会从输入数据中提取有用的特征，并生成准确的输出

让我们更详尽且深入地探讨 Transformer 模型的学习原理，并特别强调其在学习与推理过程中的相似性。Transformer 的学习机制，在某种程度上，可以类比为逐词预测的过程，即基于已有译文特征，从译文的起始位置逐一预测后续单词。

在 Transformer 的学习阶段，模型会逐个学习目标句子中的单词，这一过程与推理阶段相似。具体来说，当模型学习翻译某个句子的开头部分，并尝试推断下一个单词时，它会基于之前已经翻译出的单词（在学习阶段，这些单词来自标签，即"正确答案"）来进行预测。例如，在翻译"I like reading"这句话时，当模型学习到第三个单词"reading"时，它会参考标签中给出的前两个单词"I"和"like"。

重要的是要区分学习时的推理与实际的推理（学习后推理）。在学习时推理中，模型在推断某个单词时，会利用标签中提供的前序单词作为输入，而不是自己之前推断出的单词。这意味着，在学习阶段，模型总是能够获取到"正确答案"作为前序输入，从而更准确地预测下一个单词。然而，在实际推理过程中，模型则必须依赖自己之前推断出的单词来预测后续单词。

这一学习机制的特点在于，模型在学习阶段推断每个单词时，都会将前一个（或几个）单词的"正确答案"作为输入，并仅针对下一个单词进行推断和损失计算。以图示化的方式来看，当模型在学习阶段推断第二个单词"like"时，它会接收标签提供的第一个单词"I"作为输入，并尝试预测"like"。然后，模型会计算其推断结果与标签中"like"的差异，即损失，并据此更新权重和偏置等参数。

通过以上分析可以看出，Transformer 模型在学习阶段通过逐个推断目标句子中的单词，并基于标签中的"正确答案"进行损失计算和参数更新。这一过程从翻译对象文章的开头单词开始，按顺序进行，直至学习完所有单词。通过这种方式，模型能够逐渐掌握语言的翻译规律，并在实际推理过程中表现出色。

让我们更清晰地梳理一下案例中Transformer 进行实际翻译的流程，特别是关于编码器和解码器的工作细节以及如何计算损失[19]。

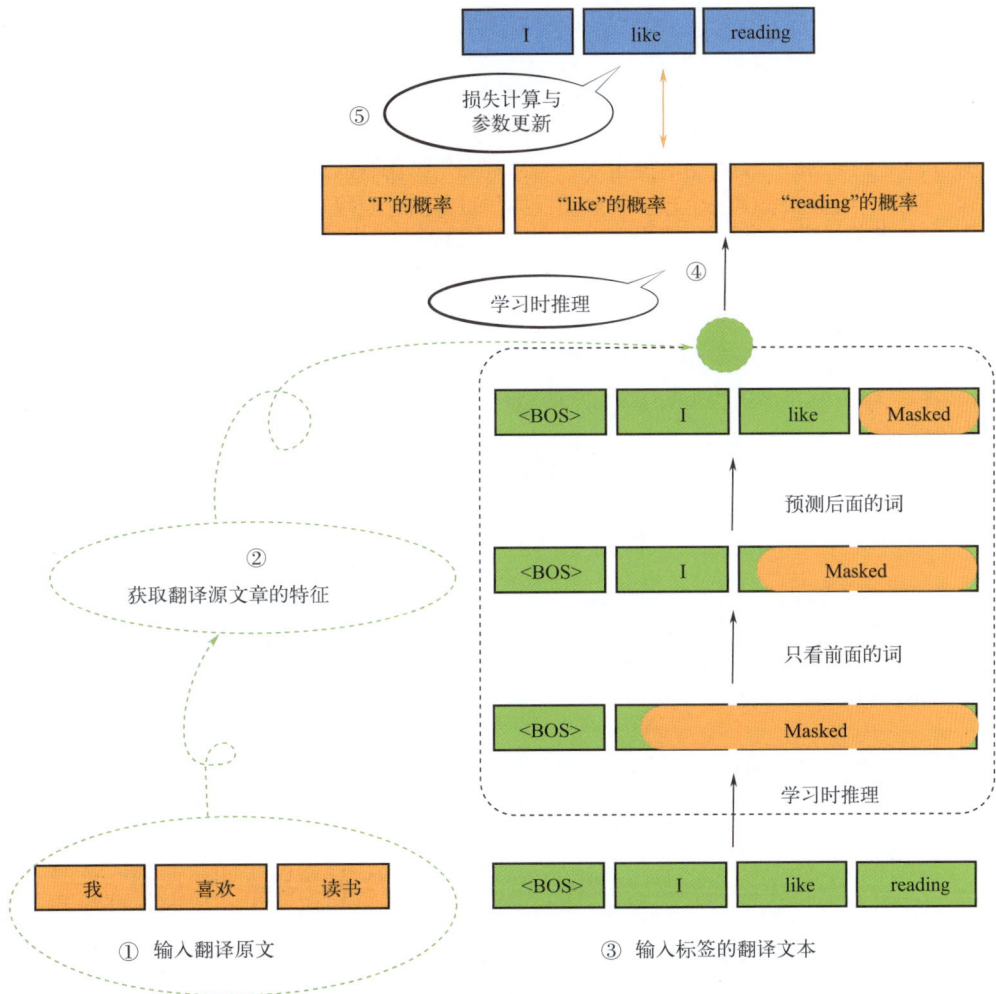

19　Transformer 模型在翻译任务中的整体流程是清晰且有条理的，但同时也需要关注每个环节的细节处理。例如，损失计算的具体方式、防止作弊的机制等，都是确保模型性能的重要因素

流程概述

（1）编码器阶段

- 输入：待翻译的原文。
- 输出：原文的特征表示。

（2）解码器阶段

- 输入：开始标志"<BOS>"及部分或全部翻译文本（如"<BOS> I like reading"）。

- 过程：结合编码器的输出和已输入的翻译文本，逐步推断下一个单词。
- 输出：每个时间步预测的单词及其对应的概率分布。

损失计算细节

- 输入解码器的序列"<BOS> I like reading"。
- 关键：解码器从一开始就接收完整的标签序列（包括待预测的单词），但为了防止模型"作弊"，对后续单词进行隐藏处理。
- 损失计算：对于每个时间步，模型基于前一个或多个单词推断下一个单词。例如，在推断第三个单词"reading"时，模型依据"<BOS> I like"进行预测。预测结果与标签中的对应单词"reading"进行比较，计算损失。这一过程对每个时间步的单词都重复进行，累积损失用于优化模型。

避免作弊机制

- 虽然解码器输入包含了完整的翻译文本，但在训练过程中，模型被设计为只能"看到"当前及之前的单词。
- 这通常通过掩码技术实现，确保模型不会接触到未来信息，即不会"作弊"地利用已知的正确答案。

总结

- Transformer 模型在翻译任务中，通过编码器提取原文特征，解码器逐步生成翻译文本。
- 解码器在训练时接收包含开始标志和部分翻译文本的输入，结合编码器输出推断下一个单词。
- 损失计算基于模型预测与已知标签之间的差异，优化过程旨在减少这种差异。
- 为防止模型利用未来信息，采用掩码等机制确保模型仅依赖当前及之前的单词进行预测。

在整个翻译流程中，Transformer 架构的最大优势在于其解码器能够实现对每个单词的并行处理。相比之下，RNN 需要逐词处理，导致学习时间与单词数量直接相关，处理效率较低。而 Transformer 则通过基于注意力机制的并行处理方式，无论单词数量多少，都能在一次处理时间内完成，显著提高了处理效率。

然而，值得注意的是，在 Transformer 的推理阶段（学习结束后的应用阶段），由于之前的单词是未知的，因此仍然需要按照单词顺序进行自回归处理。这是因为在实际应用中，模型需要从文章开头开始，逐个单词地生成翻译结果。

但在训练阶段，情况则有所不同。解码器在训练时一开始就接收到了完整的标签翻译句子作为输入，因此前一个单词是已知的。这意味着在训练过程中，模型不需要对之前的单词进行推理，从而避免了逐词处理的限制。因此，在 Transformer 的训练中，无论是编码器还是解码器，都可以一次性输入整篇文章并进行并行处理，这大大减少了学习时间，成为 Transformer 相对于基于 RNN 的 seq2seq 模型的最大优势。

在 Transformer 的工作机制里，参数的学习和更新是核心任务，其中几个关键组件的权重尤为重要[20]。

（1）Linear 层

- 在 Transformer 中，Linear 层（全连接层或仿射变换层）负责将输入向量映射到新的向量空间。
- 这些层的权重通过训练数据进行学习，以捕捉输入数据中的特征和模式。

(2) 前馈神经网络（Feed Forward）子层

- 前馈神经网络通常包含两个 Linear 层和一个非线性激活函数（如 ReLU）。
- 这些子层用于进一步处理输入数据，提取更高级别的特征，并将其传递给下一层。
- 前馈神经网络的权重同样通过训练进行更新，以优化模型的性能。

(3) 嵌入层（Embeddings）

- 嵌入层负责将离散的输入符号（如单词或字符）映射到连续的向量空间中。
- 这些向量的权重（即嵌入向量本身）通过训练进行学习和更新，以捕捉符号之间的语义和语法关系。

(4) 多头注意力机制（Multi-Head Attention）

- 在多头注意力机制中，输入数据首先通过三个 Linear 层分别映射为查询（Q）、键（K）和值（V）。
- 这些 Linear 层的权重通过训练进行学习和更新，以优化注意力机制的性能。
- 此外，在将多个头部的处理结果连接起来后，还会通过一个额外的 Linear 层进行整合，该层的权重同样需要学习和更新。

关于缩放点积注意力（scaled dot-product attention），虽然它本身不包含可学习的参数（没有 Linear 层或前馈神经网络），但它在多头注意力机制中扮演着重要角色：

- 缩放点积注意力通过计算查询和键的点积，并对其进行缩放，来评估输入数据之间的相关性。
- 尽管它没有可学习的参数，但其计算结果作为多头注意力机制的一部分，与其他可学习的组件（如 Linear 层）相结合，共同提升模型的整体性能。

我们知道，Transformer 模型由编码器和解码器两大部分组成。在编码器和解码器中，都包含了多头注意力子层。这些多头注意力子层通过堆叠多个缩放点积注意力头来实现多头注意力机制。具体来说：

- 编码器：编码器由多个相同的编码器层堆叠而成，每个编码器层都包含两个子层：多头自注意力层和前馈神经网络层。在多头自注意力层中，所有的查询、键和值都来自同一个输入序列，允许模型关注序列中不同位置的信息。
- 解码器：解码器也由多个相同的解码器层堆叠而成，但每个解码器层包含三个子层：掩蔽多头自注意力层、编码器-解码器交叉注意力层和前馈神经网络层。在掩蔽多头自注意力层中，模型只能关注到当前位置之前的输入序列信息，这是通过掩码操作实现的。编码器-解码器交叉注意力层则允许解码器关注编码器的输出序列信息，从而实现编码器到解码器的信息传递。

在实际应用中，为了进一步提高 Transformer 模型的性能和效率，研究人员提出了多种扩展和优化方法。例如：

- 稀疏注意力机制：通过引入稀疏性来减少注意力计算中的冗余，从而降低计算复杂度。
- 长文本处理：针对长序列输入，设计能够处理更长依赖关系的注意力机制，如 Transformer-XL 等。
- 模型压缩与量化：通过模型压缩和量化技术减小模型体积，降低计算资源消耗，同时尽量保持模型性能。

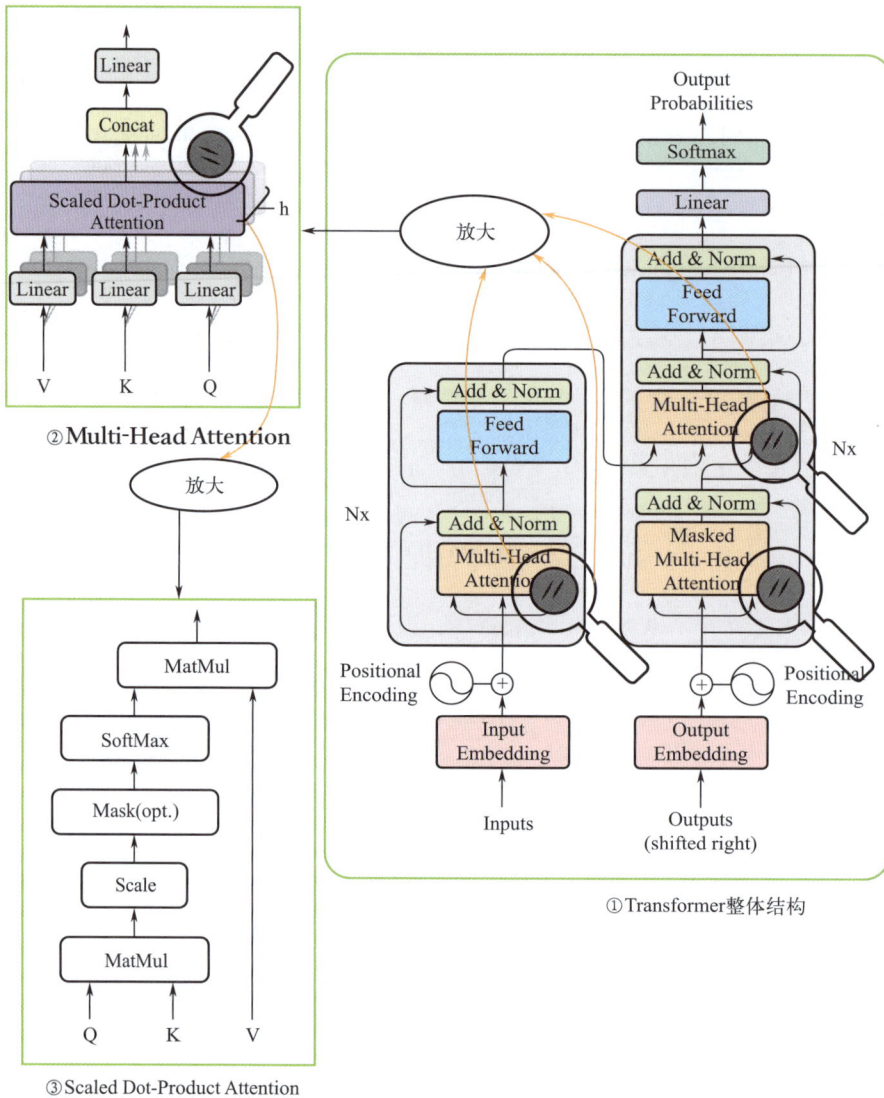

② Multi-Head Attention

③ Scaled Dot-Product Attention

① Transformer整体结构

20 Transformer 通过堆叠多个相同的编码器层和解码器层来实现深度神经网络，这种设计使得模型能够捕获输入序列中的复杂特征。每个编码器层和解码器层都包含特定的子层，这些子层负责处理不同类型的注意力机制，从而提高了模型的表达能力和泛化能力

本图来自 Transformer 的论文「Attention Is All You Need」

第 4 章

大语言模型技术精要

GPT、BERT、RoBERTa 及 T5，堪称大语言模型领域的四大支柱，它们分别在文本生成、理解及转换方面实现了显著的技术飞跃。GPT以其卓越的文本创造能力令人瞩目，BERT 与 RoBERTa 则进一步深化了文本理解的层次，而 T5 更是创新性地整合了多种自然语言处理任务，展现了极高的通用性。这些模型不仅是大语言模型核心原理的集中体现，更在实际应用中广泛施展其强大能力，产生了深远影响。通过深入剖析和对比这些模型，读者不仅能更透彻地理解大语言模型的基本原理和技术路径，还能直观感受到这些模型在实际场景中的出色表现和广泛应用，从而更全面地把握大语言模型技术的发展历程和未来方向。

4.1 文本解析：语言预测之道探索

在本节中，我们将深入探究大语言模型如何利用文本预测任务来揭开语言的深层奥秘，并详细分析这些模型在不同应用场景下的具体运用及其产生的广泛影响。此外，本节还将重点讨论子词级别的文本分割技术，这一方法几乎被所有先进的大语言模型广泛采用。

4.1.1 文字预测的基本原理

大语言模型通过训练来预测大规模语料库中的词汇，这一过程实际上蕴含了从广泛常识到精细语法的全方位知识。以单词预测任务为例，即便在同一个句子内部，仅仅通过调整待预测单词的位置，模型也能够捕捉到多种类型的知识信息。以下是一个简单的示例来说明这一点：假设在大型语料库中存在这样一句话——中国最长的河是长江。接下来，我们可以让大语言模型尝试预测该句子中不同位置的内容。

中国最长的河是 __ ？	-> 长江
中国最 __ 的河是长江？	-> 长
中国最长 __ 河是长江？	-> 的

在句子"中国最长的河是 __ ？"的语境下，模型准确预测"长江"，这凸显了其对地理常识的掌握程度。当句子变为"中国最 __ 的河是长江"时，模型预测出的"长"字，体现了它对形容词在语法结构中正确应用的理解。进一步地，在"中国最长 __ 河是长江"这一句子中，模型预测出的"的"字，则揭示了它对形容词与助词间关系的深刻理解。

这种通过预测句子中不同位置词汇的任务，使大语言模型能够深入挖掘并展现语言的多维度结构，无论是简单的常识知识，还是复杂的语法规则，都被其纳入考量。

实际上，文字预测并非简单的词汇猜测，其背后蕴含着复杂的机器学习和语言理解机制。大语言模型通过深入分析海量的文本数据，如新闻报道、书籍内容以及网络文章，来学习和掌握语言的内在模式和规律。以之前的例子为例，当输入"中国最长的河是 __ ？"时，模型并非仅仅进行词汇匹配，而是基于其学习到的知识和语境理解，来推断出可能的答案"长江"。这一过程涉及复杂的数学运算和模式匹配，是模型深入理解并预测语言的体现。

在实际应用中，如在搜索引擎中输入"如何做苏式月饼"时，搜索引擎会利用文字预测技术准确理解查询意图，并推荐相关的食谱和视频教程。这种预测能力不仅提升了搜索的智能化水平，还使用户能够更迅速地获取所需信息，节省时间和精力。

文字预测的学习过程需要模型通过大量数据进行反复的训练和优化，以不断提升其预测能力和准确性。这一技术在搜索引擎、智能手机键盘的自动补全以及智能助手的语音识别等多个领域都有广泛应用，为生活带来了便利。

下面看一个稍微复杂一些的案例。

在处理文本："这部电影非常令人失望，情节乏味，表演平淡。"时，大语言模型的情感分析功能是这样运作的：

- 首先，在预训练阶段，模型已经通过学习海量的包含情感的文本数据，如影评、社交媒体上的评论等，掌握了情感词汇的使用方式及其与不同情绪之间的紧密联系。
- 接下来，进入文本理解阶段，模型会细致地分析文本的结构和语境，从中识别出关键词汇以及情感词，比如"失望""乏味""平淡"等。
- 最后，在情感预测阶段，模型会根据之前学习到的模式和规律，准确地预测出这段文本所表达的情感是消极或负面的。它能够敏锐地捕捉到情感词汇的强度和出现频率，从而综合推断出整个文本的情感倾向。

这种强大的情感分析能力，使得大语言模型能够迅速且准确地分析大量的用户反馈或评论，为企业提供了宝贵的洞察，帮助它们更好地了解公众对其产品或服务的态度及情感反应。下面再看一个更加复杂的逻辑推理的例子[01]。

古代一个南方小镇的寺庙里丢了一件千年翡翠。有三个兄弟嫌疑最大。甲、乙、丙三兄弟公堂对峙时，每个人都说了一句话。

甲说："乙是小偷。"
乙说："丙是小偷。"
丙说："甲说的是真的。"

已知只有一个人说了真话，其他两个都说了谎话。县官要找出谁是小偷。这个案件的推理任务交给县衙门的判官了。

01 大语言模型在处理复杂的语境和多步推理时展示了其深度理解和高效推断的能力。这对于解决现实世界中复杂问题具有重要意义，如自动化客服、决策支持等

分析和推理过程

首先，逐一审视每个人的陈述及其逻辑后果：

- 若甲所言为真，则乙为小偷。但这立即导致逻辑冲突，因为如果甲说的是真话，那么丙的陈述（乙在说谎）也间接成为真，违反了"只有一人说真话"的前提。
- 接着考虑乙的陈述，若乙说的是真话，则丙为小偷。这种情况下，甲和丙的陈述均为假，完美符合题目条件，即只有乙一人说了真话。
- 最后分析丙的陈述，如果丙说的是真话，那么乙在说谎，进而意味着甲说的是真话（因为乙否认了甲是小偷），这同样导致了两个人（甲和丙）同时说真话的矛盾。

由此可见，唯一不产生逻辑矛盾的假设是乙的陈述为真，即丙是小偷，而甲和丙的陈述均为虚假。这一结论不仅符合逻辑推理的要求，而且清晰连贯，解决了问题中的核心矛盾。

此示例充分展现了逻辑推理在分析真假条件时的复杂性和精细性，要求对每一项陈述进行全面审视，并严格评判各逻辑可能性之间的内在联系。这不仅是对逻辑原理的应用，也是一次对思维严谨性和推理技能的考验。通过这一过程，可以观察到模型在逻辑推理领域的深刻洞察力与应用能力，同时，也能更清晰地理解逻辑链条的构建机制及复杂问题的逐步解析方法。

从上述实例中可明确观察到，自然语言处理涵盖了包括语法分析、知识理解、情感识别及逻辑推理在内的广泛能力，而这些能力均可通过一项表面简单实则深邃的任务——单词预测，得到全面且高效的锻炼与提升。此方法虽朴素无华，却蕴藏着惊人的效能与潜力，它巧妙地依托上下文信息预测单词，以此为核心训练手段，构筑了大语言模型成长与进步的基石。这一洞见不仅揭示了语言模型学习的内在机理，更为深入探究与应用这些模型提供了宝贵的视角与启示。

因此，可以断言，逻辑推理与自然语言处理之间存在着紧密的联系与互动关系。深入探究并应用逻辑推理，有助于更深刻地理解并掌握自然语言处理的原理与方法，进而驱动该领域的持续发展与进步。同时，自然语言处理的进步也为逻辑推理提供了更为广阔的应用舞台与实践机遇，使逻辑推理能在更多领域中展现其独特作用与价值。

4.1.2 文字预测的学习过程

文字预测的学习过程，堪称一项精湛的技术艺术，它引领着大语言模型穿越两个核心阶段，逐步攀登至预测能力的巅峰。

（1）预训练阶段

这是模型汲取广泛语言知识的黄金时期。模型通过深入剖析数以亿计的文本数据，如互联网上的文章、新闻、书籍等，来"阅读"并"学习"语言的精髓。在这个过程中，模型不仅掌握了词语的语义关联，还领悟了它们在句子中的巧妙运用。例如，当模型邂逅"小猫在日落时分跑向屋顶"这样的句子时，它便能洞悉"猫"与"跑"之间的紧密联系，以及它们在句子中所扮演的角色。

预训练阶段细节：

- 数据收集与处理：精心挑选并整理来自互联网的庞大文本数据，涵盖文章、新闻、维基百科条目、书籍等，这些数据无需人工标注，属于无监督学习的范畴。
- 模型架构选择：甄选如Transformer等先进架构，以高效处理大规模文本数据。
- 模型初始化：将选定的模型架构初始化为一个庞大的神经网络，其参数规模可达数十亿至数千亿。
- 预训练任务设计：巧妙构思如Masked Language Modeling（MLM）和Next Sentence Prediction（NSP）等预训练任务。MLM任务让模型根据上下文揣测被掩盖的词语，从而洞悉词语间的语义关系和上下文语境；NSP任务则让模型判断两个句子是否连贯，进而领悟文本段落和句子之间的逻辑关系。
- 模型训练：使用海量数据集对初始化的模型进行长时间训练，这个过程可能持续数天甚至数周，具体取决于模型的大小、计算资源和数据规模。

经过预训练阶段的洗礼，模型已深谙语言的一般结构、语义信息和逻辑关系。它不仅能理解词语的含义，还能把握句子的语法结构，甚至洞悉文本段落之间的逻辑连接。

（2）微调阶段

这是模型针对特定任务进行优化的关键时期。在这一阶段，模型会根据具体任务和数据进一步调整自己，以更好地适应特定领域或任务的要求。例如，在特定的语言翻译任务中，模型会经过微调，使其更擅长理解和生成特定语言对之间的翻译。

微调阶段细节：

- 任务选择：明确特定的任务或应用领域，如情感分析、文本生成、问答系统等。
- 数据准备：精心收集和准备带有标注的数据集，用于模型的微调。这些数据集虽然规模较小，但却包含任务特定的标签或答案。

- 微调任务设计：根据任务需求设计特定的微调任务和评估标准。例如，在情感分析任务中，模型需要准确预测文本的情感极性（积极、消极、中性）；在问答系统中，模型则需要根据问题生成精确的答案。
- 模型微调：以预先训练好的模型为基础，在任务特定数据集上进行进一步的训练和优化。微调过程涉及调整模型的权重和参数，以最大限度地提升在特定任务上的性能。
- 性能评估：使用验证集或测试集对微调后的模型进行全面评估，调整模型超参数以优化性能。

在微调阶段的精心雕琢下，模型通过专注的任务数据集学会了如何更出色地完成特定的自然语言处理任务。这使得模型在实际应用中能够提供更加精准、高效的服务。

由此可见，预训练阶段和微调阶段共同构成了大语言模型训练的两个核心步骤。预训练阶段通过无监督学习为模型奠定了广泛的语言知识基础，而微调阶段则通过有监督学习使模型在特定任务上焕发异彩。这两个阶段的完美融合，使得大语言模型在各种实际应用中展现出了卓越的语言理解和生成能力。这种学习过程不仅仅是模型对数据的被动接收，更是一个与数据深度互动、不断适应和优化的过程。通过持续的学习和调整，模型在文本理解和生成上的能力得以逐步提升，最终达到了令人瞩目的高度。

4.1.3　大模型中的文本预测应用

大语言模型中的文本预测技术应用广泛，其影响力远超学术研究领域，也已成为现实世界众多智能应用的基石。以智能助手和聊天机器人为例，这些系统依托模型的强大文本预测能力，能够精准地根据用户输入预判并生成下一个合理的回应或行动。不论是解答疑惑、提出建议，还是执行特定任务，模型的这一能力都极大地提升了智能系统的智能化水平和运行效率，为用户带来更加流畅、自然的交互体验。

PaLM-SayCan 利用 Google 的大语言模型 PaLM，结合自然语言处理的问答任务，推导出几个符合人类请求的候选答案。接着，根据机器人摄像机捕捉到的周围环境，推导出几个机器人能够立即执行的候选动作，这些动作模式已经通过深度强化学习预先开发完毕。

然后，PaLM-SayCan 将语言模型提供的候选答案与从环境信息推导出的候选动作进行比较，选出最符合人类需求的最佳动作，并制定详细的行动计划。PaLM-SayCan 之所以被命名为如此，是因为它能够将语言模型提供的"应该说（say）"的候选答案与从环境信息中推导出的"可以做（can）"的候选答案相匹配02。

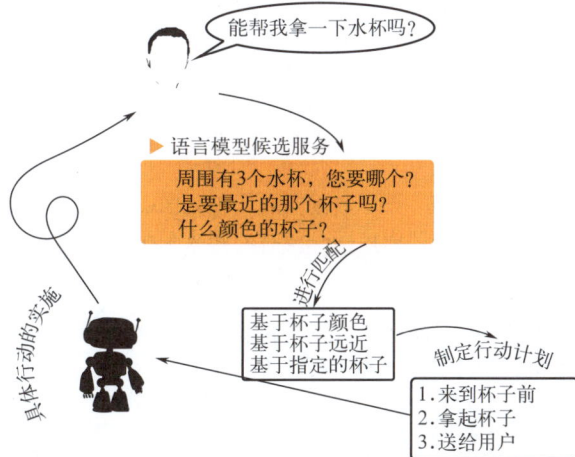

02 PaLM-SayCan 结合了语言模型的文本理解能力和机器人摄像机捕捉到的环境信息，这种整合能力显示出模型在多模态信息处理上的潜力。模型不仅可以处理文本输入，还能与视觉和其他感知数据结合，从而更全面地理解和响应复杂的人类请求

当前，文本预测技术已全面渗透至自然语言处理领域的各个层面，包括但不限于情感分析、文本摘要、自动翻译等核心应用。以情感分析为例，借助先进的模型预测能力，企业能够精确捕捉文本中的情绪倾向，从而深入理解用户的情感反馈，为决策制定提供有力支持。而在文本摘要领域，技术能够自动提炼长篇幅内容的核心要点，显著缩短人工处理时间并降低成本，提升工作效率。这些实际应用不仅彰显了大语言模型在文本处理方面的卓越效能与精确度，更在推动语言技术前沿发展的同时，深刻影响了我们的日常生活与工作方式，带来了前所未有的便捷与高效。

4.2 GPT: 文本生成的灵魂

2018 年，OpenAI 开创性地发布了首个基于Transformer 架构的大语言模型——GPT（generative pre-trained transformer）。GPT 在预训练阶段巧妙采用了Transformer 解码器结构，并吸纳了数千本书籍的丰富文本作为训练素材，从而取得了卓越的性能表现。其预训练过程依托大规模文本数据集，采用无监督学习方式，旨在赋予模型深刻理解语言上下文和结构的能力。Transformer 解码器结构因其在训练过程中能动态建模上下文信息，而特别适用于自然语言处理任务，这一选择无疑彰显了GPT 的设计智慧。

值得注意的是，尽管OpenAI 后续不断推陈出新，发布了多个GPT 的升级版本，但性能评估的基准仍沿用2018 年首篇GPT 论文所确立的标准。因此，本节将聚焦于探讨最初的GPT 版本。至于GPT-3.5 及其后续版本的详细应用方法，则将在后续章节中逐一展开深入讨论。

4.2.1 输入数据的表示方法

当谈到GPT 中的输入数据表示方法时，我们需要考虑如何有效地将文本数据转换成模型能够处理的形式。这一过程至关重要，直接影响到模型在理解和生成文本时的表现。在GPT 中，文本数据的表示从原始文本到模型可接受的输入格式的转换过程是关键的一步。以下是几种常见的表示方法：

- **分词**
分词是将连续的文本序列切分成有意义的单位，比如单词或子词。GPT 通常使用的是字节对编码（Byte Pair Encoding, BPE）或类似的方法，这些方法能够将文本分解成语义单位，避免模型处理过于复杂的字符级表示。

- **词嵌入**
上一章节，我们介绍过词嵌入。在GPT 中，词嵌入向量被用来表示每个分词后的单词或子词。这些向量不仅帮助模型理解词汇的语义关系，还能提供给模型输入层更为紧凑和信息丰富的表示。

- **位置置编**
GPT 作为Transformer 的升级版本，同样也采用了位置编码机制（详见第3 章），确保模型在处理序列时能够正确地考虑单词的顺序。

- **特殊标记（special tokens）**
在GPT 中，还会引入一些特殊的标记，如开始标记（<BOS>）和结束标记（<EOS>），用来指示输入序列的起始和结束位置。这些标记有助于模型准确地生成或理解完整的文本序列。

整个输入数据的处理流程通常包括将原始文本分词、转换为词嵌入向量，并加入位置编码以及特殊标记。这些步骤的目的是将复杂的自然语言数据转化为模型可以处理的结构化输入，从而提高模型在各种文本生成和理解任务中的表现。

通过以上方法，GPT 能够有效地处理各种文本数据，并在预训练和微调阶段中学习和利用文本数据中的语义和结构信息。这些技术的运用使得GPT 在自然语言处理领域中取得了显著的成就和应用。

4.2.2　预训练策略和技术

GPT 的预训练核心任务在于预测输入序列中任意给定令牌后的下一个令牌。作为早期大型语言模型的佼佼者，GPT 巧妙融合了Transformer 架构与庞大的参数集，借助海量语料库的训练，显著提升了语言模型的性能与泛化能力。

具体而言，GPT 的预训练是通过在训练序列 $(w_1, w_2, ..., w_n)$ 中，针对每个位置 (i) 的令牌(w_i)，预测其后续令牌来实现的。模型使用负对数似然作为损失函数，公式可以表示为：

$$W(\theta) = -\sum_i \log P\left(w_i \mid w_{i-j}, \cdots, w_{i-1}, \theta\right)$$

公式中的 θ 表示模型中包含的所有参数。其中 $P(w_i \mid w_{i-j}, \cdots, w_{i-1})$ 是给定序列 $w_{i-j}, \cdots, w_{i-1}$ 之后，预测下一个令牌 w_i 的概率。

在训练阶段，GPT 引入了注意力机制，并采用了掩码处理来并行预测每个位置的下一个令牌。这种注意力机制允许模型在处理输入序列时关注每个位置的上下文信息，以便更准确地预测下一个令牌。

具体而言，掩码处理指的是在输入令牌序列的每个位置上，模型只能看到该位置之前的令牌，而不是整个序列。这样做的目的是模拟实际应用中，生成文本时模型只能基于之前看到的内容来进行预测，避免未来信息的泄露[03]。

在每个训练步骤中，GPT 通过最大化下一个令牌的预测概率来优化模型。具体来说，它使用负对数似然作为损失函数，即模型尝试最小化预测错误的可能性。这个过程通过大量的语料库进行，以使模型能够理解语言的结构和模式，从而提高在各种自然语言处理任务中的表现能力。

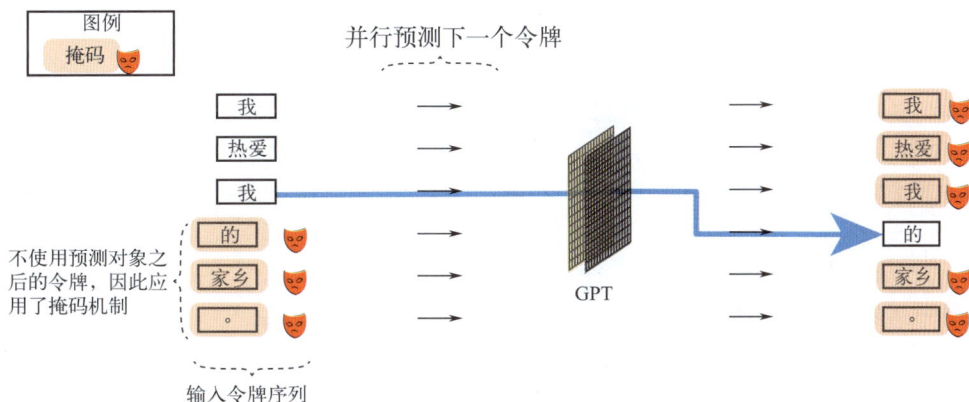

[03] 控制模型只能访问当前位置之前的信息，即掩码处理，是保证模型在训练和应用中不泄露未来信息的关键技术。这种技术模拟了实际应用中的场景，其中生成文本时只能基于已见到的信息进行推断

综上所述，GPT 凭借注意力机制和掩码处理机制，实现了对每个位置令牌的并行预测与训练，这一创新显著增强了其在文本生成与理解任务中的效能及准确性。提及的负对数似然（Negative Log-Likelihood，NLL）作为分类模型中常用的损失函数，其数学形式描述值得我们深入探讨，公式如下：

$$NLL = -\frac{1}{N} \sum_{i=1}^{N} \log p\left(y_i \mid x_i\right)$$

这个损失函数，即负对数似然（*NLL*），直观地理解，旨在最小化模型预测的概率分布与真实标签间的差距。当模型的预测愈发贴近真实标签时，*NLL* 的值便随之减小。在此公式中，分母"N"代表样本总数，其引入的目的是对损失进行归一化处理。

在训练过程中，每个样本的预测准确度和损失可能各不相同。若简单地将各样本损失值累加，而不进行归一化，那么数据集规模的变化将直接导致总损失值的波动，从而使得不同大小数据集间的比较变得复杂且不准确。因此，通过将损失函数除以样本总数N，我们得以计算出每个样本的平均损失，这一做法确保了无论数据集规模如何，我们都能公正地比较不同模型的性能。

归一化后的损失值，即每个样本的平均损失，对于优化算法而言极具价值。它不仅保证了不同训练批次或不同规模数据集上的损失值具有可比性，还使得我们能够更精确地追踪模型的训练进度，并在调整模型参数时，更准确地反映模型性能的变化。这种一致性为我们评估和优化模型提供了有力的支持。

以下是一个简洁明了的示例，旨在阐释如何利用PyTorch 实现负对数似然损失函数。通过这一实例，读者将能更深入地理解负对数似然损失函数在应对不同预测情境时的行为特性，进而增强对数似然原理的掌握与运用能力。设想我们面临一个二分类问题，其中模型的输出层负责生成每个类别的概率分布，接下来，我们将使用PyTorch 来精心构建并精确计算这一损失。

输入：

```python
import torch
import torch.nn.functional as F
import matplotlib.pyplot as plt
import numpy as np
from matplotlib.font_manager import FontProperties

# 设置中文字体路径，将此路径替换为你下载的中文字体文件的路径
font_path = "siyuan.ttf"
# 设置中文字体
font_prop = FontProperties(fname=font_path)

# 示例数据
predictions = torch.tensor([
    [0.3, 0.7], # 第一个样本的预测概率分布
    [0.6, 0.4], # 第二个样本的预测概率分布
    [0.8, 0.2], # 第三个样本的预测概率分布
    [0.1, 0.9], # 第四个样本的预测概率分布
    [0.4, 0.6]  # 第五个样本的预测概率分布
])

# 真实标签
targets = torch.tensor([1, 0, 1, 1, 0]) # 0 和 1 表示两个类别

# 计算负对数似然损失
log_predictions = torch.log(predictions)
loss = F.nll_loss(log_predictions, targets)

# 可视化对数概率和损失
plt.figure(figsize=(12, 5))
# 设置图表使用中文, # 使用 Arial Unicode MS 字体，确保中文显示正常
plt.rcParams['font.sans-serif'] = ['Arial Unicode MS']
plt.rcParams['axes.unicode_minus'] = False # 用来正常显示负号

# 绘制对数概率的散点图
plt.subplot(1, 2, 1)
for i in range(len(predictions)):
    plt.scatter(log_predictions[i, 0].item(), i, color='blue' if targets[i] == 0 else 'red', label='Class 0' if i == 0 else '', s=100)
    plt.scatter(log_predictions[i, 1].item(), i, color='blue' if targets[i] == 1 else 'red', label='Class 1' if i == 0 else '', s=100)
```

```
plt.yticks(range(len(targets)), ['Sample 1', 'Sample 2', 'Sample 3', 'Sample 4', 'Sample 5'])
plt.axvline(x=0, color='black', linestyle='--', linewidth=0.5)
plt.xlabel(' 对数概率 ')
plt.title(' 对数概率 vs 样本 ')
plt.legend()

# 绘制真实标签为 0 时的损失函数曲线
plt.subplot(1, 2, 2)
probs = np.linspace(0.001, 0.999, num=100)
plt.plot(probs, -np.log(probs), label='True Label = 0 (blue)')
plt.xlabel(' 概率 ')
plt.ylabel(' 负对数似然 ')
plt.title(' 负对数似然函数 (True Label = 0)')
plt.legend()
plt.tight_layout()
plt.show()
```

输出：

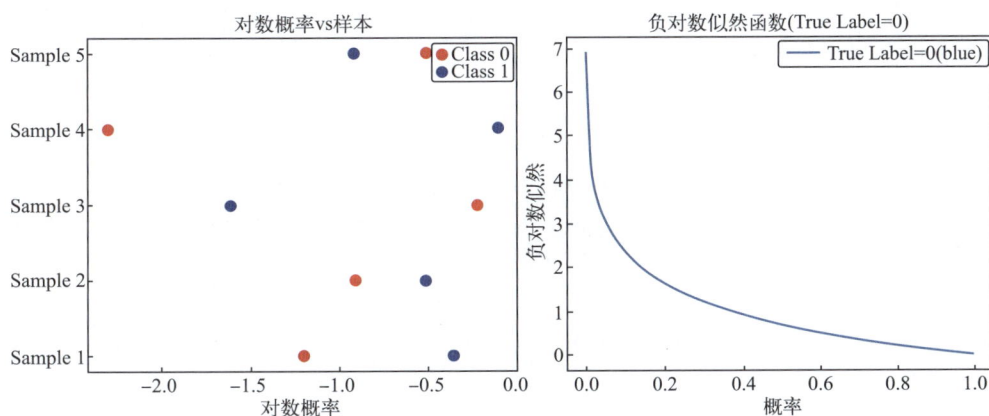

──────── 运行结果解析 ────────

① 左图显示了每个样本的对数概率分布。横坐标表示对数概率值，纵坐标代表样本编号。蓝色点表示真实标签为类别 "0"，红色点表示真实标签为类别 "1"。

② 右图展示了真实标签为0 时的负对数似然损失函数曲线。当模型预测的概率接近1 时，损失逐渐减小；而当预测的概率接近0 时，损失逐渐增加。

4.2.3 微调方法和应用

本节将详细阐述如何通过微调GPT 模型以解决特定的下游任务。在微调流程中，我们会在模型输出端整合专门设计用于处理下游任务的神经网络层，并利用相应的下游任务数据集对模型进行全面微调。具体做法是，在预训练模型的顶层添加一或多个针对特定任务的输出头部（head），这些头部能够将模型的原始输出转换成更贴合目标任务需求的形式，从而实现精准的任务解决。

在运用GPT 处理下游任务时，我们通常会通过在输入文本的特定位置插入特殊令牌（special tokens）来丰富文本的表示。举例来说，在文档分类这类仅要求单个文本输入的任务中，我们会在文档的起始处

89

添加<s> 令牌，并在结尾处添加<e> 令牌，以明确文本的边界。而对于那些需要同时输入两个文本的任务，比如自然语言推理，我们则会在两个文本的交界处插入一个特定的分隔令牌，如"S"，以清晰区分不同的文本部分。这些特殊令牌的加入是在文本输入模型之前的一个关键预处理步骤中完成的。接下来，我们将通过一个详尽的案例，逐步展示如何对GPT 进行微调，以有效解决特定的下游任务。

案例：使用GPT 微调解决文档分类任务

（1）任务背景

假设有一个文档分类任务，目标是将新闻文章自动分类为"政治""经济""科技"或"娱乐"。以GPT 作为基础模型，并通过微调来优化模型在这一特定任务上的性能。

（2）数据准备

首先，需要准备一个文档分类的数据集，该数据集包含大量已标记的新闻文章。每篇文章都附带一个标签，指示其所属的类别。

（3）预处理阶段

在将文本输入模型之前，需要进行预处理。对于文档分类任务，会在每个文档的开头添加<s> 令牌，在结尾添加<e> 令牌。这些特殊令牌有助于模型识别文本的起始和结束，从而提高分类的准确性。例如，一个关于科技新闻的文档被预处理成以下形式：

```
1  <s>
2  随着大语言模型如GPT-4 的出现，预计将为人工智能（AI）行业带来新的就业机会。
3  <e>
```

（4）微调模型

① 为特定任务添加头部　在预训练的 GPT 模型顶端，需要添加一个或多个任务特定的头部（head）。在这个案例中，将添加一个分类头部，该头部通常是一个全连接层（dense layer），用于将模型的输出转换为四个类别的概率分布。这里规定模型的输出向量为 (h)，分类头部的权重矩阵为 (W)，偏置向量为 (b)，则分类头部的输出可以表示为：

$$logits = Wh + b$$

其中，$logits$ 是一个四维向量，每个元素对应一个类别的得分[04]。

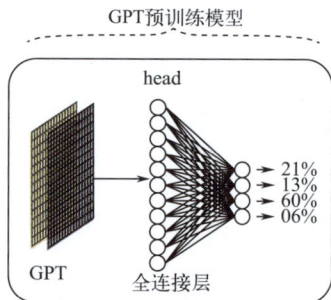

输出向量（$logits$）的每个元素代表对应类别的得分。这些得分可以进一步通过softmax 函数转换为概率分布，以表示模型对每个类别的置信度。添加任务特定的头部通常涉及训练这些新添加的权重（W）和偏置（b），而预训练模型的权重可以保持不变、部分微调或完全重新训练，这取决于具体任务和可用数据。

04　GPT 预训练模型可以通过添加特定于任务的头部来适应不同的任务。在这个例子的分类任务中，由于有四个类别，所以输出是一个四维向量

② 微调　微调是指利用已预训练好的GPT 模型，使其能够适应新的文档分类任务。这一过程的核心在于，在模型的顶层新增一个分类器，并借助文档分类的数据集对整个模型进行训练。在训练过程中，模型会学习如何根据输入的文本内容（这些内容已通过插入特殊令牌的方式进行了扩展表示）来精确预测文档应归属的类别。为了确保微调的有效进行，我们采用交叉熵损失函数来量化模型的预测结果与真实类别标签之间的差异，这一做法有助于模型逐步优化其参数，从而提升分类的准确性。

对于单个样本，交叉熵损失可以用来衡量模型预测的准确性和真实情况之间的差异。

在新闻分类案例中，模型的输出一共包含4 个可能类别的分类任务。对于每个样本，真实标签y_i 使用one-hot 编码表示，其中只有一个元素为1，其余都是0，表示样本属于哪个类别。而模型通过计算出来的概率分布（通过softmax 函数计算得出）则表示模型对每个类别的预测置信度 **05**。

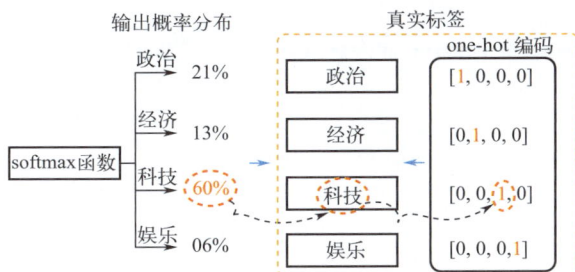

05 通过最小化交叉熵损失来优化模型的参数。在训练过程中，模型会根据损失函数的值来调整自身的参数，以提高对各种类别的分类准确性

其中，交叉熵损失函数在评估模型预测准确性与真实标签之间差距方面发挥着关键作用。它通过对比模型针对每个新闻类别所给出的预测概率分布与新闻的实际类别（采用one-hot 编码形式表示）之间的差异来实现这一功能。

具体来说，在新闻分类任务中，每篇新闻都会被赋予一个真实的类别标签，如"政治""经济""科技"或"娱乐"等。模型则会针对每个类别输出一个预测概率，并通过softmax 函数将这些预测值转换为一个概率分布。随后，交叉熵损失函数会计算这个预测概率分布与真实标签概率分布之间的差异，从而量化模型预测的准确性。交叉熵对应对的公式如下：

$$L = -\sum_{i=1}^{4} y_i \log\left(\text{softmax}\left(\textbf{\textit{logits}} \right)_i \right)$$

交叉熵损失函数的计算过程具体涉及将每个类别的真实标签概率与相应预测的对数概率相乘，并对所有类别取负数后求和。这一步骤最终得出一个单一的数值，用以量化模型在新闻分类任务上的预测准确性。损失值的大小直接反映了模型的预测精度，损失值越小，意味着模型的预测越准确。因此，在训练过程中，模型会依据这个损失值来调整其参数，旨在提升在各类新闻分类上的整体性能。

在进行模型微调时，我们的目标是通过调整模型参数来最小化损失函数。这要求我们更新模型中的所有参数，以确保模型能够更好地适应新任务。

为了充分利用预训练模型中所蕴含的有价值知识，我们在微调过程中通常会采用较小的学习率。学习率决定了每次参数更新的幅度，选择较小的学习率有助于在微调时保留模型原有的特性和性能，从而避免因过度调整而导致的性能衰退。

总之，在微调过程中，通过谨慎地调整学习率，我们可以有效地在保留预训练知识和适应新任务之间找到平衡点。

4.2.4　GPT 代码实践：文本生成

现在，让我们通过Python 代码的实践，来亲身体验一下GPT 如何完成文本生成任务。运行下面的代码，模型会自动从Hugging Face Hub 下载并运行，生产或科研环境建议使用本地模型。如果遇到一些模型不支持Keras 3.x 版本，可以尝试更新 transformers 库到最新版本，因为一些最新版本可能已经支持了Keras 3.x。

输入：
```
from transformers import pipeline

# 加载文本生成的 pipeline
text_generator = pipeline("text-generation", model="models/gpt2", tokenizer="models/gpt2")

# 输入文本和生成文本
input_text = " 我热爱我的 "
generated_text = text_generator(input_text, max_length=7, num_return_sequences=1, no_repeat_ngram_size=2, early_stopping=True)

print("Generated Text:")
print(generated_text[0]['generated_text'])
```

输出：　　我热爱我的朋友

代码解析

```
generated_text = text_generator(input_text, max_length=7, num_return_sequences=1, no_repeat_ngram_size=2, early_stopping=True)
```

定义一个起始文本input_text，然后使用 text_generator 函数生成文本。设定生成的最大长度为 max_length，生成多个样本 num_return_sequences，并设置避免重复 n-gram 的大小为 no_repeat_ngram_size，同时启用早期停止功能 early_stopping。在使用文本生成模型（如本次使用的GPT-2）时，设置早期停止参数能够帮助调节生成过程，确保生成的文本在符合预期质量和长度的同时，尽可能地减少冗余生成。

从输出结果来看，这只是一种输出的结果。这个结果可能会随着代码的执行而改变，因此生成的文本可能与上述文本不同。

C O L U M N

生成式AI与法律：著作权保护的挑战与应对

近年来，生成式AI技术如ChatGPT、Midjourney、DALL-2及多模态AI的迅猛发展，不仅极大地推动了人工智能领域的进步，同时也为法律领域带来了新的挑战，特别是在著作权保护方面。这些技术在开发、学习、生成及利用的各个阶段，都不可避免地涉及到对大量作品的使用，因此，如何在这一新兴技术背景下平衡创新与保护原创的权益，成为了亟待解决的问题。

著作权法，作为保护创作者智力成果的法律基石，旨在维护作品的独创性与作者的合法权益。它涵盖了广泛的表现形式，包括但不限于音乐、舞蹈、戏剧、美术作品、建筑设计、图形设计、电影作品、摄影作品以及计算机软件等，这些均被视为创作者思想或情感的创造性表达。在生成式AI的应用场景中，无论是用于训练模型的学习数据收集、复制，还是构建学习数据集，乃至最终生成的内容，都可能触及著作权的边界。

为了确保合法合规，当意图使用他人作品时，获取权利人的明确许可是基本原则。这一要求体现了对原创者劳动成果的尊重与法律保护。然而，法律亦考虑到某些特殊情形下的公共利益，设定了权利限制条款，即在符合特定条件下，即便未经权利人直接许可，也可合理使用作品，如教育、科研、评论、新闻报道等公益性质的使用。

判断生成式AI的开发与利用是否构成对著作权的侵犯，并非单一行为决定，而是需综合考量整个过程中的多个因素，包括使用的目的、性质、范围、对原作品市场的影响等。因此，对于开发者、研究者及使用者而言，深入理解著作权法的相关规定，建立严格的版权审查机制，确保技术的创新与进步不以牺牲原创者的权益为代价，是实现生成式AI健康发展的关键所在。同时，随着技术的不断演进，法律框架也应适时调整，以适应新出现的挑战，促进科技与法律的和谐共生。

4.3　BERT . RoBERTa: 文本编码的新思路

2018 年，Google 推出了 BERT（bidirectional encoder representations from transformers），作为对先前基于解码器结构的 GPT 的改进。GPT 的一个显著限制在于其解码器结构仅允许模型在预测下一个词时利用之前的词信息，而无法考虑后续词的内容。这导致在处理位置 i 的词嵌入时，模型仅能捕捉到位置 i 之前的上下文，忽略了之后的词序列信息。

为了克服这一局限性，BERT 采用了 Transformer 编码器结构。这一创新设计使得模型在计算某个位置 i 的词嵌入时，能够同时融合前面和后面词序列的信息，实现了真正的双向上下文建模。因此，BERT 能够更全面地捕捉位置 i 的整体上下文，显著提升了语境的理解和表征能力。

BERT 的重要贡献在于它将预训练和微调巧妙地结合，成为自然语言处理领域的一个里程碑式模型。在 BERT 的论文中，作者展示了通过在大规模语料库（涵盖维基百科和书籍文本等）上进行自监督预训练，并在各种下游任务上进行有监督微调，可以显著提升自然语言处理任务的性能。BERT 的优化和性能提升主要体现在以下几个方面：

① 在预训练阶段，BERT 利用大规模文本语料库进行自监督学习，通过 Masked Language Model（MLM）和 Next Sentence Prediction（NSP）任务来深入挖掘语言的深层表示。这种预训练方法使 BERT 能够捕捉到丰富的语言语境信息，从而更好地理解和表征自然语言的含义。

② 进入微调阶段，BERT 模型只需简单地添加一个或多个额外的输出层，并在特定的下游任务数据集上进行有监督微调。这种微调过程能够根据具体任务的特性进一步优化模型的表示能力，使其能够灵活适应于文本分类、命名实体识别、问答等多种自然语言处理任务。

③ BERT 模型无需重新设计或调整架构，即可在多个任务上取得竞争性能。通过预训练学习到的深层语言表示，BERT 在微调阶段仅需少量标记数据就能显著提升各种任务的性能。这一特点使得 BERT 成为自然语言处理领域的一个强大且灵活的模型。

RoBERTa（Robustly optimized BERT approach）是 Meta Research 于 2019 年在 BERT 基础上进一步优化的模型。其优化策略主要聚焦于以下几个方面，显著提升了模型性能：

① 首先，RoBERTa 使用了比 BERT 更为庞大的语料库进行预训练。具体而言，它整合了维基百科、BookCorpus 等多种数据源，预训练数据集的规模相较于 BERT 扩大了约 10 倍。这一扩展使 RoBERTa 在预训练阶段能够更全面地捕获语言的丰富特征和上下文信息，进而增强了模型的语言理解能力。

② 其次，RoBERTa 采用了一种更为动态和随机的 Masked Language Model（MLM）训练策略。与 BERT 相比，这种策略使模型在预训练阶段能够更多地接触到未标记的文本，从而更有效地提升了模型对语言规律和上下文的理解能力。

③ 此外，RoBERTa 在预训练阶段还采用了更长的训练时间和更大的批量大小。这一调整有助于模型更充分地学习语言表示，进一步提高了预训练模型的性能。

④ 最后，与 BERT 中包含的 Next Sentence Prediction（NSP）任务不同，RoBERTa 在预训练阶段取消了 NSP 任务，转而专注于提升 MLM 任务的表现。这一调整不仅简化了模型的训练过程，还提高了模型对各种自然语言处理任务的泛化能力。

目前，RoBERTa 与 BERT 模型已成为全球范围内自然语言处理领域中备受欢迎的模型，广泛应用于多种文本相关任务中。本书也将对这两个模型进行深入的对比和讨论。

4.3.1 输入数据的表示方法

ERT 在设计其输入表示时，巧妙地引入了几个特殊令牌，这些令牌在预训练和微调阶段均扮演着至关重要的角色，确保了模型在不同阶段的一致性和高效性：

① [CLS] 令牌：这是一个特殊的标记，被放置在输入序列的起始位置。在预训练阶段，[CLS] 令牌经过编码后的表示常被用于整体序列的分类任务，例如文本分类或情感分析。而在微调阶段，该令牌同样能够提供整体序列的汇总信息，为下游任务的执行提供有力支持。

② [SEP] 令牌：此令牌用于明确分隔两个不同的句子或文本段落。在BERT 中，[SEP] 令牌不仅标示了不同文本段落的边界，还在预训练过程中发挥着预测NSP 任务（下一句预测）的关键作用。在微调阶段，它同样有助于模型深入理解文本段落之间的内在关系。

③ [MASK] 令牌：在BERT 的预训练过程中，[MASK] 令牌是Masked Language Model（MLM）任务的核心。具体来说，输入序列中会随机选择一定比例的词汇，并将它们替换为[MASK] 令牌，从而要求模型预测这些被掩码的词汇。这种任务设计极大地促进了模型对上下文相关性和语言规律的学习。

④ [UNK] 令牌：当模型遇到未知或无法识别的词汇时，[UNK] 令牌便会被启用。这样的设计使得BERT 在处理词汇表外的词汇时能够保持稳定的性能，并有效地应对未知词汇的挑战。

示例 1

例如，我们有两个句子：句子A 和句子B。句子A 的内容是"今天天气真好。"，而句子B 则是"我们打算去公园玩。"。在构建BERT 的输入序列时，我们会这样安排："[CLS] 今天天气真好。[SEP] 我们打算去公园玩。"。

在这个例子中，"[CLS]"令牌被放置在序列的开头，它后面紧跟着的是句子A 的内容。而"[SEP]"令牌则用来清晰地分隔句子A 和句子B，向BERT 传达这两个句子是彼此独立的文本段落的信息。通过巧妙地利用"[CLS]"和"[SEP]"这两个特殊令牌，BERT 能够在预训练和微调阶段更加有效地处理文本输入，进而在各种自然语言处理任务中展现出更出色的性能和泛化能力。

示例 2

在BERT 模型中，为了有效处理多段文本输入（比如两个句子），引入了片段嵌入（segment embedding）这一机制，以帮助模型精确区分不同文本段落的范围。片段嵌入实际上是一个附加的嵌入向量，它的主要功能是标记输入序列中的每个令牌，明确其所属的文本段落（通常是第一个输入文本 $s1$ 或第二个输入文本$s2$）。

具体来说，在BERT 中，片段嵌入由一组小的固定向量构成。这些向量会被添加到每个令牌的词嵌入和位置嵌入中，从而形成一个完整的输入表示。通过这样的设计，BERT 能够更准确地理解和处理多段文本输入，进而在各种自然语言处理任务中表现出更强大的性能。假设我们定义两个片段嵌入向量：

- 对于句子A（$s1$）的片段嵌入向量：$\boldsymbol{E}_{s1}$
- 对于句子B（$s2$）的片段嵌入向量：$\boldsymbol{E}_{s2}$

在序列中，每个令牌都会与一个片段嵌入向量相加，以标识其所属的文本段落。例如，在输入序列中，片段嵌入的应用如下：

[CLS] 今天天气真好。 [SEP] 我们打算去公园玩。 [SEP]

$s1$ 　　　 $s2$ 　　　　　 $s2$

在这里，"[CLS]" 和句子A 中的所有令牌都会与 E_{s1} 相加，而句子B 中的所有令牌（包括第二个[SEP]）都会与 E_{s2} 相加。

假设输入序列的第 i 个令牌表示为 X_i，那么该令牌的最终表示 X_i' 可以表示为：

$$X_i' = X_i + E_{positio\_i} + E_{s1\,or\,s2}$$

其中：
- $E_{positio\_i}$ 是位置i的位置嵌入向量。
- $E_{s1\,or\,s2}$ 是根据令牌属于哪个文本段（$s1$ 或$s2$）选择的片段嵌入向量。

示例中，第一个[SEP] 标记之前的所有令牌会被赋予句子A 的片段嵌入（E_{s1}），而第一个[SEP] 之后的所有令牌则使用句子B 的片段嵌入（E_{s2}）。通过这种方式，结合位置嵌入和片段嵌入，BERT 能够高效地处理多个文本输入，并在预训练及微调阶段学习到文本段落间的关系和序列结构。这种处理方法使BERT 能够精确地捕捉到不同文本段落之间的关系和序列结构，从而在各种自然语言处理任务中显著提升性能。我们把在BERT 中词嵌入的计算方法进一步拆解为图，帮助读者更好地理解 06 。

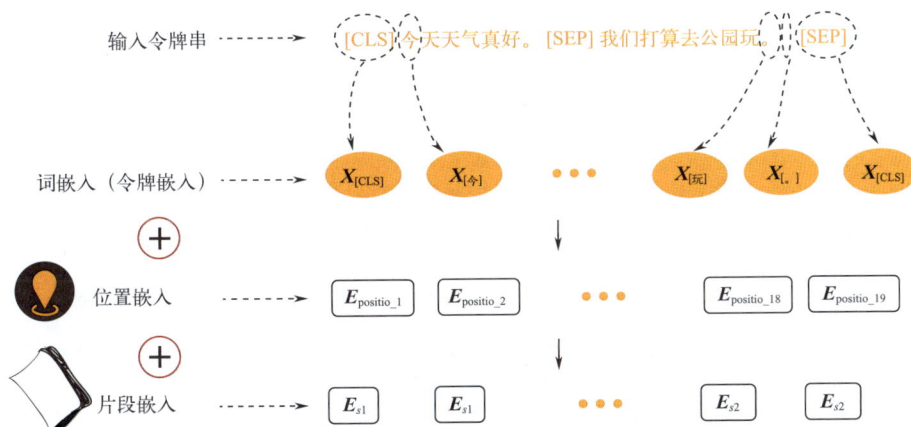

06 BERT 通过为每个文本段落分配独特的片段嵌入来有效区分不同句子或文本片段。结合片段嵌入和位置嵌入，BERT 能够精准捕捉文本序列中每个词的位置信息，从而更深入地理解句子中词语的含义和语境

RoBERTa 与BERT 的一个显著区别在于，RoBERTa 移除了BERT 中的片段嵌入机制。在BERT 中，片段嵌入被用来区分输入文本中不同段落的范围，特别是在处理由多个句子组成的输入时显得尤为重要。然而，在RoBERTa 中，开发者们选择了摒弃这一机制，转而采用了一种更为简洁的词嵌入方式，这种方式与GPT 模型中的词嵌入方法颇为相似。

具体来说，RoBERTa 通过直接对输入文本中的每个词进行嵌入处理，而不再额外添加用于区分文本段落的片段嵌入向量。这种调整不仅简化了模型的输入表示，还可能在一定程度上提高了模型的性能和泛化能力，因为模型不再需要额外学习如何处理片段嵌入信息。此外，与GPT 模型相似的词嵌入方式也使得RoBERTa 在训练和推理过程中更加高效，因为它能够更直接地利用预训练语言表示技术中的优势。总的来说，这一改动体现了RoBERTa 在追求更高效、更简洁模型设计方面的努力。

4.3.2　预训练策略和技术

BERT 的预训练阶段核心包含两大任务：掩码语言建模（masked language modeling, 简称MLM）与下句预测（Next Sentence Prediction）。这两项任务协同作用，旨在深化BERT 模型对语言的理解与生成能力。

设想这样一个浪漫场景 **07**：夜幕低垂，你与挚爱身处一家情调满分的餐厅中。餐厅内灯光柔和，旋律悠扬，营造出无可挑剔的氛围。此时，你的视线被桌上一张小卡片所吸引，其上书写着一段情意绵绵却又略带神秘的话语："在这个浪漫的夜晚，我想对你说，其实我非常 [MASK] 你。"这句话饱含深情，但"[MASK]"处的词汇却如同一个等待揭晓的秘密，引人遐想。你的使命，便是依据这浪漫至极的场景及你对爱情独到的见解，去揣测那隐藏在"[MASK]"之后的词汇究竟是何。这一情境恰如其分地展现了 BERT 在 MLM 任务中的运作原理——通过上下文信息来预测被遮盖住的词汇，从而强化对语言的理解与运用能力。

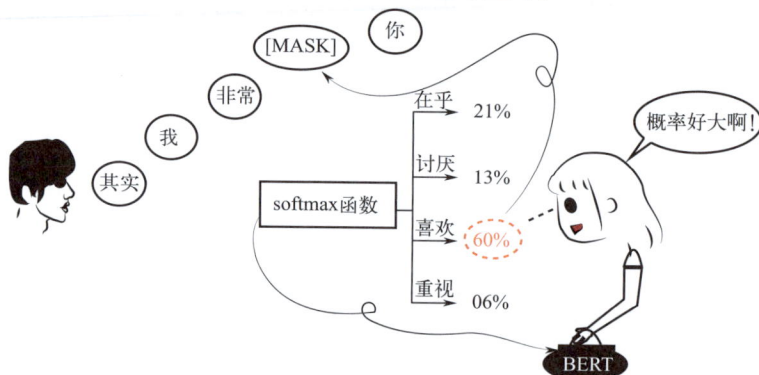

07 尽管"[MASK]"处的词汇被遮盖了，但根据浪漫的场景描述和对爱情常识的理解，可以合理地推测这个词很可能是表达深情或爱慕的词汇，如"爱""喜欢"等。这展示了语言理解和情感推断在人类交流中的重要性

在此浪漫情境下，BERT 模型仿佛一位沉浸在爱意氛围中的思考者，它细细品味着："在这洋溢着深情厚谊的语境里，'其实我非常[MASK] 你'究竟要传达怎样细腻的情感呢？"它的思绪在众多词汇间穿梭，诸如"喜欢""珍视""在乎"等一一闪过，但凭借着对上下文深刻的理解以及内置的情感智慧，BERT 最终构建出了一个概率分布。在这个分布中，"喜欢"这个词以压倒性的优势脱颖而出，成了最贴切的填空选项。

掩码语言建模，在这个浪漫的场景里，就像是一场探寻爱情真谛的奇妙游戏。它挑战BERT 在充分把握上下文脉络的基础上，精准地挑选出能够完美填补空白的词汇。于是，在这个星光熠熠的夜晚，BERT 不仅成了爱情的默默见证者，更以其卓越的语言理解能力，为这份浪漫添上了独特的一笔。

（1）掩码语言建模

掩码语言建模，作为 BERT 预训练体系中的核心任务之一，巧妙地构思了一场语言智慧的填空游戏。在此任务框架内，BERT 会精心挑选句子中的部分词汇进行"隐藏"（我们称之为"令牌"），随后，它便利用句子中其余词汇的丰富信息，展开一场对这些隐藏词汇的精准预测之旅。与 GPT 的单向预测模式不同，BERT 展现出了其独特的双向理解能力，它能够同时捕捉句子前后文的精髓，从而在语言理解与生成上达到了更高的境界。

在执行这项任务时，模型会从文本中随机抽取 20% 的词汇作为训练对象。针对这些精选的令牌，在输入模型之前会进行一系列精妙的处理：

- 大部分（占据 75% 的比例）的选定令牌会被替换为一个特殊的 [MASK] 标记，这就意味着模型需要凭借其对上下文的理解，去揭开这些 [MASK] 背后的神秘面纱，还原出原始的词汇。

- 剩余的一小部分（占比 15%）则会经历一次"变身"，被随机替换为词汇表中的其他词汇。这一步骤的巧妙之处在于，它极大地提升了任务的挑战性，迫使模型学会在纷繁复杂的上下文中辨别真伪，做出正确的判断。
- 而最后的一小部分（仅占 10%）则保持其原貌，直接以本来面目输入模型，这有助于模型在训练中保持对原始文本的敏感度和准确性。

此种策略的核心目的在于缩小预训练任务与后续实际应用场景之间的差距，确保模型能够灵活适应多样化的任务需求。BERT 研究团队的深入探索发现，相较于将所有选定词汇统一替换为 [MASK]，这种融合了多种处理方式的混合策略，能显著提升模型在辨识文本固有表达方面的能力。

此外，选定作为预测对象的令牌比例，即"超参数"的设定，对训练效果有着至关重要的影响。这一比例若设置过低，将导致训练效率低下，模型难以充分学习；而若设置过高，模型在预测时可能因缺乏足够的上下文信息而难以作出精确判断。后续研究进一步揭示，这一最佳比例并非一成不变，而是需根据模型所欲达成的具体任务来灵活调整。实际上，通过细致调整，将比例从 15% 提升至 40%，可在众多任务中显著增强模型的性能表现。

在掩码语言建模中，模型的目标是基于它周围的上下文，尽量准确地预测出被掩码（即隐藏）的词。

对于任何一个被掩码的词 w_i，模型会尝试根据它前后的词来预测它，其条件概率可以表示为：

$$P\left(w_i \mid w_{i-1}, w_{i-2}, \ldots, w_{i-N+1}, \ldots, w_{i+M}\right)$$

具体来说，就是根据 w_i 前面的 $N-1$ 个词（即 w_{i-1}, w_{i-2}, ..., w_{i-N+1}）和后面的 M 个词（即 w_{i+1}, w_{i+2}, ..., w_{i+M}）来预测 w_i 出现的概率。这里，N 和 M 分别代表模型考虑的前后文的窗口大小。不过，在实际操作中，为了简化计算和提高效率，我们通常只会考虑一定范围内的上下文，而不是无限制的上下文。

预测被掩码的任务属于处理多分类问题，通常会使用 softmax 函数来计算每个类别的概率分布。在掩码语言建模中，每当遇到一个被掩码的位置，模型就会输出一个与词汇表大小相同的向量。这个向量的每个元素都代表了该位置出现对应词汇的概率。

为了将这些原始的数值转换为真正的概率分布，通常会使用 softmax 函数。softmax 函数会查看词汇表中的每一个词，并计算一个指数函数值，这个值是基于上下文和候选词之间的某种关系（通常是通过神经网络计算得到的）。然后，它会将这些指数函数值加在一起，以确保所有词汇的概率之和为 1。最后，对于每一个词，softmax 函数都会输出它相对于其他所有词的概率。简而言之，softmax 函数在 MLM 掩码语言建模中的作用就是将被掩码位置输出的原始数值转换为一个概率分布，这样我们就可以知道在给定上下文的情况下，每个词出现的可能性有多大，对应的公式如下：

$$P\left(w_i \mid context\right) = \frac{e^{f\left(w_i \ context\right)}}{\sum_{w \in V} e^{f\left(w_i \ context\right)}}$$

其中，$f(w_i, context)$ 表示输入上下文和候选词 w_i 的某种函数（通常是通过神经网络模型计算得到的向量表示的内积或相似度），V 表示词汇表，$\sum_{w \in V}$ 表示对所有词汇求和。掩码语言建模的优化目标是最大化所有被掩码词的条件概率的乘积，也就是我们之前提到的最小化负对数似然损失，公式如下：

$$-\sum_{i \in masked} \log P\left(w_i \mid context_i\right)$$

掩码语言建模通过随机掩码输入文本中的一部分词，并训练模型根据上下文预测这些被掩码的词，从而学习语言的表示。其数学模型主要涉及条件概率、softmax函数以及优化目标等概念。BERT预训练语言模型的成功应用证明了掩码语言建模的有效性。

（2）下句预测

BERT的预训练过程是一个精心策划的历程，它从广泛的文本资源中汲取智慧，如维基百科和各类书籍，通过细致的组织与挑选，为模型提供了丰富的学习素材。在这一过程中，模型会接收成对提取的文本作为输入，每对文本之间以特定的分隔符[SEP]巧妙连接。

在构建这些文本对时，采用了一种独特的策略：一半的概率下，模型会遇到来自同一文档的两个连续文本片段，它们之间构成了"真正"的上下文关系；而另一半的概率下，模型则会面对来自完全不同文档的随机文本片段组合，形成了"非真正"的上下文对。

下句预测任务，简而言之，就是一场关于文本连贯性的判断游戏。它要求模型判断输入的两个文本片段是否原本就紧密相连，出自同一文档的连续部分。为了评估模型的判断能力，我们引入了交叉熵损失函数这一工具。这个函数虽然看似复杂，实则扮演着计算判断准确度的角色。当模型判断正确时，它会获得高分；判断错误时，则得分降低。通过这一工具的辅助，我们能够精准地衡量模型在下句预测任务上的表现，并据此进行细致的调整，助力模型在判断文本连贯性上达到更高的境界。

具体公式如下：

$$L = -\frac{1}{N}\sum_{i=1}^{N}\left[y_i\log(\hat{y}_i)+(1-y_i)\log(1-\hat{y}_i)\right]$$

其中，N是样本数量，y_i是真实标签（0或1），$\hat{y}_i$是模型预测的概率。

然而，RoBERTa作为BERT的迭代升级版，作出了一个引人注目的调整：它摒弃了下句预测任务，转而将全部精力聚焦于掩码语言建模这一核心训练任务上。这一决策旨在通过更加集中化的训练方式，进一步挖掘和提升模型的语言理解能力。除此之外，RoBERTa在多个维度上都实现了显著的优化与改进：

- 首先，在预训练语料库方面，RoBERTa打破了BERT的局限，采用了更为广泛且多样化的文本数据作为学习材料，这一举措极大地增强了模型的泛化能力和对各类文本语境的适应性。
- 其次，在预处理流程上，RoBERTa也进行了更为精细化的调整与优化。通过对输入文本进行更加深入和细致的处理，RoBERTa不仅提升了模型的学习效率，还使得模型能够更加准确地捕捉和理解文本中的关键信息，从而进一步提高了训练效果。
- 最后，在训练策略上，RoBERTa采用了更大的迷你批量大小。这意味着在每次训练过程中，模型能够处理更多的数据，这不仅有助于稳定训练过程，减少模型在训练中的波动和不确定性，还显著提升了模型的最终性能，使其在自然语言处理领域展现出了更加卓越的实力。

这些综合性的改进与优化，使得RoBERTa在众多自然语言处理任务中相较于BERT取得了显著的进步和突破，进一步巩固了其在该领域的领先地位。

4.3.3　微调方法和应用

BERT与GPT在微调机制上展现出相似性，都需在预训练模型架构上增添针对特定下游任务的定制化层，并借助相应任务的数据集来深化模型训练与优化。然而，BERT在微调过程中展现出其独特性，尤其体现在对预训练阶段使用的特殊标记（如[CLS]、[SEP]）的细致预处理上，以确保模型能更灵活地适配各类下游任务。以预训练的BERT 模型为例，它宛如一个功能全面的工具箱，能够应对多种挑战。但当我们聚焦于特定任务，如文本情感分类（积极或消极），就需在BERT 模型之上增添一个专属的小组件——全连接层。这个小组件的输出维度与分类任务的类别数量紧密相连。例如，在二分类情境下（积极/ 消极），全连接层的输出即为二维。

随后，我们利用特定任务的数据集对模型进行微调，这一过程宛如对模型进行精准调整，使其更贴合任务需求。在微调过程中，我们致力于降低交叉熵损失函数的值，该函数如同一个严格的评分标准，衡量着模型的预测精度。我们的最终目标，是让这个评分标准下的分数达到最低，从而确保模型性能的最优化。公式如下：

$$L = -\sum_{i=1}^{N}\sum_{c=1}^{C} y_{ic} \log p_{ic}$$

- L：这就是我们要计算的损失值，它越小说明我们的模型预测得越准确。
- N：样本的总数，就是我们有多少条数据。
- C：类别的总数，比如我们要分类猫、狗、兔子，那么C就是3。
- y_{ic}：这是一个特殊的数，如果样本i真的属于类别C，那么它就是1；否则，它就是0。
- p_{ic}：这是模型预测样本i属于类别C的概率，它是一个0 到1 之间的数。

最后，我们还需要调整一些超参数，比如学习率、批大小和微调轮数。这些超参数就像是微调过程中的"旋钮"，通过调整它们，我们可以让BERT 模型在特定任务上表现得更好。

4.3.4　BERT 代码实践：文本填空

BERT 的预训练采用的是在输入文本中进行填空（masked language model, MLM）的方式，因此它具备直接处理填空类问题的能力，而无需额外的微调步骤。

以下是一个实践代码示例，演示如何使用BERT 模型来执行中文填空任务。你可以根据实际情况选择使用预训练的bert-base-chinese 模型，或者任何在你本地开发环境中可访问的模型，这主要取决于你获取模型资源的便捷程度。

输入：
```
from transformers import pipeline

# 创建一个填空任务的 pipeline，使用预训练的中文 BERT 模型
fill_mask = pipeline(
    "fill-mask",
    model="models/bert-base-chinese",
    tokenizer="models/bert-base-chinese"
)

# 定义一个需要填空的中文句子
sentence = " 我热爱我的 [MASK]。"

# 使用 pipeline 来预测填空
result = fill_mask(sentence, top_k=3)  # 获取前 3 个最可能的填空选项
print(result)
```

输出：　[{'score': 0.6367029547691345, 'token': 2157, 'token_str': ' 家', 'sequence': ' 我热爱我的家。'},
　　　　{'score': 0.06044672429561615, 'token': 782, 'token_str': ' 人', 'sequence': ' 我热爱我的人。'},
　　　　{'score': 0.0507105402264844894, 'token': 1054, 'token_str': ' 党', 'sequence': ' 我热爱我的党。'}]

预测结果如下所示表4-1，此处的"score"代表的是概率，具体来说，模型预测结果为"家"的概率高达约63.67%。在探索大规模语言模型的语言和知识行为时，若无需进行微调便能开展的任务，我们称之为探测任务（probing task）。正如本节案例所展示的，通过解除特定令牌（这些令牌可以是词语或符号）的填空任务，以深入探究模型所蕴含的知识，这正是探测任务中的一种典型且有效的方法。

表4-1　对"我热爱我的[MASK]"的预测结果

项目	score	token	token_str	sequence
0	0.6367	2157	家	我热爱我的家
1	0.0604	782	人	我热爱我的人
2	0.0507	1054	党	我热爱我的党

4.4　T5：融合之美，文本转换的全新范式

继GPT与BERT之后，Google推出了全新的大规模语言模型T5，该模型巧妙融合了Transformer架构中的编码器与解码器结构，彰显出独特优势：编码器能够深度捕捉文本的双向上下文信息，而解码器则展现出强大的文本生成能力。T5创新性地提出了text-to-text格式，巧妙地将各类下游任务转化为统一的文本到文本转换问题。具体而言，输入文本经由编码器处理，再由解码器生成输出文本，这一流程恰如其名，直观明了。与text-to-text格式相呼应，将输入文本序列转换为另一文本序列的过程，被形象地称为系列转换（sequence-to-sequence）。

相较于BERT和RoBERTa，T5构建了规模更为庞大的模型，参数数量翻倍，因此在自然语言处理的多个任务中，它刷新了当时的性能巅峰。T5这种集编码器与解码器于一体的模型，犹如一位全能选手，在处理需要生成文本的任务时游刃有余。例如，它能迅速生成文章摘要，详细回答问题，甚至实现跨语言翻译。然而，对于仅需简单分类的任务，如判断句子情感倾向，BERT和RoBERTa这类仅含编码器的模型，则更像专业的分类高手，通常表现更佳。它们没有解码器的额外负担，因此推理速度更快，犹如轻装上阵的跑步选手。而对于仅需预测文本形式的任务，如句子自动补全，编码器的功能或许并不必要，此时，GPT这类仅含解码器的模型便足够了，它们如同专业的填空高手，精准高效。

因此，选择何种模型，关键在于任务的具体需求，正如选拔运动员需考虑比赛项目一般。接下来，让我们通过一个生动的T5实例，共同领略它的独特风采 08。

08　输入带有任务的文本，生成文本结果，text-to-text格式

4.4.1 输入数据的表示方法

在T5模型中，每个句子的结尾都会附加一个特殊的令牌</s>，以明确标示句子的终结。例如，句子"我热爱我的家乡"在T5的处理下，会转变为"我热爱我的家乡</s>"的形式。

T5模型采纳了一项名为相对位置嵌入的技术，以精确确定单词在句子中的位置信息。这与GPT和BERT等模型所采用的绝对位置嵌入方法存在显著差异。在相对位置嵌入的机制中，模型并非直接为每个单词分配一个固定的位置编码，而是着重考虑单词之间的相对位置关系。具体而言，在计算注意力机制的关联性得分时，T5会纳入查询令牌（query token）与密钥令牌（key token）之间的距离因素，并将与该距离相关的值累加到得分上。这种方式的优势在于，无论单词在句子中的绝对位置如何变化，模型都能准确地捕捉到它们之间的相对位置关系。

得益于相对位置嵌入的应用，T5无需像GPT和BERT那样在输入时额外添加形式化的位置嵌入。相反，输入令牌（单词或子词）直接作为输入嵌入被使用，这使得模型的输入表示更为简洁且高效。

（1）自注意力机制中的相对位置嵌入

在标准的 Transformer 自注意力机制中，注意力得分通常是通过查询矩阵 $\boldsymbol{Q}$、键矩阵 $\boldsymbol{K}$ 和值矩阵 $\boldsymbol{V}$ 计算得到的，公式如下：

$$\text{Attention}(\boldsymbol{Q},\boldsymbol{K},\boldsymbol{V}) = \text{softmax}\left(\frac{\boldsymbol{Q}\boldsymbol{K}^{\text{T}}}{\sqrt{d_k}}\right)\boldsymbol{V}$$

其中，(d_k) 是键向量的维度，用于缩放点积结果以防止梯度消失。

而在 T5 模型中，为了引入相对位置信息，对上述公式进行了扩展。具体来说，在计算 $(\boldsymbol{Q}\boldsymbol{K}^{\text{T}})$ 之后，会加上一个与相对位置相关的偏差矩阵（position bias matrix），这个矩阵的每一个元素都表示了查询令牌和密钥令牌之间相对位置的一个偏置值。修改后的公式如下：

$$\text{Attention}(\boldsymbol{Q},\boldsymbol{K},\boldsymbol{V}) = \text{softmax}\left(\frac{\boldsymbol{Q}\boldsymbol{K}^{\text{T}}+\boldsymbol{B}}{\sqrt{d_k}}\right)\boldsymbol{V}$$

其中，$\boldsymbol{B}$ 是位置偏差矩阵，其大小与 $\boldsymbol{Q}\boldsymbol{K}^{\text{T}}$ 相同，即查询序列长度乘以键序列长度。矩阵 $\boldsymbol{B}$ 中的每个元素 $\boldsymbol{B}_{ij}$ 表示查询位置 i 和键位置 j 之间的相对位置偏置。

（2）相对位置偏置的计算

相对位置偏置 $\boldsymbol{B}_{ij}$ 的计算并非直接通过位置索引 i 和 j 得出，而是采用了一种更为灵活的映射机制。该机制首先将相对位置 $d=j-i$ 映射到一组有限数量的桶（buckets）中，随后从一组可学习的偏置参数中，根据桶的索引来检索并应用具体的偏置值。这种映射策略旨在帮助模型更好地处理不同长度的序列，并增强其泛化能力。

具体来说，相对位置到桶的映射过程可能因具体实现而有所差异，但核心思想是一致的：根据相对位置的大小，将其分配到不同的桶中。对于较小的相对位置，采用更细致的桶划分，以便更精确地捕捉这些位置间的细微差异；而对于较大的相对位置，则使用更粗的桶划分，以减少模型需要学习的参数数量，并避免过拟合。此外，所有大于某个预设的最大距离 max_distance 的相对位置，都会被统一映射到同一个桶中；同样，所有小于等于某个最小距离（该距离通常为负数）的相对位置，也会被映射到另一个特定的桶中。这样的设计使得模型能够更加高效地处理各种长度的序列，同时保持其泛化性能。

虽然具体的映射公式可能较为复杂，但可以用一个简化的公式来表示相对位置偏置的计算思路：

$$B_{ij} = \text{LookupBias}\left(f(j-i)\right)$$

在 T5 模型中，相对位置嵌入机制涉及两个关键函数。首先是函数 f，它负责将相对位置映射到对应的桶索引；其次是 LookupBias 函数，它根据桶索引从一组可学习的参数中检索出相应的偏置值。

上述描述为 T5 模型中相对位置嵌入机制提供了一个概括性的解释，它基于对该机制的基本理解，但并未触及具体的实现细节。在实际应用中，T5 模型的具体实现可能会因所选用的深度学习框架（如 TensorFlow 或 PyTorch）及其版本的不同而有所差异。这意味着，尽管相对位置嵌入的核心概念保持一致，但代码实现、优化策略以及性能表现可能会因框架和版本的选择而有所变化。因此，在部署 T5 模型时，应充分考虑这些因素，并选择最符合自身需求的框架和版本。

4.4.2　预训练策略和技术

T5 模型的预训练过程独具特色，它并非简单地遮蔽单个词汇，而是采用了一种称为"跨度遮蔽"的策略。具体来说，T5 会从文本中随机选择多个起始位置，并从这些位置开始随机选取一段长度的文本进行遮蔽。这些被遮蔽的跨度总计约占整个文本的15%，且平均每个跨度包含约 3 个词汇。为了实施这种遮蔽，T5 引入了一系列特殊的"遮蔽牌"，每个遮蔽牌都赋予了一个独特的编号，如[MASK]$_1$ 表示第一个被遮蔽的跨度，[MASK]$_2$ 表示第二个，以此类推。这种设计使得 T5 在预训练阶段能够更有效地学习和理解整段话的内容。

在解码器部分，模型的任务是预测这些被遮蔽跨度中原本包含的词汇。若选择了 M 个跨度进行遮蔽，解码器则需预测出这些跨度中的词汇。为实现这一目标，我们将每个特殊遮蔽牌（如[MASK]$_1$，[MASK]$_2$，...，[MASK]$_m$ 等）与其对应的实际词汇串联起来，形成一个新的词汇序列。此外，我们还在该序列的末尾添加一个特殊的结束标记[MASK]$_{m+1}$，以指示解码器预测结束。通过这种方式，解码器能够学会如何准确地预测被遮蔽跨度中的词汇。

在预训练过程中，我们将上述词汇序列（包括特殊遮蔽牌和它们对应的实际词汇）视为正确答案。然后，我们采用负对数似然的方法来计算预测概率与正确答案之间的差距，这个差距即为我们的损失函数。优化的目标就是最小化这个损失函数，使预测结果更加接近正确答案，从而让模型学会更准确地预测被遮蔽跨度中的词汇。

后续的研究中，T5 模型不再随机选择跨度进行遮蔽，而是转向选择更具意义的跨度，如命名实体（人名、地名或日期等）。这种称为"显著跨度遮蔽"的方法在预训练中的应用，被发现能够显著提升模型在问答任务上的表现。为了实现这一点，我们需要先通过命名实体识别等技术，识别出那些重要的跨度，并用它们来进行预训练。简而言之，就是让模型学会更好地理解和处理这些有意义的跨度，进而提升在问答任务上的性能。

以下是一个具体案例，详细描述了如何对句子"我热爱我的家乡，我热爱家乡的山和水。"进行跨度掩码处理。

给定句子"我热爱我的家乡，我热爱家乡的山和水。"，T5 模型会执行一个跨度选择的过程，随机挑选句子中的一个或多个连续的词序列作为遮蔽跨度。例如，在这个句子中，"我的家乡"和"山和水"可能被选为遮蔽跨度。随后，这些被选中的遮蔽跨度会被特殊的遮蔽标记所替换，如[MASK0] 和

[MASK1]（实际应用中，T5 可能采用其他方式来区分不同的遮蔽跨度，但这里以[MASK0]、[MASK1]为例进行说明）。经过这样的处理，原句子就转变成了包含遮蔽标记的新输入序列："我热爱[MASK0]，我热爱家乡[MASK1]"。

接下来，这个新输入序列会被送入 T5 模型的编码器部分。编码器通过自注意力机制对输入序列进行处理，生成一组高维向量表示，这些向量捕捉了输入序列的语义和上下文信息。在预训练阶段，解码器会接收编码器的输出，并尝试预测被遮蔽的跨度内容。

为了完成预测任务，解码器会生成一系列候选词，并与实际的遮蔽跨度内容进行比较。通过计算预测结果与实际遮蔽跨度内容之间的差距，我们可以得到一个损失函数。模型的训练过程就是最小化这个损失函数，从而不断更新模型的参数，使模型能够更准确地预测被遮蔽的跨度内容。通过这种方式，T5 模型能够学习更加丰富的语言知识和上下文信息。这种学习能力对于提高模型在下游任务上的性能至关重要，因为它使模型能够更好地理解和处理自然语言文本[09]。

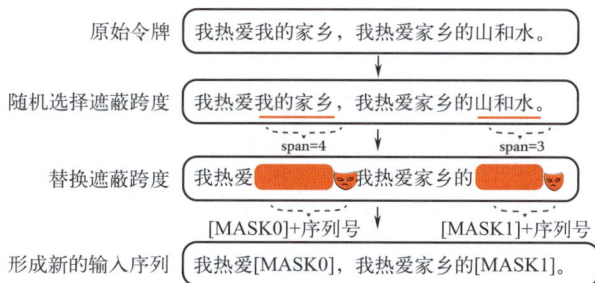

09 T5 模型在预训练过程中随机选择遮蔽跨度，这种随机性带来了多样性，使得模型能够处理各种不同的语言模式和上下文，增强了模型的泛化能力

4.4.3　微调方法和应用

T5 模型采用了简洁直观的text-to-text 框架，其工作流程是先将文本数据送入编码器进行初步处理，随后解码器依据编码器的输出结果生成相应的文本。在模型的训练阶段，会利用一个包含成对输入与输出文本的数据集，同时，与预训练阶段保持一致，T5 模型也采用负对数似然作为损失函数来指导模型的优化过程。

关于编码器和解码器在下游任务（如文本摘要）中的具体应用以及微调策略，我们将在后续章节中做详细阐述。

在T5 模型的最新研究中，创新性地提出了一种多任务学习方法，使得单个模型能够同时学习和执行多个不同的任务。在进行多任务训练时，需要整合各个目标任务的数据集进行联合训练。为了帮助模型区分不同的任务类型，我们会在编码器的输入文本前添加特定的任务前缀。

举例来说，对于情感分析任务，可以在输入文本前加上"情感分析："作为前缀；对于中英翻译任务，则可以使用"从中文翻译到英文："作为前缀；而对于自然语言推理任务，则可以添加"自然语言推理："作为前缀。通过在训练和推理阶段都保持一致地添加这些前缀，我们的模型就能够具备处理多种不同任务的能力。

需要强调的是，这些前缀是专为多任务学习设计的。如果仅针对单一任务对T5 模型进行微调，则无需添加此类前缀。

4.4.4　T5 代码实践：摘要生成

由于T5 模型在预训练阶段就是通过预测文本中的大跨度内容来进行的，因此它本就具备解决文本中跨度填空任务的能力，而不需要进行额外的微调。下面这段代码展示了如何使用T5 模型来自动填充指定位置的文本，并生成符合语法和语义的结果。

输入：
```
from transformers import T5Tokenizer, T5ForConditionalGeneration

# 初始化分词器和模型
tokenizer = T5Tokenizer.from_pretrained('./models/t5-base', legacy=False)
model = T5ForConditionalGeneration.from_pretrained('./models/t5-base')

# 准备输入文本，将需要填空的部分替换为特殊的占位符
input_text = "I love my <extra_id_0>。"

# 将输入文本转换为模型可以理解的格式
input_ids = tokenizer.encode(input_text, return_tensors="pt")

# 使用模型生成填空后的文本
# 注意：这里我们使用了 `max_length` 来控制生成文本的长度，`num_beams` 来控制 beam search 的宽度
generated_ids = model.generate(input_ids, max_length=5, num_beams=5, early_stopping=True)

# 将生成的文本转换为可读格式
generated_text = tokenizer.decode(generated_ids[0], skip_special_tokens=True)

# 输出填空后的文本
print(generated_text)
```

输出：　life!

代码解析

```
generated_ids = model.generate(input_ids, max_length=5, num_beams=5, early_stopping=True)
```

使用 model.generate() 方法生成填充后的文本。我们传入 input_ids 张量作为输入，同时指定 max_length 控制生成文本的最大长度，num_beams 控制 beam search 的宽度，以及 early_stopping=True 用于在模型预测到结束标记时停止生成。

num_beams 是在使用生成式模型（如T5、GPT 等）时用来控制束搜索（beam search）宽度的参数。束搜索是一种用于生成文本序列的搜索算法，它可以帮助模型在生成时考虑多个可能性，从而提高生成文本的质量和多样性。

具体来说，num_beams 参数决定了在生成每个词时模型保留的最多假设数量。较大的 num_beams 值意味着模型会考虑更多的可能性，通常会导致生成更加多样化和自然的文本。然而，增加 num_beams 也会增加计算成本和生成时间。

一般来说，合理设置 num_beams 可以在保持文本质量的同时提高生成文本的多样性。常见的建议是在2 到10 之间选择一个适当的值，具体取决于具体的任务需求和模型的响应速度。

4.5　跨语言模型：多语言处理的新前沿

之前所介绍的模型，均是基于英语语料库预训练后所提出的方案。然而，实际上，如果我们采用其他语言的语料库进行预训练，同样能够创建出适用于该语言的模型，并不仅限于英语。在中文领域，已经通过这种方式成功发布了多种模型。

4.5.1　跨语言模型的优势和特点

跨语言模型作为自然语言处理领域的一项重大进展，展现出了一系列显著的优势与特点，使其在处理多语言任务时表现出强大的适应性和潜力。

（1）优势

- 语言无界性：跨语言模型通过构建共享的底层语义空间，实现了不同语言间的快速转换与理解。这一特性打破了传统模型对单一语言的局限，使模型能够在多种语言环境中灵活执行任务，显著提升了模型的通用性和效率。
- 零样本迁移能力：跨语言模型在一种语言上的训练成果可以直接迁移到其他语言上，尤其对于资源稀缺的小众语言具有重要意义。这有助于缩小不同语言间的技术差距，推动全球语言技术的均衡发展。
- 多语言信息整合：跨语言模型能够跨越语言壁垒，有效整合全球各地的信息资源。这使得模型在跨语言环境下能够更好地完成信息搜索、情感分析、事件抽取等多种复杂任务，为全球化交流提供了有力支持。

（2）特点

- 预训练与微调结合：跨语言模型通常基于大规模多语言数据进行预训练，以获取广泛的语言知识和理解能力。随后，通过针对特定任务的微调，模型能够在特定场景下发挥出更佳的性能。这种结合方式使得模型既具有广泛的适用性，又能针对具体任务进行精细化优化。
- 多任务学习能力：跨语言模型在设计时往往考虑多种预训练任务，如掩码语言模型（MLM）、因果语言模型（CLM）和翻译语言模型（TLM）等。这些任务的共同训练促进了模型对多语言文本的理解和生成能力，使模型能够更全面地掌握语言特征。
- 模型架构的通用性：跨语言模型通常采用经过Transformer等广泛验证的通用架构。这些架构在自然语言处理领域已经取得了显著的成效，为跨语言模型提供了坚实的基础和可靠的保障。

4.5.2　跨语言模型挑战与策略

尽管跨语言模型展现出众多优势，但在实际应用中仍需克服多重挑战。这些挑战包括不同语言间显著的语法结构和表达习惯差异，要求模型在把握语言共性的同时，也要兼顾每种语言的特性，这对模型的泛化能力提出了极高要求。此外，训练数据分布不均，特别是小众语言数据的稀缺，限制了模型在这些语言上的表现。同时，跨语言模型需处理多种语言和任务，增加了模型的复杂性和计算负担。

为应对这些挑战，我们可采取以下策略：首先，优化模型结构，通过改进架构来更好地捕捉和融合多语言间的异同，从而提升模型的泛化能力和运行效率。其次，利用自监督学习策略，从大量无标注数据中提取有价值的信息，以强化模型的训练效果。同时，采用数据增强技术来缓解小众语言数据稀缺的问题，提升模型在这些语言上的性能。最后，将跨语言模型与特定领域的专业知识相结合，如在金融、医疗、教育等领域，利用行业特定的数据和知识，进一步优化模型性能，提升其在特定场景下的应用效果。

4.5.3　多语言模型在实践中的应用案例

通过利用涵盖多种语言的大规模语料库进行预训练，可以在单一模型中实现多语言处理功能。事实上，多语言版本的BERT、RoBERTa 和T5，即多语言BERT、XLM-R（XLM-RoBERTa）及mT5（多语言T5），已能支持约100 种广泛使用的语言。

为了实现这种多语言模型的预训练，目前已经构建了庞大的多语言语料库。其中，CC-100 是一个包含100 多种语言的大型语料库，它通过对公共Crawl 项目中的大规模网络数据进行语言识别和去重处理而得到，以确保文本质量，这个语料库被用于训练XLM-R 模型。而为了训练mT5 模型，专门建立了另一个大型语料库mC4。

研究表明，这些多语言模型内部已经形成了与特定语言无关的表达方式，这使得跨语言迁移学习成为可能。跨语言迁移学习是指，可以先使用某种语言对模型进行下游任务的微调，然后直接将该模型应用于其他语言的任务中。例如，一个仅在英语数据上训练的多语言模型，竟然也能理解中文数据。这一特性在全球语言中尤为重要，因为许多语言缺乏足够的自然语言处理数据，而跨语言迁移学习为解决这些语言的数据稀缺问题提供了新的途径。

一项对XLM-R 模型的应用研究进行了测试，研究者们收集了两个数据集：一个是标注数据充裕的高资源语言情感分析数据集（采用英文），另一个是标注数据相对匮乏的低资源语言数据集（采用泰文）。他们首先在高资源语言数据集上对XLM-R 模型进行了微调，使模型能够学习情感分析任务的相关知识。随后，利用XLM-R 模型的跨语言迁移学习能力，将微调后的模型应用于低资源语言数据集。评估结果显示，这种方法在低资源语言情感分析任务中，尤其是在标注数据稀缺的情况下，显著提高了准确率[10]。

[10] 该试验很好的证明了跨语言迁移学习的强大能力，即使在不同语言之间，也能有效地迁移和应用学到的知识

值得注意的是，在上述多语言模型的学习过程中，并未使用翻译数据等直接揭示语言间对应关系的信息。然而，这些模型仍能捕捉到不同语言间的共通性，并实现跨语言迁移学习，这一能力着实令人惊讶。鉴于这种共通性学习是在没有任何文字共性的不同语言间发生的，我们可以推测，模型可能是通过识别和利用语言的抽象结构共性，从而形成了这种不依赖于特定语言的内部表达方式。

4.6　语言文字处理：微观视角的文本挖掘

在大语言模型中，词嵌入是一个核心概念，它指的是将预定义词汇表中的每个词（令牌）映射到高维空间中的向量。虽然直观上看，直接使用单词作为令牌似乎是最简便的方法，但自然语言的复杂性使得这种方法面临诸多挑战。

特别是，新词（如人名、地名、专有名词等）不断涌现，构建一个包含所有单词的词汇表变得异常困难。在实际应用中，词汇表往往包含大量不常用单词，导致训练时单词出现频率极不均衡。这种不均衡对模型性能产生不利影响，因为模型可能会过度关注高频词，而忽视同样重要但低频出现的单词。此外，无论是编码器预训练，还是编码器-解码器、解码器的训练/推理，都需要对所有词汇进行概率计算，这极大地增加了计算成本。同时，单词嵌入矩阵的庞大尺寸也加剧了预训练和微调时的内存等资源需求。

为应对这些问题，有研究者提出将处理单位从单词转换为单个文字，以期通过文字数量的有限性来解决词汇量问题。然而，这种方法也存在局限性。与单词相比，文字作为处理单位显得过于细小，模型在学习文字级别表示时可能面临更大困难，因为单个文字通常缺乏足够的上下文信息来准确传达其含义。

因此，在大语言模型中，我们更倾向于采用一种介于单词和文字之间的单位——子词。子词分割技术使我们能够灵活调整分割粒度，将词汇量大小作为超参数进行优化。通过精心调整子词的粒度，我们可以在模型性能和效率之间找到最佳平衡点。这种方法不仅有效避免了低频单词问题，还降低了计算成本和内存占用，同时保留了足够的上下文信息，使模型能够更出色地理解和生成自然语言。

4.6.1　字节对编码技术和实践

字节对编码（byte-pair encoding, BPE）是一种常用的子词分割方法。在使用BPE算法时，首先会将给定文本中的所有单个文字都视为子词，并将它们注册到初始词汇表中。随后，算法会执行两个核心步骤来构建更丰富的词汇表：

- 首先，算法会遍历文本，识别出所有相邻子词组中出现频率最高的那一组。
- 然后，将这个高频出现的相邻子词组作为一个新的子词添加到词汇表中。

通过不断重复这两个步骤，BPE算法能够逐渐构建出一个包含丰富子词的词汇表，这些子词既可以是单个文字，也可以是多个文字的组合。这种方法有效地解决了词汇量的问题，并使得模型在处理文本时能够更加灵活地理解和表达语言的含义。

有这样一个示例单词列表：　words = ['low', 'lower', 'newest', 'widest']
在示例中，我们通过手动实现字节对编码来对单词列表进行编码。代码如下：

输入：

```
from collections import defaultdict

# 定义一个简单的字节对编码函数
def byte_pair_encoding(words, num_merges):
    # 统计每对字节出现的频率
    byte_pairs = defaultdict(int)
    for word in words:
        tokens = list(word) + ['</w>']  # 将每个单词转换为字符列表，并添加结束标记
        for i in range(len(tokens) - 1):
            byte_pairs[tuple(tokens[i:i+2])] += 1

    # 重复合并最频繁的字节对，直到达到指定的合并次数
    for _ in range(num_merges):
        max_pair = max(byte_pairs, key=byte_pairs.get)
        new_word = ''.join(max_pair)
        words = [new_word if word == max_pair[0] + max_pair[1] else word for word in words]

        # 更新字节对频率
        new_byte_pairs = defaultdict(int)
        for word in words:
            tokens = list(word) + ['</w>']
            for i in range(len(tokens) - 1):
                new_byte_pairs[tuple(tokens[i:i+2])] += 1
        byte_pairs = new_byte_pairs

    return words, byte_pairs

# 示例单词列表
words = ['low', 'lower', 'newest', 'widest']

# 执行字节对编码
encoded_words, byte_pairs = byte_pair_encoding(words, 10)

# 输出编码结果和最终的字节对频率
print("Encoded words:", encoded_words)
print("\nByte pairs:")
for pair, freq in byte_pairs.items():
    print(pair, freq)
```

输出：

```
Encoded words: ['low', 'lower', 'newest', 'widest']

Byte pairs:
('l', 'o') 2
('o', 'w') 2
('w', '</w>') 1
('w', 'e') 2
('e', 'r') 1
('r', '</w>') 1
('n', 'e') 1
('e', 'w') 1
('e', 's') 2
('s', 't') 2
('t', '</w>') 2
('w', 'i') 1
('i', 'd') 1
('d', 'e') 1
```

—————————— 代码解析 ——————————

```
byte_pairs = defaultdict(int)
for word in words:
    tokens = list(word) + ['</w>']
    for i in range(len(tokens) - 1):
        byte_pairs[tuple(tokens[i:i+2])] += 1
```

我们首先初始化一个默认字典byte_pairs 来统计字节对的频率。对于输入的每个单词，我们将其转换为字符列表，并在列表末尾添加一个结束标记</w>。随后，我们遍历每个单词的字符列表，统计每对相邻字符（字节对）的出现频率。统计结果揭示了输入单词中相邻字符组合的出现频率，例如：('l', 'o') 出现2 次，('o', 'w') 出现2 次，等等。这些字节对为我们提供了关于单词内部字符组合模式的有价值信息。

```
encoded_words, byte_pairs = byte_pair_encoding(words, 10)
```

接下来，我们利用字节对编码（Byte-Pair Encoding, BPE）算法，根据字节对的频率选择最频繁出现的字节对进行合并。在示例中，我们设定了 10 次合并，经过多次合并后，我们得到了编码后的单词列表，如"low" "lower" "newest" "widest"。这些单词包含了通过 BPE 算法生成的子词组合，它们能够更简洁地表示输入文本中的常见模式和结构。

最终输出的字节对频率展示了在多次合并后字节对的新频率：

- ('l', 'o') 2: 在所有单词中，字母 "l" 和 "o" 相邻出现的次数为 2 次。
- ('o', 'w') 2: 字母 "o" 和 "w" 相邻出现的次数为 2 次。
- ('w', '</w>') 1: 字母 "w" 后接结束标记 </w> 出现的次数为 1 次，表示单词 "low" 后面是单词的结尾。

总的来说，这个案例展示了字节对编码如何通过迭代合并最频繁的字节对，生成更短的子词，从而有效地表示输入文本中的常见字符组合和语言结构。这种方法不仅提高了文本处理的效率，还为自然语言处理任务提供了更灵活和准确的词汇表示。

在自然语言处理领域，子词作为构成单词的基本单元，涵盖了前缀、后缀及单词内部的特定片段。子词组合则是依据语言规则，将这些子词有序地结合成具备实际意义的单元。在处理子词时，一个核心的原则是不超越单词边界地进行子词组合，即必须严格遵循单词的边界，避免将不同单词混淆或错误地合并。这一原则对于分词、词性标注、命名实体识别等众多自然语言处理任务而言至关重要，因为这些任务的精确执行均建立在准确识别单词边界的基础之上。例如，在英文语境下，"unhappily"是一个完整的单词，其子词可能包含"un-" "happi" 和 "-ly" 等部分，但在进行子词组合时，我们必须确保"unhappily"不会与后续的单词（例如"married"）发生混淆或合并，从而生成错误的"unhappilymarried"，这显然违反了单词边界的明确划分。

然而，在处理中文、韩文等不以空格作为天然单词分隔符的语言时，单词的准确分割往往成为一个棘手的问题。为了应对这一挑战，一种创新的策略是在构建词汇表时，摒弃以单个单词为基本单位的传统做法，转而采用以整个句子为处理单元的新方法。这种方法的核心在于，它不再严格依赖于传统的单词分割，而是允许单词在句子内部进行跨界组合。

具体来说，这种策略巧妙地运用了BPE 技术，该技术不依赖于文本的预先分割，而是能够直接对原始文本进行编码和分割。因此，我们可以将整个句子视作一个庞大的处理单元，通过BPE 技术对其进行精细化的分割和编码，从而有效地解决了单词分割不明确的问题。这种方法不仅提升了中文、韩文等语言处理的准确性，还显著提高了自然语言处理的整体效率，为我们更深入地理解和分析这些语言提供了有力的支持。

4.6.2　WordPiece 方法探索和应用

BERT 模型中采纳的 WordPiece 技术，是一种与子词分割方法中的字节对编码（BPE）具有相似性的策略，但两者在细节上存在着显著的差异。WordPiece 在构建词汇表的过程中，同样遵循了逐步合并频繁出现子词单元的原则，这一点与 BPE 一致。

然而，与 BPE 单纯依赖频率最高组合进行合并的做法不同，WordPiece 在选择合并的子词时，引入了一种更为精细的得分机制。这一机制会全面评估所有潜在的子词组合，并为每一个组合赋予一个得分。这个得分的计算通常综合考虑了组合在训练数据中的出现频率、语言模型的似然度等多重因素，从而确保了合并的准确性和有效性。

具体来说，WordPiece 算法的核心在于，它倾向于选择那些能够最大程度提升语言模型概率的组合进行合并。这一目标可以通过最大化两个子词合并后的互信息（mutual information, MI）来近似达成。互信息作为一种度量两个变量之间相关性的指标，在这里被巧妙地用来评估子词合并对语言模型性能的潜在提升。

尽管 WordPiece 算法的具体得分计算过程涉及了复杂的语言模型概率评估，但我们仍然可以通过一个简化的公式来把握其核心理念。简而言之，WordPiece 算法在合并子词时，主要依据合并后能够带来的语言模型概率的提升，这一提升量可以通过互信息的最大化来近似估算。这种策略使得 WordPiece 在构建词汇表时，能够更加精准地捕捉到语言的特点和规律，从而为 BERT 等自然语言处理模型提供更为坚实的基础。简化的公式可以表示为：

$$Score(x, y) = \frac{P(xy)}{P(x)P(y)}$$

在 WordPiece 算法中：
- x 和 y 代表两个待合并的子词。
- $P(xy)$ 是子词 x 和 y 合并后新子词在训练数据中出现的概率。
- $P(x)$ 和 $P(y)$ 分别是子词 x 和 y 在训练数据中出现的概率。

这里的核心公式实际上是在量化一个关键指标：当我们将两个子词 x 和 y 合并成一个新的子词 xy 时，这个新子词出现的可能性相较于 x 和 y 作为独立个体出现时可能性的乘积，其提升的程度究竟有多大。

在实际运算过程中，直接计算这些概率可能会变得相当复杂且耗时。为了简化操作，我们通常会采用一个更为直观且高效的方法：利用子词在训练数据中出现的次数来作为其概率的近似估计。具体来说，我们会统计 x、y 以及合并后的 xy 在训练数据中的出现频次，然后利用这些频次来推算它们的概率。

这种方法的好处在于，它能够将复杂的概率计算转化为简单的计数问题，从而极大地提高了计算效率和可操作性。同时，由于训练数据通常规模庞大且包含丰富的语言信息，因此这种基于频次的概率估计方法在实践中往往能够取得相当准确的结果。这也正是 WordPiece 算法能够在自然语言处理领域得到广泛应用的重要原因之一。WordPiece 算法作为一种高效的子词分割技术，其操作步骤可以详细阐述如下：

① 初始化词汇表：作为算法的起点，我们需要构建一个基础的词汇表。这个词汇表通常包含了所有单个字符，这是为了确保任何文本都可以被分割成至少一个字符的序列。此外，我们还会加入一些预定义的特殊符号，如标点符号和空格，以处理文本中的非字母字符。

② 迭代合并子词：这是WordPiece算法的核心部分，它通过一个迭代过程来逐步构建词汇表。

- 尝试分割：对于训练数据中的每个单词，算法会尝试所有可能的子词分割方式。这通常是通过动态规划或其他优化算法来实现的，以确保找到最优的分割方案。
- 计算得分：对于每种分割方式，算法会计算所有相邻子词对的得分。这个得分通常基于上述简化的公式，即考虑子词合并后新子词出现的可能性与独立子词出现可能性的乘积之间的比例。在实际应用中，这个公式可能会进一步细化，以考虑更多的语言特性和上下文信息。
- 选择合并：根据得分，算法会选择得分最高的子词对进行合并。合并后的新子词会被添加到词汇表中，以便在后续的迭代中使用。
- 更新分割：对于训练数据中所有包含该子词对的单词，算法会更新它们的分割方式，以反映新的子词合并结果。

③ 重复迭代：这个过程会一直重复，直到满足某个停止条件。这些条件可能包括达到预定的词汇表大小、合并次数限制，或者合并得分低于某个预设的阈值。这些条件的设计是为了平衡词汇表的复杂性和对未登录词（OOV）的处理能力。

④ 使用最终词汇表进行分词：当迭代过程结束后，我们会得到一个最终的词汇表。这个词汇表可以用于对新的文本进行分词处理，即将文本分割成一系列在词汇表中存在的子词。这是自然语言处理任务中的一个关键步骤，因为它为后续的模型训练和分析提供了基础。

需要注意的是，上述简化公式和步骤只是为了便于理解而给出的概括性描述。在实际应用中，WordPiece算法的实现可能会更加复杂，涉及更多的优化和细节处理。例如，为了进一步提高分词效果和模型性能，算法可能会考虑子词的频率、长度、上下文信息等多种因素，并采用更先进的机器学习和自然语言处理技术来优化子词的选择和合并过程。

4.6.3　中文文字的处理策略

在处理中文及其他没有空格分隔的语言时，分词成了一个至关重要的步骤，因为这类语言的词语间缺乏明显的界限。尽管以单词为基础的字节对编码和WordPiece等分词方法原本更多应用于英文处理，但通过适当的调整和优化，它们同样能有效应对中文分词的挑战。

在多语言模型如XLM-R和mT5中，采用了一种基于句子的字节对编码技术（sentencepiece-based BPE），这种技术能够更自然地分割文本，从而提升了模型在处理多种语言及跨语言任务时的性能和准确性。然而，这种基于字节对的分割方法有时可能不遵循自然的单词边界，因为字节对的组合可能会跨越实际的词语界限，这对以单词为单位的自然语言处理任务构成了挑战。

为了解决这一问题，在中文大规模语言模型的处理中，我们通常会先使用语素分析器（分词器）将文本分割成单词单位。随后，再对这些已经分割好的单词应用字节对编码或WordPiece等子词分割方法。这种结构化的处理方式能让我们更自然地处理以单词为单位的自然语言处理任务。

以下是一个简洁的Python代码示例，它展示了如何使用BERT模型的中文版本分词器来处理中文文本。这个分词器能够自动将文本分割成单词单位，并在内部应用字节对编码来进一步将这些单词分割成更小的子词单元。通过这种方式，我们可以便捷地处理以单词为单位的自然语言处理任务，从而提高了处理的准确性和效率。

输入：
```
from transformers import BertTokenizer

# 初始化一个 BERT 的分词器，BERT 模型常用于中文处理
tokenizer = BertTokenizer.from_pretrained('models/bert-base-chinese')

# 待处理的中文文本
text = "这是一个关于自然语言处理的例子。"

# 使用分词器将文本分割成单词单位
tokens = tokenizer.tokenize(text)

# 打印分词结果
print("分词结果：", tokens)
```

输出：　　分词结果：['这','是','一','个','关','于','自','然','语','言','处','理','的','例','子','。']

在使用BERT 等基于Transformer 的预训练语言模型时，模型自带的分词器会将输入文本分割成一系列的单词（词元、token）。对于中文文本，由于不存在显式的空格作为单词分隔符，分词器会根据内置的词典和算法将文本分割成有意义的单词序列。

在本示例中，分词器将"这是一个关于自然语言处理的例子。"分割成了['这','是','一','个','关','于','自','然','语','言','处','理','的','例','子','。']，这符合中文分词的一般规律，每个字都被视为一个独立的单词（在中文处理中，这种处理方式很常见，尤其是在基于字符级别的模型中）。当然，也有一些分词器会尝试将多个字符组合成更有意义的词汇，但这取决于分词器的具体实现和训练数据。

如果希望分词器能够分割出类似"一个""自然语言处理"等类似词组这样的组合，那么可能需要选择一个更侧重于词汇级别（而不是字符级别）的分词器。BERT 等模型的默认分词器通常是基于字符或子词的，因此它们更倾向于将文本分割成单个字符或较短的子词序列。

4.6.4　中文文字处理的前沿探索

（1）技术前沿

中文文字处理领域正以前所未有的速度发展，不断探索技术、应用与未来的全新边界。在这个充满活力的研究领域中，研究者们正集中精力对基于Transformer 的模型进行优化与创新。他们通过精心设计预训练任务、灵活调整模型结构以及巧妙引入外部知识等手段，力求在中文理解、生成等核心任务上实现性能的显著提升。与此同时，轻量级与高效模型的开发也日益受到重视，以顺应边缘计算和移动设备日益普及的大趋势。研究者们正积极运用模型压缩、剪枝、量化等先进技术，致力于打造更为简洁且高效的模型结构，确保在资源受限的环境下仍能保持卓越的准确性。

此外，多模态融合与跨模态理解已成为中文文字处理领域的又一重要前沿。随着技术的不断进步，中文文字处理已不再局限于单一的文本模态，而是越来越多地与图像、语音等其他模态进行深度融合。这种创新的多模态融合技术，不仅有助于模型更深入地理解复杂场景中的信息，还能实现更为全面的语义理解，从而广泛应用于情感分析、事件检测等多个重要领域。

(2) 应用前沿

在低资源语言与方言处理方面，正逐渐涌现出大量的研究热点。中文文字处理的研究范围已不再局限于标准汉语，而是开始广泛涉及低资源语言、方言以及少数民族语言的处理。研究者们正积极探索如何运用迁移学习、无监督学习等先进技术，来有效处理这些语言，以推动中文文字处理的全面性和包容性。他们的努力不仅有助于缩小语言之间的数字鸿沟，还能促进多元文化的交流与融合。

此外，跨领域与跨任务泛化也是当前中文文字处理领域的重要研究方向。研究者们正致力于开发能够捕捉更通用语言特征的模型，而不仅仅是针对特定任务或领域的特征。这种泛化能力的提升，将有助于模型在更广泛的场景和任务中发挥出色的性能，从而推动中文文字处理技术的广泛应用与持续发展。

4.7　大语言模型的蜕变：技术演进与前瞻展望

随着人工智能技术的迅猛进步，大语言模型作为该领域的杰出代表，正经历着一场前所未有的变革。从早期的简单模型，到如今功能复杂且高度智能化的系统，大模型的技术演进不仅极大地推动了人工智能领域的发展，也为人类社会的进步带来了深远的影响。

在这场变革中，模型的提示控制技术扮演了至关重要的角色，它使得大语言模型能够更精确地理解和响应人类的指令，实现了更加高效和精准的交互。中国在大语言模型的提示控制技术方面取得了显著成就，通过不断优化提示机制，使模型能够更准确地理解复杂指令，从而提高了交互效率和用户体验。在处理多样化任务时，这些模型展现出了更高的灵活性和适应性。

同时，指令优化器的发展和应用也是大模型变革的重要一环。通过对指令的深入分析和优化，大语言模型能够更好地理解人类的意图和需求，进而提供更加个性化和智能化的服务。中国的研究者致力于指令优化器的研发与应用，通过分析和学习大量指令数据，提升了模型对指令意图的捕捉能力。这使得大语言模型在特定场景下能够提供更加精准和个性化的服务。

此外，基于人类反馈的强化学习算法也为大模型的进步提供了有力支持。这一算法使模型能够在与人类交互的过程中不断学习和进步。中国的大语言模型借鉴了国际先进经验，将这一算法融入模型训练中。通过收集用户反馈并不断优化模型参数，中国的大语言模型在语言理解、生成及交互方面取得了显著进步，逐步缩小了与国际顶尖模型的差距。

ChatGPT 作为大语言模型变革的杰出代表，更是展现了人机交互的新前景。它不仅具备了强大的语言理解和生成能力，还能够与人类进行自然流畅的对话和交流，为人们的生活和工作带来了极大的便利。

未来，大语言模型的变革仍将继续。它将不断推动人工智能技术的创新和发展，为我们的生活和工作带来更多惊喜和便利。中国大语言模型在技术演进与前瞻展望中展现出了强劲的发展势头和广阔的应用前景。随着政策支持、技术创新、产业生态构建等多方面的努力推进，中国大语言模型必将在全球人工智能领域发挥更加重要的作用。

4.7.1　模型的提示控制技术

有人说"第三次人工智能热潮已经过去"，然而从2022年下半年开始，各种划时代的人工智能技术不断涌现。随着大规模语言模型的发展，提示工程等"黑科技"应运而生。这些技术不仅是实现人工智能大众化的关键技术，更是推动世界级科技革命的可能性和驱动力之一。

尽管以深度学习为核心的第三次人工智能热潮似乎逐渐冷却，但以GAFAM **11** 为代表的科技巨头们仍在积极投资人工智能。近年来，生成技术和自然语言处理技术迅猛发展，到2022年，这些技术成果已经全面开花，展现出强大的应用潜力和广泛的影响力 **12** 。

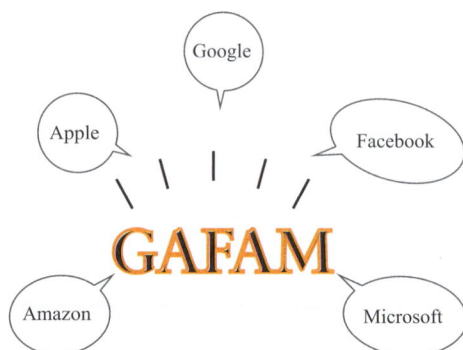

11 GAFAM 等公司在全球科技产业中占据重要地位，推动了许多技术创新和行业变革，对全球经济和社会产生了深远影响

12 图像生成模型展现了从文字创作图像的巨大潜力，也为日后的各类语言生成模型的发展和应用奠定了基础，也扩大了更广泛的用户使用基础

第三次人工智能热潮从某种程度上已经越过了"幻灭期"，进入了更加稳定的发展阶段，并且正迈向一个新的阶段。

从大语言模型的进化视角来看，OpenAI 最初发布的GPT-3 模型引发了全球范围内一系列人工智能的开发竞争。这一竞争状态一直持续着，人工智能的"语言生成模型"也在不断壮大。

其中令人瞩目的是，最初GPT-3 开发了拥有4900 亿令牌的学习数据以及包含1750 亿参数的大规模语言模型。2022 年，微软和英伟达宣布共同开发了Megatron-Turing NLG，其中包含5300 亿参数。Google 开发了超过1MB 参数的GLaM。非母语的大语言模型虽然可以直接应用于其他语言，但是各个国家都在开发面向本国语言的语言模型。在中国，超过Google 的拥有1.75 万亿参数的"悟道2.0"于2021 年发布，是北京市智源人工智能研究院开发的一个大型人工智能模型。

随着AI 模型的规模不断扩大，过去需要用复杂的微调来解决的问题，现在只需给模型一点"灵感"，它就能自动完成。就像给厨师说"做个中秋月饼"，然后他就能在没有菜谱的情况下做出一个完美的中秋月饼[13]。

在使用提示生成文本来解决任务时，提示的质量至关重要。提示的质量就类似我们给厨师提供的菜单。如果你想让模型帮你做个美食查询，就得给它一个明确的提示，然后坐等它把下半段"菜谱"完成。

让我们从一个简单的例子开始。比如，如果你想让模型帮你查找信息，你可以提供一个提示文本，然后期待它生成接下来的答案。举个例子：

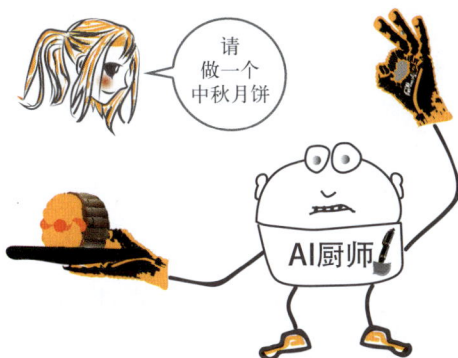

[13] 将提示比作给厨师提供的菜单，用形象的方式解释了通过提示控制语言模型的原理，强调提示的重要性，以及通过明确提示控制语言模型输出的必要性

广东的省会是 → 广州

这里，箭头左侧是提示，而右侧是期望的输出。只要给模型一个提示，它就可以生成对应的答案[14]。

现在我们看另一个例子：从汉语翻译成英语。你可以告诉模型这个任务，并给它一些提示：

见到你很高兴翻译成英语就是 → nice to meet you

或者你也可以用另一种方式来提示模型，比如明确指示，请翻译下面的句子：

早上好 → good morning

通过这种方式，你可以给模型一个明确的任务，它会返回你想要的结果。

[14] 这种形式在人工智能领域中常用于训练和评估模型。箭头左侧是提示，即输入，右侧是期望的输出，表示模型应该从给定的提示中生成对应的答案

接下来，我们再看看提取型问答的例子，这种情况下需要从给定的段落中抽出答案[15]。

假设你有一个段落和一个问题，你可以把它们一起输入模型，然后期望它输出答案。比如：

中国是一个地大物博、富饶的国家，领土由不同的行政区域组成。中国一共有 23 个省、5 个自治区、4 个直辖市和 2 个特别行政区。

问题：中国有多少个省？
答案 → 23 个省

[15] 允许语言模型从给定的信息中提取特定的细节或事实答案，提示文本的结构包括明确的问题 - 答案关系，展示了通过提示进行提取型问答的有效方法

前面介绍的可以通过文本向人工智能发出指令并获取结果的方法被称为"提示工程"。提示工程通过文本提示来引导人工智能进行思考和生成更符合目的的答案。这种人机交互方式在未来的人工智能应用中将变得越来越重要。

尽管目前提示工程主要用于文章生成和图像生成等领域，但随着技术的发展，用语言提示计算机执行任务将成为未来的常态。2024年初，OpenAI 发布的Sora模型就展示了这一趋势的重要性，它可以通过文本提示生成视频。Sora 的目标是让人工智能理解各种真实的运动情景16。例如，在医疗领域，AI 模拟人体器官的运动和反应，帮助医生更好地理解疾病和制定治疗方案。这些方法可以为各个领域提供更智能、更精准的解决方案，改善我们的生活质量。我们引用OpenAI 官方的一句话："我们正在教导人工智能理解和模拟运动中的物理世界，目标是训练能够帮助人们解决需要真实世界互动的问题的模型。"

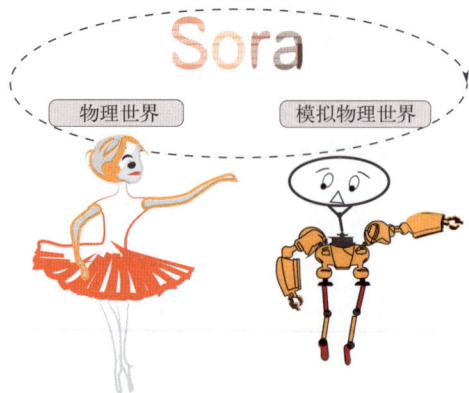

16 Sora 致力于教导人工智能理解和模拟运动中的物理世界，旨在训练出能够帮助人们解决需要真实世界互动的问题的模型

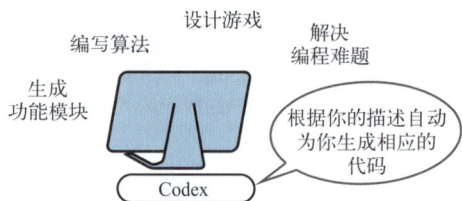

17 Codex 作为一种智能编程伙伴，通过大规模学习编程知识和数据，能够根据用户的描述生成相应的代码，极大地提高了编程效率和降低了学习门槛

"提示"有时被人们视作一种"咒语"，但它有可能演变成"编程语言"，甚至成为"无代码工具"的进化状态。例如，GitHub Co-pilot 的定位是一种编程辅助工具，它可以根据你的提示生成代码。而 OpenAI 的 Codex 更进一步，只需简单指示你要写的代码，它就能帮你生成完整的程序17。Codex 的工作原理很神奇，它背后使用了大量的数据和机器学习技术。它通过学习成千上万行的现有代码和编程知识，掌握了编程的规则和模式，从而能够理解你的意图并生成合适的代码。这种趋势展示了人工智能在编程领域的潜力和影响力。随着技术的进步，我们有望看到更多的无代码或低代码工具出现，让更多的人能够参与到软件开发中来，加速创新和解决问题的过程。

专栏

提示工程助力人类思考

在2022年，Google发布的多模态PaLM模型中，为了提高模型的实用性和可解释性，他们在输入PaLM的例题回答示例中，加入了最终答案之前的解题方法。这样一来，PaLM就会输出包括解题方法在内的答案，使得生成的答案更具解释性和可理解性。

PaLM的示例题大意是这样的：有5个网球，买了2个网球罐，每个罐子里都有3个网球。那么现在一共有多少个网球？答案是11个。然而，PaLM在没有解题方法的情况下回答错误。但是，如果将解题方法也包含在示例中，PaLM就能够正确回答问题。如果说明了解题方法，PaLM就会根据人类的思考过程推导出答案。Google声称PaLM形成了"思维链 (CoT)"。

在传统的编程中，如果想让计算机进行某种思考，就必须用编程语言的格式整理并展示这个过程。而在提示工程中，AI能够在一定程度上理解人类的语言，因此人类只需要用自然语言描述问题并给出解决方法即可，无需记住编程语言。通过大规模语言模型和提示工程，人类与计算机的交往方式将发生巨大的变化。

使用提示符解决任务的有效方法之一是给出示例。将示例作为提示的一部分给出的方法与微调相同，都给出了关于任务的示例，但不同之处在于不更新模型参数。

语境内学习（in-context learning）是一种在预训练的大语言模型中观察到的现象。在这种模式下，模型通过少量的示例或提示，学会在给定语境中执行特定任务，而无需显式的微调或训练。

例如，一个从英语到汉语的翻译场景。这种情况下，提供一个示例的设定称为One-Shot Learning，提供多个示例的设定称为Few-Shot Learning，而完全不提供示例的设定则称为Zero-Shot Learning [18]。

在Zero-Shot Learning 中，模型不需要从训练数据中学习特定类别的示例。相反，模型通过理解与任务相关的特征、概念或描述性信息来作出决策。体现了模型的推理和概括能力，甚至在没有直接示例的情况下也能进行有效预测。

18 Zero-Shot Learning 不需要从训练数据中学习特定类别的示例，而是通过理解与任务相关的特征、概念或描述性信息来做出决策

19 One-Shot Learning 利用了元学习的理念，通过从不同任务中汲取经验，从而在面对新任务时无需大量数据或重复训练，达到快速学习的目的

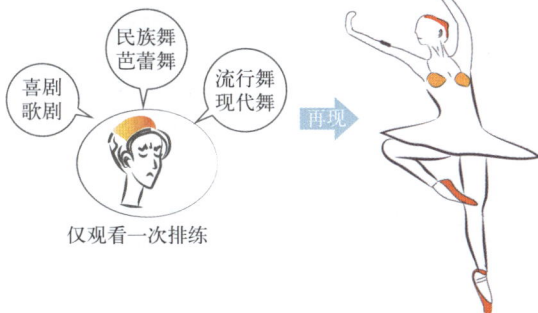

与之前的情况不同，One-Shot Learning 在仅有的一个示例的情况下进行学习和推理。与多样本学习方法不同，它的目标是在最少的训练数据下取得较高的准确性。对于需要快速学习的任务或数据获取困难的情境，这种方法非常有用。

许多 One-Shot Learning 的方法借助元学习的理念，通过从一系列任务中学习到如何学习。模型通常可以通过了解任务之间的相似性来从中获得启示。这里我们可能又遇到了一个新概念：元学习 [19]。简单一点来说，元学习就是如何构建模型，使其能够适应各种不同的任务，而无需为每个任务从头开始训练。这意味着它可以在变化的环境中更快地学习和调整。

想象一个能在各种舞台上表演的多才多艺演员（元学习）[20]，他能很快学会各种表演形式，不管是喜剧、戏剧、话剧还是音乐剧。而 One-Shot Learning 就是其中一个特别有挑战的场景，演员只需观看一次排练，就能完整地再现表演。元学习提供了这种多样化的适应能力，而 One-Shot Learning 则是其中一个常见的应用场景。

20 元学习的核心在于适应性、灵活性和泛化能力，而 One-Shot Learning 是其中一个经典的应用场景

Few-Shot Learning 和微调都可以使用相关任务的示例来作为提示，但它们之间有一个关键的区别：微调会对模型进行重新训练并更新参数，而 Few-Shot Learning 不会。换句话说，Few-Shot Learning 在处理新任务时，会根据输入的多个提示示例来作出判断，就像在推理中不断学习一样[21]。这可以理解为一种在飞行中调整航线的方法，而不需要返回到起点重新设置导航。

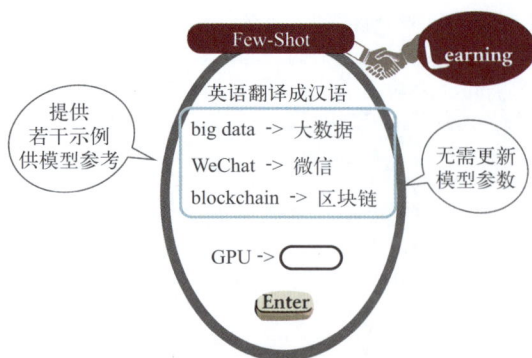

21 Few-Shot Learning 是一种基于上下文进行推理的学习方法，能够在不改变模型内部结构的情况下，根据提供的示例和提示来推断出正确的结果

大规模语言模型在处理需要多阶段推论的任务时往往面临挑战。为了克服这一难题，可以将推论过程分解为两个或多个阶段进行。当面对需要多步骤推论的问题时，模型可以通过生成包含逐步推理过程的输出文本来回答问题，这种方法被称为思维链技术。

首先，来简明阐述一下思维链推理（chain-of-thought，CoT）的概念。CoT 推理旨在促使计算机模拟人类的思考过程。人类思维的运作方式，是能够将各类想法与信息相互联结，形成一连串的思维链条。譬如，观察到一颗苹果时，人们会联想到水果、红润、解渴等相关概念[22]。相应地，思维链推理技术即是让计算机也能够通过关联不同的概念，进行推理与理解。

至于致力于开发计算机模拟人类思维的技术的原因，在于这能显著提升计算机对语言的理解深度，使其能够更准确地满足用户需求，从而实现更为自然流畅的人机交互。

22 通过苹果主题联想、分类归属、细化深化和多层次信息，构建了一个关于苹果的完整知识链，这正是生活中思维链思想的体现

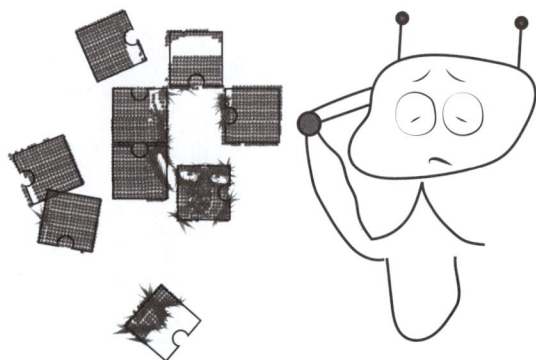

23 拼图与思维链推理在本质上均蕴含了组合与整合的要素，二者都强调逻辑性与系统性的重要性。在处理复杂问题时，它们都需要一种能够结构化分析的方法，以便将零散的信息按照某种内在的逻辑关系组织起来，形成有条理的整体

思维链推理的实现，背后依托的是一系列复杂的算法与模型。其核心机制在于训练计算机将不同的信息相互关联，构建出一条条逻辑连贯的思维链。这一过程类似于拼接拼图，将零散的信息片段整合起来，最终形成一个完整的认知图像[23]。

然而，与人类的学习过程相似，计算机也需要通过大量的数据训练和长时间的积累经验，才能不断提升其智能水平。因此，要充分发挥思维链推理技术的潜力，必须依赖海量的数据资源和长时间的训练过程。

上面介绍了 CoT 推理的概念。如果 AI 比喻为侦探，那 CoT 推理就是 AI 的放大镜和推理帽。在这个世界里，AI 不仅要懂得快速回答问题，还要有能力慢慢思考，把线索一个接一个地串起来，然后给出结论。

进一步思考一个例子："今天晚饭吃什么？"一般的 AI 可能会说："吃蛋糕！"但 CoT AI 会先问几个问题，比如："你喜欢吃什么？""你家附近有哪些餐馆？""你最近是否想尝试新的菜式？"然后它可能会推荐一家新的餐厅，并告诉你他们的特色菜。这种过程就像在解谜，AI 需要从简单的问题开始，经过多重思考，找到最合适的答案[24]。CoT 的好处在于，它让 AI 看起来更聪明。AI 不再是个简单的回答机器，而是一个有逻辑、有思考能力的"智能体"。就像你问 AI："请给我解释一下什么是量子力学。"普通 AI 可能会给你一堆复杂的术语和公式，但 CoT AI 可能会先从简单的概念入手，比如"量子力学是研究亚原子粒子运动的科学"，然后一步步深入，最终给你一个通俗易懂的解释。

先生，需要白葡萄酒or红葡萄酒？

[24] CoT 推理为 AI 赋予了更强大的思考和逻辑能力，使其能够更好地解决复杂问题，与用户进行深入交流，并提供更加个性化和可信赖的服务

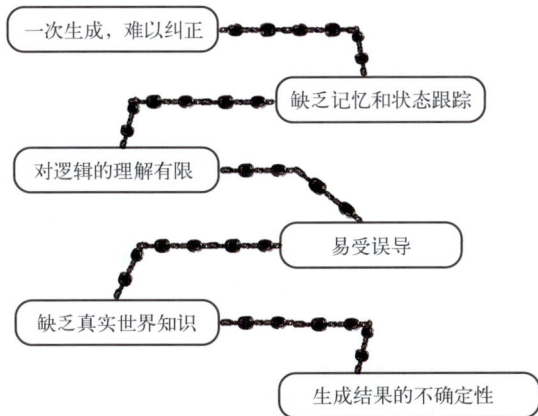

- 一次生成，难以纠正
- 缺乏记忆和状态跟踪
- 对逻辑的理解有限
- 易受误导
- 缺乏真实世界知识
- 生成结果的不确定性

[25] CoT 可以通过显式思维链的方法，帮助大语言模型解决多步骤推理的挑战，有效地应对大语言模型在多步骤推理中的常见问题

起初，大语言模型虽然在自然语言处理等方面表现出色，但在需要多阶段推论的多步骤推论（multi-step reasoning）任务中，通常存在一些挑战。尤其涉及复杂逻辑和多阶段推理的任务中，大语言模型可能需要进一步的优化和改进。此时，我们如果使用 CoT 推理就可以改善其性能[25]。

更妙的是，这个过程并不需要人类从旁指导，而是通过给模型提示，让它自己想出整个推理的步骤。然后，模型根据提示一步步计算，最终得出答案。这种方法不仅帮我们更清楚地看到计算过程，还能提高模型处理多步推理的能力。

以下是一个具体的场景，我们将从这个微观视角来深入解读 CoT 的含义与应用。

有一个电商仓库，里面有 300 台笔记本电脑。现在，我们要解决一个简单的问题：如果这个月卖出了 160 台，并且又新进了 60 台，那么仓库里最后还剩下多少台笔记本电脑呢？

为了找到答案，我们可以分两步进行推理：

① 首先，从最初的 300 台中减去卖出的 160 台，计算得出剩下 140 台。
② 然后，将这 140 台加上新进的 60 台，得出最终结果是 200 台。

这就是一个完整的思维链过程。它让我们能够清晰地看到每一步的推理和计算。

然而，在某些情况下，比如使用 Few-Shot Learning 进行生成类任务时，模型可能只会直接给出最终答案，而没有展示中间的推理过程[26]。这就是为什么我们需要关注和理解 CoT 的重要性，它能帮助我们更全面地了解模型的思考方式和推理过程。

Few-Shot Learning

有 300 台笔记本电脑。现在，我们要解决一个问题：本月卖出了 160 台，又进了 60 台，那么仓库里还剩多少台笔记本电脑？

没有推理过程

答案：200 台电脑

[26] few-shot learning 是用少量示例的情况下学习或完成任务，并不关注是否显示推理过程。在 Few-Shot Learning 中，模型通过观察少数示例来理解如何完成某项任务，然后应用所学知识解决类似问题，注重结果而非过程

通过 CoT（思维链）推理来完成这个任务时，模型会遵循两个明确的步骤来得出最终答案：

① 首先，它从初始数量中减去卖出去的数量，得到剩余的初步计算结果。
② 然后，它再加上新进货的数量，从而得到最终的结果。

这个推理过程是清晰可见的，它不仅提供了答案，还明确描述了每一步的推理过程[27]。

实际上，这种展示问题解决步骤的方法为模型提供了很好的示例，类似于 Few-Shot Learning 的概念。在 Few-Shot Learning 中，模型通过阅读少量的示例就能学习并理解如何解决问题。通过这种示例驱动的方式，模型能够从已有的示例中提取出解决问题的模式，并将这些模式应用到类似的任务上。

这样一来，模型就能更有效地应对复杂的多步问题。也就是说，模型不仅会给出答案，还会详细解释它是怎么得出这个答案的，使得整个推理过程变得一目了然。

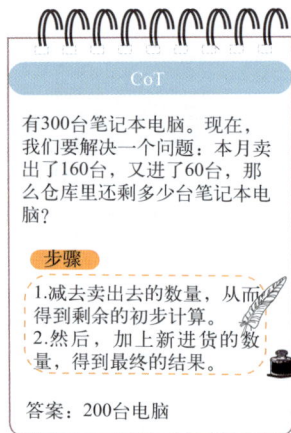

CoT

有 300 台笔记本电脑。现在，我们要解决一个问题：本月卖出了 160 台，又进了 60 台，那么仓库里还剩多少台笔记本电脑？

步骤

1. 减去卖出去的数量，从而得到剩余的初步计算。
2. 然后，加上新进货的数量，得到最终的结果。

答案：200 台电脑

[27] CoT 推理是一种技巧，通过详细展示思考过程来帮助模型解决多步问题。这可以与 Few-Shot Learning 结合，用少量示例来展示推理过程，帮助模型学习如何解决类似问题。最终，模型既能得出正确答案，又能详细展示过程

最后，让我们具体看一个关于 Zero-Shot Learning 和 CoT 相结合的案例。

故事场景是关于一个聪明上进的小女孩在校园里遇到困难。她的同学们都很受欢迎，而她却经常被排挤。她决定在学校活动中展示自己的舞蹈天赋，结果赢得了大家的关注。问题是，是什么激励了小女孩在学校活动中展示舞蹈技能[28]?

Cot 推理过程：

① 被排挤：故事提到小女孩经常被排挤，这可能给她带来负面的情绪和压力。
② 寻找认可：由于被排挤，她可能渴望获得同学们的认可和接受。
③ 展示技能：展示舞蹈技能是一个能吸引注意力的机会，可能是获得认可的一种方式。
④ 赢得关注：最终，展示舞蹈成功赢得了大家的关注，这表明她的动机是为了获得同学们的认同。

答案（模型输出）：

小女孩展示舞蹈技能的动机可能是因为她想获得同学们的认可和接受，作为应对被排挤的方式。

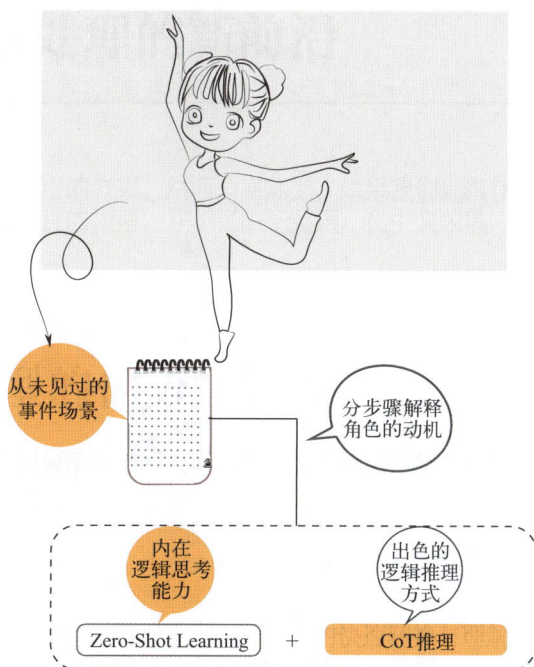

28 此案例凸显了链式思维（CoT）推理在解析复杂问题时的有效性，展现了其在解构问题、增强逻辑连贯性及处理情感因素方面的优势。借助逐步推理的过程，能够更透彻地洞察问题的整体结构，进而确定最为合理的解决方案

4.7.2　对准技术的重要性

大语言模型作为AI领域的一项重要技术，其训练基础在于预测大规模语料库中紧随其后的词语。然而，这些模型所生成的预测结果并不总是与人类社会的期望行为相契合。为了促使这些模型的行为更加贴近人类和社会的理想状态，我们需对其进行相应的调整，这一过程被形象地称为"对准"。在探讨大语言模型开发的学术文献中，有三个核心标准被明确提出，以确保这些模型在表现上既具有实用性（helpful）、诚实性（honest），同时又具有无害性（harmless）。简而言之，对准的目标是打造这样一类模型：它们既能为用户提供实质性的帮助，又能坚持实事求是，更不会给用户带来任何形式的伤害。

（1）实用性

实用性意味着模型须具备为用户提供实际帮助、解决问题或提供有价值信息的能力。一个优秀的大规模语言模型，应当能够根据用户的输入，给出精确、相关且富有建设性的回答或建议。例如，当用户在规划旅行时向模型咨询某个目的地的最佳旅游季节，模型应能依托其庞大的训练数据和分析能力，给出一个既准确又实用的建议，如："春季是游览该地的最佳时节，因为此时天气宜人且景点游客相对较少。"这样的回答不仅基于可靠数据，还能为用户提供切实的帮助和指导。

（2）诚实性

诚实性要求模型在提供信息或回答问题时，必须坚守真实、准确的原则，不得撒谎或误导用户。模型应基于其训练数据和算法，给出真实可信的回答，而非编造信息或提供不实建议。例如，当用户询问某种药物是否能治愈癌症时，即使模型在某些情况下无法给出明确答案，也不应直接谎称"该药物能治愈所有类型的癌症"。相反，模型应诚实地承认信息的不确定性或缺乏，如回答："目前的数据尚不足以证明该药物能治愈所有类型的癌症，还需进一步的研究和临床试验来验证其疗效。"这样的回答充分体现了诚实这一标准的重要性，即模型不会为了迎合用户而提供不准确或误导性的信息。

（3）无害性

无害性是指模型在生成文本或给出建议时，必须确保不会对用户造成心理、社会或身体上的伤害。这意味着模型应避免生成冒犯、歧视、暴力或有害的内容。例如，当模型在创作对话或故事时，应确保其中不包含任何仇恨言论、种族歧视或性别歧视。如模型在编造一个关于工作的故事时，就不能在其中贬低特定性别或种族的角色。确保模型生成的内容对所有用户都是安全和尊重的，这是实现无害性标准的关键所在。

在处理主观意见方面，大语言模型面临一项重大挑战，即模型在预训练阶段及后续对齐数据集学习过程中，会不可避免地"吸纳"其中蕴含的意见倾向。此过程可能导致模型对具备特定属性的群体产生倾向性意见。举例来说，若预训练语料库中充斥着对某一群体的刻板印象或偏见，模型在文本生成或回答问题时，或许会无意识地映射出此类偏见。当这种偏见渗透至社会问题的广泛讨论中，其影响将不容小觑，因为模型所输出的文本或建议可能左右人们的决策与认知，从而加剧社会不公与歧视现象。因此，必须高度重视并积极采取措施，以减轻模型中的意见倾向性，确保它们能以更为公正、准确的姿态服务于社会。

4.7.3　指令微调

指令微调（instruction tuning），作为微调技术的一个分支，其核心目标在于训练模型理解和执行用户在不同任务中给出的具体指令，从而生成符合预期的输出。与传统微调专注于特定任务解决方案不同，指令微调增强了模型的泛化能力，使其能够灵活应对未见过的任务。这一技术实际上是对大型语言模型进行精细调整，以满足更具体的需求。

在实践中，指令微调通过构建一个包含明确指令和对应理想输出结果的数据集来实现。这一过程模拟了向模型发布任务指令的情境，引导其根据指令预测并生成文本。虽然这种方法与预训练阶段的提示引导有相似之处，但它更强调模型对指令的精确理解和执行，以确保输出结果的准确性和贴切性。

指令微调可以被视为为模型量身定制的"训练方案"。通过这一方案，模型能够更准确地捕捉并响应指令中的意图，从而生成更符合期望的文本输出。

在实施指令微调时，有效利用现有数据集是一项关键策略。这意味着可以将已有的标注数据集转换为包含明确指令和期望输出的格式，用于模型的微调。以问答数据集为例，可以将问题重新构造成指令形式，如"请回答以下问题：…"，并将答案作为理想的输出。这种方法无需额外的标注成本，就能充分利用现有资源，提升模型性能。

尽管再利用现有数据集是一种高效策略，但在特定任务或专业领域场景下，构建全新的指令数据集往往是必要的。这通常需要人工精心设计指令及其对应的理想输出结果。以诗歌生成为例，如果希望模型能创作出特定风格的诗篇，可以发出如"创作一首描绘春天的五言诗"这样的指令，并配以符合该风格要求的诗歌作为训练样本。通过这种方式，可以为模型提供高度针对性的训练材料，帮助其更精确地适应并完成特定任务。

在探讨指令微调时，有必要澄清它与另外两个易混淆的技术——普通微调与提示工程的区别，以便更准确地理解和应用这些技术。

- 首先，普通微调是一种让预训练模型适应特定任务的技术。它通常涉及在预训练模型的基础上，使用特定任务的数据集进行进一步训练。这种微调的目标是调整模型的参数，使其能够更好地解决该特定任务。比如，如果我们有一个预训练的图像识别模型，我们可以通过微调使其更擅长识别某种特定的物体。普通微调侧重于任务本身的优化，而不特别强调对指令的理解和执行。
- 其次，指令微调则是一种更为精细的微调技术。它不仅关注模型在特定任务上的表现，还着重于训练模型理解和执行用户给出的具体指令。通过指令微调，模型能够学会根据用户的指示生成期望的输出，即使这些指示涉及的任务在训练数据中并未明确包含。这种技术使得模型具有更强的灵活性和泛化能力，能够更好地满足用户的多样化需求。
- 最后，提示工程则是一种利用精心设计的提示来引导模型生成特定输出的方法。这些提示通常是简短而精炼的，旨在激发模型产生符合预期的响应。提示工程并不直接涉及模型的训练过程，而是通过巧妙地构造提示来优化模型的输出。比如，在文本生成任务中，我们可以通过调整提示的措辞和结构，来引导模型生成更加流畅和连贯的文本。

综上所述，普通微调、指令微调和提示工程虽然都是优化模型性能的方法，但它们各有侧重。普通微调注重任务本身的优化；指令微调则强调模型对指令的理解和执行；而提示工程则通过精心设计提示来优化模型的输出。在实际应用中，我们可以根据具体需求和场景选择合适的技术来优化模型的性能。下面诠释了三者的区别[29]。

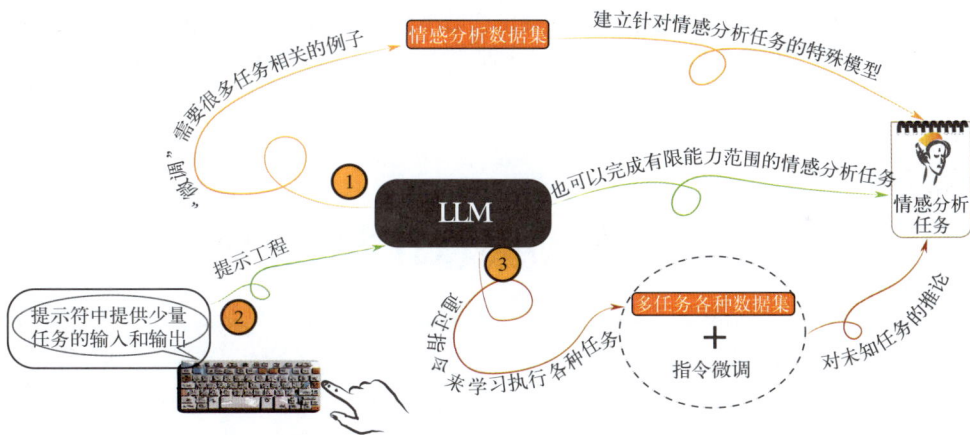

29 图中通过三条并行的任务路径，清晰地展示了普通微调、提示工程以及指令微调三者之间的区别与相互联系

在图示的第三条路径中，我们见证了指令微调（instruction tuning）的强大能力，它使LLM学会了如何对用户给出的各类指令进行高效且准确的处理。这一过程不仅体现了LLM对指令深层含义的理解力，还展示了其根据指令灵活调整自身行为，以完成特定任务的能力。通过指令微调，LLM仿佛被赋予了一把"万能钥匙"，能够解锁并妥善处理各种复杂多样的用户指令，无论是生成特定风格的文本、解答专业领域的问题，还是执行其他创新性的任务，都能游刃有余地应对，从而极大地拓展了LLM的应用范围和实用价值。

在实际应用场景中，指令微调技术虽展现出巨大潜力，但仍面临若干显著挑战，其中尤为突出的是构建大规模、高质量数据集的难度。这一过程不仅要求大量时间与精力的投入，以确保每条指令与其理想输出均精确无误，而且难以确保数据集具备足够的多样性和广泛覆盖性，这直接限制了模型在微调后全面理解和执行各类指令的能力。

此外，指令微调的传统做法往往局限于静态的指令‐输出对训练模式。这种模式下，模型无法获得基于其实际输出的即时反馈与动态调整，意味着一旦模型在生成过程中产生错误或偏离预期，这些宝贵的错误信息便无法被直接用于模型的进一步优化，从而制约了模型在微调进程中的自我修正与持续进步能力。因此，探索更为高效、动态的数据构建与反馈机制，成为推动指令微调技术迈向更高层次的关键。

智能客服系统是指令微调技术应用的典范，其在开发过程中深度依赖此技术以增强系统对用户指令的理解与执行能力。该技术通过有监督的方式，对预训练的大规模语言模型进行精细化调整，使其更贴合客服领域的特定任务需求。为此，可以充分利用现有的产品问答数据集，将其转化为指令‐输出对格式，其中指令模拟用户查询，输出则对应产品信息，以此为模型提供精准的训练素材，强化其对用户产品信息查询指令的理解与响应能力。

然而，必须清醒地认识到，仅仅依靠现有数据集难以充分应对用户查询的多样性和复杂性。因此，针对特定场景或复杂查询，已经精心构建了新的指令数据集。这些数据集包含了更具挑战性和代表性的用户指令，以及相应的产品信息输出，旨在进一步提升模型的泛化能力和对指令的遵从性。

在指令微调过程中，通常会面临两大核心挑战：

- 首先，数据集规模和质量的限制可能导致模型在处理某些指令时表现不佳。为了应对这一挑战，正在不断扩大数据集规模，并采用数据清洗与增强技术来提高数据质量，确保模型能够获得充分且准确的训练。
- 其次，由于无法对模型输出进行实时反馈，可能难以及时发现和纠正模型在处理指令时的问题。为了解决这一难题，正在积极研究引入用户反馈循环机制。通过在实际运行中收集用户反馈，并将其融入模型训练过程，从而不断提升模型性能和用户满意度。

4.7.4　ChatGPT 与 RLHF

ChatGPT，这款对话式人工智能工具，于2022年11月惊艳亮相，迅速以其对各种话题的精准回应能力成为公众热议的焦点。用户只需在聊天界面上，以英语、中文等自然语言轻松提问，ChatGPT即能给出详尽而准确的回答。

例如，当用户以中文询问"ChatGPT是什么？"时，它会简洁明了地回答："ChatGPT是一个专为执行自然语言生成任务而设计的转换模型。"这样的回答既直接又易懂。

更为令人瞩目的是，ChatGPT还具备以问答形式敏锐指出程序源代码中潜在漏洞的能力。用户只需复制粘贴源代码，并提出如"这段代码无法运行，应如何修改？"的问题，ChatGPT便能迅速理解意图，准确找出问题所在，并提供相应的解决方案。

此外，ChatGPT还具备自动审核并识别不符合伦理道德内容的能力，如种族歧视等。当用户提出的问题或要求包含不当或有害信息时，ChatGPT能够果断拒绝回答，或直接指出提问前提存在问题，从而不予回应。这一设计确保了ChatGPT在提供信息和服务的同时，也积极维护了一个健康、正面的交流环境。

OpenAI公司，一家专注于人工智能研究的非营利组织，自2015年成立以来，一直致力于推动AI领域的发展。2019年，该组织成立了企业"OpenAI LP"，并获得了众多组织的资金支持，以进一步促进其研究与发展工作。ChatGPT是OpenAI在2022年成功训练出的模型，它基于先进的GPT-3.5架构。

GPT-3.5 是一个包含超过1000 亿参数的大型语言模型，采用自监督学习方法来构建和丰富自身的知识体系。该模型的一个显著优势在于能够生成极为自然的文章，其文笔流畅，仿佛出自能人之手，令人印象深刻。

ChatGPT 因为其简单易用的特性，迅速在全球范围内传播开来。要使用ChatGPT，人们只需要在文本框中输入你想要的信息，然后点击左上角的"新聊天"按钮，就可以开始一个新的对话了。在"新聊天"的下方，你会看到之前所有的对话记录，这样你就可以轻松地查看和回复之前的对话内容了[30]。总的来说，ChatGPT 的使用方法非常直观简单，让人一上手就能快速掌握。

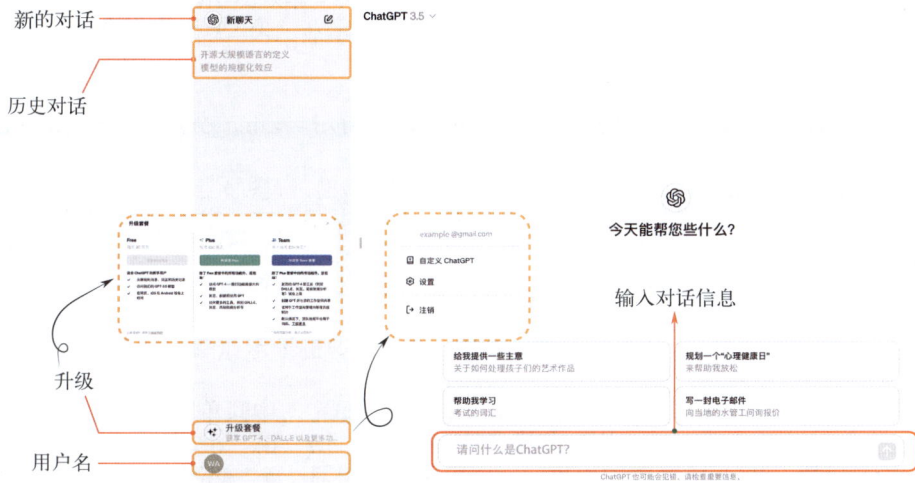

30 **ChatGPT 的基本页面及使用说明描述**

GPT-3.5 通过采用RLHF（基于人类反馈的强化学习）方法，实现了精度的显著提升。那么，何谓基于人类反馈的强化学习呢？简而言之，这一方法使模型在学习进程中持续接收人类的反馈，并据此调整自身行为，以生成更优质的回答。

在ChatGPT 的开发初期，人类人工智能训练师会模拟用户与AI 进行对话，从而积累丰富的学习数据。随后，人类会对模型输出的答案进行评估，判断其是否令人满意。对于不合适的答案，会对模型进行微调，以使其输出更为恰当的文章。

通过这种微调方式，ChatGPT 不仅能生成在法律和伦理上均无误的回答，还能在多数情况下给出准确信息。然而，目前仍存在一些不准确的回答，因此用户在接收信息时仍需自行核实其真实性。此外，为了进一步提升回答的伦理性和适当性，开发者们仍需不断努力对模型进行改进和优化。

GPT-4（generative pre-trained transformer 4）是OpenAI 在GPT 系列模型上的最新力作，它沿袭了GPT-3.x 的基本框架，但在规模和能力上实现了显著提升。作为大型多模态模型，GPT-4 能够接收图像和文本输入，并生成文本输出。在多种专业和学术基准测试中，它展现出与人类水平相当的性能，具备更高级的推理能力、更强的语言生成能力以及对长序列文本的处理能力。值得注意的是，自本书撰写之日起，大规模语言模型技术仍在不断发展和迭代中，GPT-4 及最新技术未纳入本书的探讨范围。

4.7.5　DeepSeek

2022 年前后，全球人工智能领域进入"大模型竞赛"的爆发期。以ChatGPT、PaLM 为代表的百亿参数级模型相继涌现，推动语言智能进入超大规模时代。然而，这类"巨无霸"模型暴露出三大共性困境：高达数千万美元的算力消耗形成技术准入门槛、语义理解能力遭遇边际效益递减的瓶颈、商业场景落地路径尚不清晰。正是在这样的技术困局中，中国科研团队启动了DeepSeek 项目，以"效率革命"为核心突破方向，致力于重构大模型研发范式。

DeepSeek 的研发蕴含着深刻的技术民主化理念。团队通过算法架构创新与训练策略优化，在确保模型智能水平的前提下，成功将训练成本降低至传统大模型的1/10。这一突破不仅打破了算力资源垄断的行业壁垒，更开创了AI 普惠发展的新路径——据测算，单个实验室使用常规GPU 集群即可完成千亿参数模型的训练，大幅降低了技术研发门槛。

2023 年，DeepSeek 大模型的发布标志着中文NLP 技术实现三大里程碑式突破：首创基于中文思维范式的逻辑推理框架，在斯坦福大学HAL 评测中推理准确率达92.7%；构建跨模态知识融合系统，实现文本、图像、代码等模态信息的深度语义关联；建立可解释性技术体系，使AI 决策过程可视化程度提升显著。这些创新不仅填补了中文大模型的技术代差，更被IEEE 评为"年度最具价值AI 架构"，为全球人工智能发展提供了开源范本。

技术创新突破

（1）架构设计的革新重组

DeepSeek 对架构设计进行了一场颠覆性的革新重组。它独创性地引入了一种名为"分形神经网络"的全新架构，彻底打破了传统Transformer 模型的层层堆叠模式。尤为值得一提的是，DeepSeek 融入了一项高度智能的机制，能够依据任务的复杂程度，灵活且自动地调配计算资源的使用量。在处理简单查询或问题时，它能够巧妙地"节能"，以较低的能耗完成任务，能耗降幅竟高达70%。而当面对复杂、需深入思考与推理的问题时，它则能迅速调整至最佳状态，全力以赴确保卓越表现。因此，DeepSeek 凭借其出色的节能性和高效性，成了一项极具颠覆性的创新技术。

（2）DeepSeek 训练范式的三大革新

① 知识蒸馏2.0：师生共成长
传统的知识蒸馏模式是老师教学生，但DeepSeek 的知识蒸馏2.0 则实现了师生共成长。在训练过程中，老师模型不仅传授学生模型知识，还会根据学生的进步动态调整教学方式，实现师生之间的动态交互。这种模式下，老师和学生模型都能不断进步，共同达到更佳的学习效果。

② 多模态预训练：四维空间的全息学习
DeepSeek 的多模态预训练如同在四维空间中进行全息学习。这个空间涵盖了文本、图像、视频以及3D 模型等多样化的信息。模型在这个四维空间中全面学习，能够更深入地理解世界，无论是文字、图片、视频还是3D 物体，都能游刃有余地应对。

③ 持续学习系统：记忆网络让知识不流失

传统的模型在学习新知识时往往会遗忘旧知识，但DeepSeek 的持续学习系统则通过记忆网络解决了这一问题。记忆网络如同大脑的记忆一样，能够存储模型学到的所有知识。这样，模型就能不断积累知识，越学越聪明，实现了知识的长期保留和持续积累。

应用未来与社会影响

（1）行业赋能全景图

在医疗领域，DeepSeek 已展现出卓越实力，实现放射影像报告自动生成准确率高达98.7%；在教育场景中，其个性化学习系统助力知识点掌握效率提升40%；金融行业则借助其反欺诈模型，成功拦截23种新型网络诈骗手段。更令人瞩目的是，在科学研究领域，DeepSeek 辅助材料学家发现了两种新型超导材料候选结构。

以医疗领域为例，当我们焦急地徘徊在医院门口，挂号无果时，AI 医疗如同一位温暖使者悄然而至。只需轻触手机屏幕，输入些许不适，DeepSeek 便能迅速生成一份详尽的电子病历，将健康信息梳理得井井有条。它犹如一位医学智者，对各种疾病症状了如指掌。然而，AI 虽妙，却尚难完全替代医生。医疗关乎生命与尊严，需要医生的临床智慧与对患者的细腻关怀。DeepSeek 虽聪慧，却难以触及患者心底的感受。但AI 在医疗领域的熠熠光辉不容忽视，它以初步的医疗建议缓解我们的焦虑，为健康之路点亮明灯。未来，当技术与人文交融，AI 与医生携手，将绘制出更加个性化、精准的医疗蓝图。

（2）技术奇点的催化剂

DeepSeek 带来的不仅是工具革新，更是认知革命。其多模态理解能力正在模糊数字世界与物理世界的边界，在机器人控制、元宇宙构建、量子计算编程等领域展现出惊人潜力。尤其在脑机接口方向，模型的语言生成模块已实现与神经信号的初步对接，预示着技术奇点的临近。

（3）通向通用人工智能之路

DeepSeek 研发团队公布的技术路线图揭示了其终极目标：打造"可进化的智能体"。未来版本的DeepSeek 将具备三大特征：

- 自我迭代的学习能力：DeepSeek 将如"学霸"般不断进步，自动从新数据和经验中学习，持续提升知识和技能。这种自我迭代能力意味着它将越来越聪明，更准确地理解用户需求，提供更优质服务。
- 跨模态的创造力表达：DeepSeek 将不再局限于单一输入和输出方式，而是能理解和处理来自不同模态的信息，如文本、图像、声音等。更重要的是，它能以富有创意的方式表达这些信息，生成新颖、有趣的内容。这将极大地拓展其应用场景，在艺术创作、教育辅导、娱乐互动等领域发挥更大作用。
- 价值对齐的伦理框架：DeepSeek 将坚守正确的价值观和行为准则，确保行为符合人类伦理、社会规范和期望。在医疗领域，它将尊重患者隐私，不泄露敏感信息；在艺术创作中，将避免抄袭和侵权，尊重原创者权益。这种价值对齐的伦理框架将确保DeepSeek 在为社会带来便利的同时，维护社会的公正和秩序。

站在技术革命的临界点，DeepSeek 不仅代表着中国在AI 领域的突破，更预示着一个全新的智能时代。当大模型开始理解隐喻背后的情感，当机器能够捕捉文字之外的弦外之音，人类正书写着文明史上的新篇章。这趟智能探索之旅，既是技术的远征，也是对人机共生未来的深刻思考。

第 5 章

大语言模型系统开发构建

在探索大语言模型系统的奇妙旅程中，第 5 章将引领读者深入剖析其开发与构建的精髓。从 Hugging Face 平台的基础应用，到中文基准测试的性能窥探，我们一步步揭开大语言模型的神秘面纱。情感分析模型的实现与微调，不仅让我们得以窥见情感的微妙世界，更教会我们如何精准捕捉情感的脉搏。在追求极致性能的道路上，硬件极限的微调策略与指令微调策略显得尤为重要，它们如同双翼，助力我们飞得更高、更远。最后，发挥硬件极限的微调策略更是点睛之笔，让模型更加贴近用户的真实需求。这一章，是技术与艺术的完美融合，让读者和作者一同领略大语言模型系统的无限魅力。

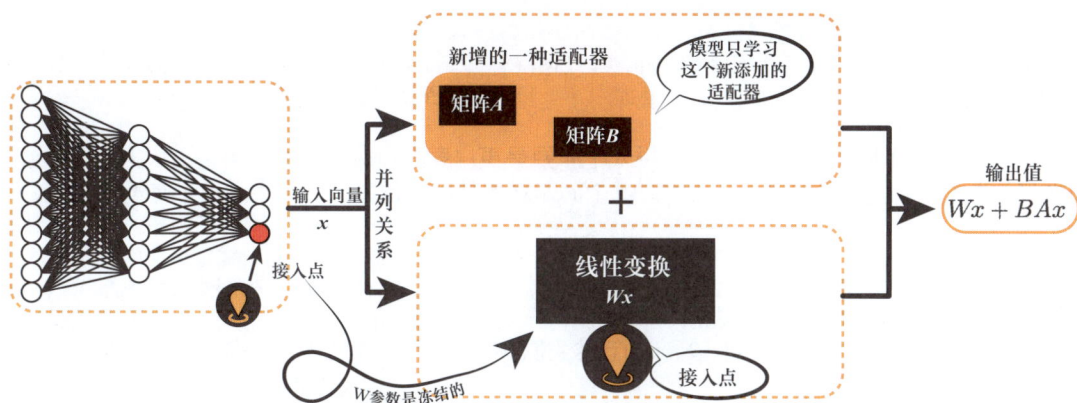

5.1　Hugging Face 基础：驾驭 Transformers

开源AI 模型在AI 研究与学习领域备受瞩目。尽管商业大语言模型如ChatGPT 在性能上表现卓越，但其封闭性却构成了显著限制，内部机制与内容均不对外公开，这对于AI 学习者而言，无疑增加了理解与应用的难度。

对于有志于自主开发AI 模型的学习者，开源模型提供了宝贵的资源。这些模型以公开、透明的方式呈现，如同构建模块的积木，便于学习者在此基础上进行创新与拓展，构成了最为高效便捷的学习途径。因此，开源模型的需求正持续增长。在众多开源平台中，Hugging Face 无疑是一个杰出的选择。

5.1.1　Hugging Face 介绍

Hugging Face 是一个专注于NLP 的开源平台，它不仅提供了丰富的模型资源，还为利用开源模型进行研究和学习的人们提供了各种便捷的软件和服务。以下是对Hugging Face 基本功能的介绍：

- Transformers 库：是对应于transformer 模型的开源库。
- Hub：公开开源模型和数据集的Hub 服务，用户可以在上面找到各种NLP，并轻松地将其集成到自己的项目中。
- Spaces：这是一个用于在浏览器上运行和共享Hub 发布的模型和数据集。
- Forum：所有合法的用户都可以使用的探讨LLM 问题的论坛。
- Course：提供关于AI 的学习课程。

从以上列表可以看出，Hugging Face 不仅分发模型，更重要的是分发了自己制作模型所需的数据集。不仅如此，平台还为学习者准备了论坛、学习课程等服务，让任何人都能进入AI 学习的世界。世界上开发了各种各样的开源AI 模型，其中大部分都是通过Hugging Face 公开的。

例如，谷歌在2024 年推出了一个全新的开源模型系列，命名为"Gemma"。这个模型系列相较于其他大语言模型，显得更为轻量，同时它保持免费可用并允许商用，为用户提供了极大的便利。谷歌发布了这个系列中包含两种不同权重规模的模型：Gemma 2B 和Gemma 7B。尽管它们的体量相对较小，但在关键基准测试中，Gemma 已经明显展现出了超越更大模型的卓越性能。

具体来说，Gemma 2B 是拥有20 亿（billion）参数的Gemma 模型版本，它适用于资源较为有限的环境，如笔记本电脑、桌面电脑或移动设备等。这个版本在保持高性能的同时，也注重了资源的节约。而Gemma 7B 则拥有更多的参数，达到了70 亿，这使得它在处理复杂任务时可能展现出更高的性能和准确性。尽管它同样适用于消费级GPU 和TPU 等硬件，但相较于2B 版本，它可能需要更多的计算资源来支持运行。为了满足不同用户的需求，Gemma 7B 也提供了基础版本和经过指令优化的版本。

总的来说，Gemma 系列模型以其出色的性能和灵活的应用场景，为用户提供了更多选择和可能性。无论是追求高性能还是资源节约，用户都能在这个系列中找到适合自己的模型版本。

Hugging Face 作为一个专注于NLP 的平台，开发了一个叫作"Transformers"的库。这个库里的模型都是基于Google 在2017 年提出的"Transformer"技术构建的。使用Hugging Face 的Transformers 库，人们可以很方便地应用这些模型。Transformer 模型近年来在NLP 领域取得了非常出色的成果，现在的很多LLM 都是基于Transformer 架构的。

不过，值得注意的是，尽管Hugging Face 提供了丰富的开源模型，但在机器学习的广阔世界里，除了Transformer 架构之外，还有很多其他重要的架构并未在Hugging Face 上公开。例如，循环神经网络（RNN）、卷积神经网络（CNN）以及它们的变体，在特定任务上可能仍然表现出色。因此，即使是开源的软件，也不一定能在Hugging Face 上找到所有类型的模型。这提醒我们，在选择模型时，除了考虑Hugging Face 上的资源，还应该关注其他来源的模型和架构。

5.1.2　访问模型的方式

访问Hugging Face 模型的方式主要包括两种：通过HTTPS 直接下载模型文件，或者使用Transformers 库。

（1）通过HTTPS 访问

通过HTTPS 协议直接从Hugging Face 的服务器下载模型文件。这些文件包含了模型的权重和配置文件，用户下载后可以在本地环境中加载并使用这些模型进行各种NLP 任务的处理。这种方式比较直接，适合需要本地部署模型的用户。但请注意，这种网络访问方式需要遵守当地的法律法规。

具体来说，通过HTTPS 访问模型包括curl（命令行工具）和request 这两种方法。但前提是网络没有限制。如果网络存在限制，比如防火墙、代理服务器、IP 地址封锁等，那么可能会阻止你访问特定的模型或API 接口。

例如，我们熟知的文心一言可以通过HTTP 请求（如使用request 的方式）来访问模型。文心一言作为百度自研的大语言模型，提供了API 接口供开发者调用。这些API 接口通常支持HTTP 请求，开发者可以通过发送HTTP 请求（如GET 或POST 请求）来与文心一言模型进行交互，实现文本生成、对话等功能。需要注意的是，随着文心一言的不断更新和发展，其API 接口和访问方式也可能会有所变化。因此，开发者在使用文心一言时，应该参考最新的API 文档和开发者指南，以确保能够正确地访问和使用模型。

（2）使用Transformers 库

Transformers 是Hugging Face 提供的一个强大的Python 库，它提供了丰富的API 来加载、使用和微调Hugging Face 上的预训练模型。用户只需几行代码就可以轻松地访问Hugging Face 模型库中的模型，并进行各种NLP 任务的处理，如文本分类、情感分析、问答等。这种方式更加便捷，适合快速开发和原型制作。在遵守当地法律法规的前提下，用户可以将这些模型加载到本地，然后非常方便地进行访问和使用。本书主要介绍的就是使用Transformers 库这种方式访问模型。

除了上述两种方法，用户还能够利用Hugging Face 提供的其他工具和平台来访问及运用模型，例如Hugging Face Hub 和datasets 库等。然而，总体而言，通过HTTPS 直接下载并使用Transformers 库是最为普遍且直接的方式，这种方式通常能够满足大多数用户的各类需求。

5.1.3 用 Transformers 访问模型

Hugging Face 的Transformers 库提供了API 和工具，方便下载和训练由Hugging Face 提供的预先训练模型。安装过程非常简单，只需在计算机终端执行pip install 命令即可安装transformers 库。

输入：
```
pip install transformers --q -U
或
!pip install transformers --q -U
```

在 IPython、Jupyter Notebook 或 JupyterLab 等这些交互式环境中 **01**，感叹号 (!) 用于执行系统命令。因此，!pip install transformers –q -U 实际上是在告诉这些环境执行一个系统命令来安装或更新 Transformers 包。

如果在一个标准的命令行终端中运行 !pip install transformers –q -U，它可能会因为无法识别感叹号而报错。同样，如果在 IPython、Jupyter Notebook 或 JupyterLab 之外的环境中运行 pip install transformers –q -U，它应该会正常工作，因为这是一个标准的 pip 命令。本书中统一不使用感叹号。

!pip install ......

执行系统命令

01 在不同的编程或交互式环境中，特定的前缀或符号可能有特殊的意义或用途。例如，在 IPython、Jupyter Notebook 或 JupyterLab 中，感叹号 (!) 用于执行系统命令

Transformers 库提供了一种极为便捷的工作流程——"pipeline"，该流程将Hugging Face 上公开的模型与各种任务处理巧妙地结合在一起，实现了自动化操作。简单来说，用户可以创建一个针对特定任务的pipeline，之后无需再关注该任务背后的复杂处理过程，即可直接获得所需结果。若之前通过大型语言模型（LLM）发送过提示词并获得响应，或许会感觉"执行任务"这一概念有些模糊，甚至疑惑："这不就是发送提示词然后等待回复吗？"

然而，AI 的研究历来都是针对各种具体任务来设计和使用模型的，如翻译、情感分析、分类、推理等，这些任务都会使用专门为它们优化的模型来处理各种输入。LLM 的出现，使得我们能够更便捷地集中处理这些多样化的任务。当然，在内部，这种"处理任务"的方式仍然发挥着作用。例如，发送"将××翻译成中文"的提示时，LLM 会对该文本进行解析，并执行翻译任务，最终返回中文的翻译结果。

总体而言，pipeline 是一种将各种任务和针对这些任务的模型相连接，并提供一个能够立即执行工作的机制。它不仅适用于过去制作的特定任务模型，如翻译和总结模型，也同样适用于现在的LLM。

（1）pipeline 的初始化

pipeline 的初始化非常简单，首先执行以下几行固定风格的代码。

输入：
```
from transformers import pipeline
demo = pipeline("text-generation")
```

在自变量中，可以通过文本指定想要创建的pipeline 任务，即采用"变量 = pipeline(任务)"的形式。这样一来，系统就会生成并执行指定任务的pipeline，具体来说，就是生成了为给定任务专门准备的pipeline 类的实例。我们可以利用pipeline 函数来创建最适合该任务的pipeline 实例。一旦直接调用pipeline 创建的实例，并传入相应的提示，它就会返回处理该提示后得到的结果。返回的响应与requests 等库的响应类似，是一个词典对象。只需从这个词典对象中取出所需的值进行利用即可。

在构建pipeline 的过程中，会观察到模型文件从Hugging Face 被下载并存储至本地。Transformers 库依赖这些本地模型文件来执行相关任务，这表明模型的运算是在本地设备上进行的。因此，模型的运行速度等性能会受到所用计算机硬件条件的制约。此外，需注意的是，部分模型可能需要GPU 和充足的内存资源才能顺利运行。

另一个关键因素在于，若因当地法律法规的约束而无法直接从Hugging Face 官方网站下载模型，则需通过其他合法渠道将模型获取并保存至本地。然而，在具备云访问权限的实验室或工作环境中，可以选择在云端运行模型，以减轻对本地硬盘和资源的占用。为增强实用性，本书主要采用基于本地模型的访问方式。读者需通过合法途径将所需模型下载至本地电脑。

下面，使用刚才生成的pipeline 对象来执行文本生成任务。任务的执行需要调用创建的pipeline 作为函数进行的。在自变量中指定提示符并执行的话，就会根据模型进行推论并输出结果。

输入：
```
# 加载模型
device = torch.device("cuda" if torch.cuda.is_available() else "cpu")
demo = pipeline("text-generation", model="models/ernie-2.0-base-chinese",device=device)

input_text = ""

# 使用 pipeline 生成文本
generated_text = demo(input_text, max_length=20, num_return_sequences=1)
# 打印生成的文本
print(generated_text)
```

在代码中，models/ernie-2.0-base-chinese 表示一个本地模型路径的示例。在实际应用中，读者应根据自己的实际情况，替换为正确的模型加载路径。模型也不一定使用这个模型，读者根据情况安装其他的模型。

Hugging Face 使用pipeline 可以处理各种NLP 任务，例如图像、声音等相关任务，极大地满足了各种用途。具体的NLP 任务如表5-1 所示。

表5-1　pipeline 处理NLP 的任务列表

任务类型	中文名称	用法示例
Text classification	文本分类	pipeline = pipeline(task = "text-generation")
Text generation	文本生成	pipeline(task = "text-generation")
Summarization	摘要	pipeline(task = "summarization")
Object detection	目标检测	pipeline(task = "object-detection")
Image classification	图像分类	pipeline(task = "image-classification")
Image segmentation	图像分割	pipeline(task = "image-segmentation")
Audio classification	音频分类	pipeline(task = "audio-classification")
Automatic speech recognition	自动语音识别	pipeline(task = "automatic-speech-recognition")
Visual question answering	视觉问答	pipeline(task = "vqa")
Document question answering	文档问答	pipeline(task = "document-question-answering")
Image captioning	图像描述生成	pipeline(task = "image-to-text")

实际上，在执行各种任务之后会发现，尽管每个任务的返回值内容可能有些许不同，但它们的调用方式却是高度一致的。只需要在制作pipeline时指定不同的任务名称，就可以轻松地使用相同的方法来执行不同的任务。无论是文本生成、文本分类还是翻译等任务，都可以通过pipeline以统一的方式来完成。这种高度的通用性和便捷性，可以说是利用pipeline最大的优点。

（2）指定具体的模型

只需确定任务类型，pipeline即会自动从Hugging Face下载并载入最适合的模型，当然，这需以能够合法访问Hugging Face官网为前提。不过，在某些特定场景下，可能需要使用非自动选定的某个模型。此时，可以通过明确给出模型名称或路径的方式来进行选择，具体格式如下：

```
pipeline( 任务 , model= 仓库 ID)
```

像这样的model通过准备这样的自变量，就可以利用指定的模型。但需要注意的是，指定的模型必须与该任务相对应。通常，很多模型都是针对特定任务而设计的。如果不一致，就无法完成指定任务以外的工作。

在pipeline中，model参数用于指定模型的仓库ID，这是一个唯一标识，用于识别和加载特定的模型。在Hugging Face的"Models"中心，每个模型都会以"组织名/模型名"的形式显示其仓库ID。例如，在Hugging Face官网上搜索到的模型"PaddlePaddle/ernie-2.0-base-zh"，其中的"PaddlePaddle/ernie-2.0-base-zh"就是该模型的仓库ID，用于在pipeline中精确指定所需模型。

在面临如何从数量庞大的模型中寻找适合于某特定任务的挑战时，如果能够访问Hugging Face官网，可以通过其"Models" hub中的过滤功能来简化搜索过程。特别是，"Tasks"过滤项允许用户根据任务的种类来筛选模型，从而快速找到针对特定任务的模型。

然而，如果无法访问Hugging Face官网，则需要采取其他策略。一个可行的选择是获取合乎法规的Hugging Face镜像网站，并熟悉相关的模型检索工具。通过这些工具，用户可以在本地或受限制的网络环境中搜索和筛选模型，以找到最适合其特定任务的模型。

总之，无论是否能够访问Hugging Face官网，关键在于利用可用的过滤和检索工具来有效地缩小搜索范围，并找到最适合特定任务的模型。

（3）指定模型参数

在使用Hugging Face平台上的各类模型时，会发现每个模型均附带一系列可调节的参数，这些参数如同模型的"控制器"，能够在执行时对模型的行为进行精细调整，例如调整生成文本的方式。鉴于Hugging Face包含了多种类型的模型，且每种模型都有其特有的参数配置，因此，要熟练掌握并有效运用这些模型，就需要深入学习和理解这些特定参数的使用方法。

当然，尽管模型种类和参数众多，但也存在一些跨模型通用的核心参数。掌握这些主要参数，可以在一定程度上实现对生成内容的有效调控。表5-2便列举了一些这样的关键参数。

值得注意的是，这只是众多参数中的一小部分，实际上还有更多参数等待探索。此外，即使功能相似，不同平台或模型下的参数名称也可能有所不同。因此，在使用Hugging Face时，需要适应这种名称的多样性，并学会灵活处理。总之，熟悉并掌握这些参数，将是成功运用Hugging Face模型的关键所在。

表5-2　常见模型参数

模型参数	参数说明
max_length, max_new_tokens	指定生成内容（响应）的最大长度。
min_length, min_new_tokens	指定生成内容（响应）的最小长度。
temperature	通常用于控制生成文本的随机性或多样性。"temperature"越高，生成的文本随机性越大，多样性越高；反之亦然。
top_p、top_k	top_p：顶部概率阈值，用于在生成下一个词时仅考虑累积概率达到此阈值的词汇。而top_k仅考虑概率最高的top_k个词汇进行生成，以此控制文本的多样性并维持高质量。
repetition_penalty	repetition_penalty：重复惩罚。这个参数用于控制模型生成文本时重复相同词汇或句子的惩罚程度，以减少生成的文本中的重复内容。
num_return_sequences	返回序列数。这个参数通常用于控制模型生成的序列数量，特别是在使用诸如GPT这样的生成模型时。例如，当num_return_sequences为2时，模型将生成两个独立的序列作为输出。

模型参数的配置通常可在两个位置进行：一是在调用pipeline函数时，二是在通过pipeline创建的类实例中。

在pipeline的调用过程中，通常会为其设置一些关键参数，这些参数在pipeline的创建和使用过程中起着重要作用。另外，当利用pipeline生成一个类实例后，也能够在调用该实例时指定特定的参数。但需注意，这种参数指定的方式仅限于实例调用时。接下来，将通过一个具体示例来详细展示这一过程。

输入：

```
import torch
from transformers import pipeline

# 加载模型
device = torch.device("cuda" if torch.cuda.is_available() else "cpu")
demo = pipeline("text-generation", model="models/ernie-2.0-base-chinese",
        device=device,
        temperature=0.75,
        top_p=0.70,
        do_sample=True)

input_text = ""

# 使用 pipeline 生成文本
generated_text = demo(input_text, max_length=20, num_return_sequences=3)
# 打印生成的文本
print(generated_text)
```

- 在"text-generation"任务中，我们使用"models/ernie-2.0-base-chinese"来构建模型的生成流程（pipeline）。同时，我们还准备了两个重要的参数：temperature和top_p。这两个参数的设置对整个生成流程都非常重要，因为它们会影响模型生成文本的方式。一旦设定好这些参数，在执行这个生成流程的所有推论过程中，都会自动应用这些设定。
- 在通过pipeline生成的类实例（demo）中，创建一个长度约为20的响应，同时确保生成三种不同的响应。max_length是一个大致的长度标准，允许有一定的偏差。num_return_sequences参数确保可以恰好生成三种响应。

输出：

```
[{'generated_text': '\nIt\'s a common misconception that the U.S. is a "globalist" nation'},
{'generated_text': '"We have a lot of people who are really passionate about this game, but we don\'t'}, {'generated_text': 'The New York
Times reports that the government is now investigating whether the company had a "conspiracy"'}]
```

（4）定制化模型

pipeline 是针对特定任务设计的、包含一系列预定义处理步骤的工具，尽管它为用户提供了操作上的便利，但在灵活性方面却有所欠缺。当用户面临pipeline 预设任务之外的需求，或希望对某些处理步骤进行个性化调整时，pipeline 可能就不再是最优选择。因此，掌握如何绕过pipeline，直接运用模型来完成任务，变得尤为重要。

在直接利用模型完成任务的过程中，关键在于两个核心要素：文本处理流程和模型本身。

• 文本处理流程涉及从文本预处理到模型输出后处理的全部环节。具体而言，LLM 并不直接处理原始文本，而是需要先将文本分割为令牌（tokens），再将这些令牌转换为数值向量，以供模型处理。同样，模型生成的响应也是以令牌数值向量的形式出现，因此需将它们转换回令牌，并最终整理成连贯的文本。值得注意的是，不同的模型可能需要不同的文本处理流程，因此需根据具体模型进行定制。

• 此外，模型并非简单的"发送文本即自动生成响应"的工具。实际上，模型更像是一个将输入数据转化为输出数据的复杂函数。以Hugging Face 所采用的Transformer 模型为例，它主要由编码器和解码器两个神经网络部分组成。编码器负责将输入数据转换为深层次的语义表达，捕捉输入数据的语义特征和上下文关系；而解码器则基于这种语义表示生成目标输出数据，根据学习到的信息和语义表达来产生相应的应答内容。简而言之，模型的工作机制是先将输入数据转换为语义表达，然后依据这一表达从学习到的信息中生成应答内容，这是一个复杂且精细的过程。

LLM 正是通过上述两个核心要素——模型本身和文本处理流程的协同工作，来实现其从提示生成响应的基本功能。这一基本流程如图 02 所示，通过精心编码这样的处理流程，通常可以有效地利用LLM 来生成所需的文本。

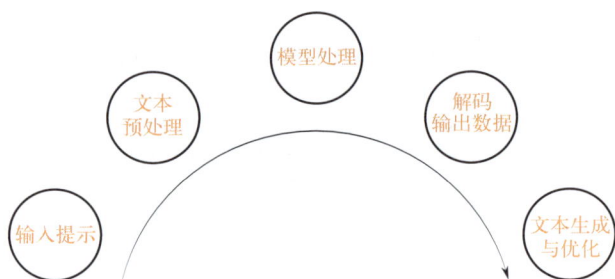

02 不同的 LLM 可能需要不同的文本处理流程，这强调了灵活性和定制化的重要性。在使用 LLM 时，我们需要根据具体模型来定制相应的处理流程，以满足特定的需求

① 文本处理流程

a.输入提示：
用户需要提供一个输入提示（prompt），这个提示可以是任何形式的文本，用于引导模型生成相应的输出。输入提示的质量和内容将直接影响模型生成的响应。
b.文本预处理：
在将输入提示发送给模型之前，需要进行一系列的文本预处理步骤。这些步骤包括但不限于：分词、数值化、添加特殊标记、填充与截断（模型对输入序列的长度有一定的要求）。
c.模型处理：
经过预处理的输入数据被发送给模型进行处理。在Hugging Face 的Transformer 模型中，这一过程通常涉及编码器和解码器的协同工作。
d.解码输出数据：
模型处理完成后，输出的是一系列数值向量，这些向量代表了生成的令牌。为了将这些数值向量转换回人类可读的文本，需要进行解码操作：令牌到文本的映射、去除特殊标记。
e.文本生成与优化：
解码得到的文本可能是初步的、未经优化的结果。为了进一步提高生成文本的质量和相关性，可能需要进行一些优化操作：去除重复内容、调整语序、修正语法错误、评估与反馈。通过多次迭代上述步骤，不断优化模型和处理流程，以生成更符合用户需求的文本。

在与模型交换数据时，文本处理流程的核心在于提供高效的数据编码和解码功能。然而，由于不同模型的具体实现方式存在差异，从头开始构建这一流程可能会面临诸多挑战。为了解决这个问题，Transformers 库为各种模型预设了前期处理的工具类，极大地简化了准备工作。具体而言，它利用了"AutoTokenizer"这一分词器类，使得用户可以轻松地进行文本的预处理工作，具体可以参照如下的规则：

```
from transformers import AutoTokenizer
变量 = AutoTokenizer.from_pretrained( 仓库 ID)
```

实际操作一下，在此以openai-community 的gpt2 模型为例，制作一个标记器。

```
from transformers import AutoTokenizer
tokenizer = AutoTokenizer.from_pretrained("models/openai-community/gpt2")
print(tokenizer)
```

运行这段代码时，它将在控制台输出tokenizer 对象的字符串表示，这通常包括模型的名称、标记器的类型以及一些其他可能的信息。这对于调试或确认已经正确加载了所需的分词器是非常有用的。

输出：

```
GPT2TokenizerFast(name_or_path='models/openai-community/gpt2', vocab_size=50257, model_max_length=1024, is_fast=True,
padding_side='right', truncation_side='right', special_tokens={'bos_token': '<|endoftext|>', 'eos_token': '<|endoftext|>', 'unk_token':
'<|endoftext|>'}, clean_up_tokenization_spaces=True), added_tokens_decoder={
    50256: AddedToken("<|endoftext|>", rstrip=False, lstrip=False, single_word=False, normalized=True, special=True),}
```

从这个输出结果来看，输出中提供了关于GPT-2 分词器的详细信息，包括它的配置、词汇表大小、特殊令牌等。这些信息对于理解和使用标记器进行文本处理任务是非常有用的。表5-3 是对输出内容的简要说明。

表5-3　输出内容的简要说明

属性名称	属性描述
类名	GPT2TokenizerFast，这表明加载的是一个针对GPT-2模型的快速标记器。
name_or_path	'models/openai-community/gpt2'，这是标记器配置文件的路径或名称。
vocab_size	50257，这是GPT-2模型词汇表的大小，即模型能够识别的不同令牌（token）的数量。
model_max_length	1024，这是模型能够处理的最大输入长度（以令牌为单位）。
padding_side 和 truncation_side	都是'right'，这表示在进行填充（padding）和截断（truncation）操作时，默认是在文本的右侧进行。
is_fast	这表明加载的是一个优化过的快速标记器。
special_tokens	这是一个字典，包含了特殊的令牌。在这个例子中，开始和结束令牌（bos_token 和 eos_token）以及未知令牌（unk_token）都被设置为<|endoftext|>。
clean_up_tokenization_spaces	True，这表示在标记化过程中会清理空格。
added_tokens_decoder	这是一个字典，包含了添加到词汇表中的额外令牌及其属性。在这个例子中，令牌<|endoftext|>被添加到了词汇表的末尾（索引为50256），并且被标记为一个特殊的令牌。

②自动模型机制

模型和AutoTokenizer 分词器一样，从头开始制作是非常困难的。因此，可以为每个使用的模型准备模型类别，并自动创建实例。这种机制被称为"自动模型"。具体可以参照如下的规则：

```
from transformers import AutoModelForCausalLM
变量 = AutoModelForCausalLM.from_pretrained( 仓库 ID)
```

使用AutoModelForCausalLM 类中的from_pretrained 方法时，只需明确指定所需模型的名称或存储路径作为参数，该方法即会根据指定的预训练模型，自动生成并返回一个最适合的模型类实例。以"models/hfl/chinese-roberta-wwm-ext"这一模型为例，通过以下步骤可创建模型实例：

- 首先，利用from_pretrained 方法，根据给定的模型名称或路径，创建并获取模型实例。这样，变量model 中就保存了所需模型类的实例。
- 接下来，需结合已准备好的AutoTokenizer（该标记器应与模型相匹配）和此模型实例。通过这两者的配合，便可开始利用模型执行各种任务。

相关代码如下：

```
from transformers import AutoModelForCausalLM
model = AutoModelForCausalLM.from_pretrained("models/hfl/chinese-roberta-wwm-ext")
print(model)
```

简而言之，通过指定模型名称或路径，并利用AutoModelForCausalLM 的from_pretrained 方法，可轻松获取模型实例。随后，配合相应的标记器，即可使用模型进行各类任务处理。

输出：

```
BertLMHeadModel(
(bert): BertModel(
 (embeddings): BertEmbeddings(
  (word_embeddings): Embedding(21128, 768, padding_idx=0)
  (position_embeddings): Embedding(512, 768)
  (token_type_embeddings): Embedding(2, 768)
  (LayerNorm): LayerNorm((768,), eps=1e-12, elementwise_affine=True)
  (dropout): Dropout(p=0.1, inplace=False)
 )
 (encoder): BertEncoder(
  (layer): ModuleList(
   (0-11): 12 x BertLayer(
    (attention): BertAttention(
     (self): BertSdpaSelfAttention(
      (query): Linear(in_features=768, out_features=768, bias=True)
      (key): Linear(in_features=768, out_features=768, bias=True)
      (value): Linear(in_features=768, out_features=768, bias=True)
      (dropout): Dropout(p=0.1, inplace=False)
     )
     (output): BertSelfOutput(
      (dense): Linear(in_features=768, out_features=768, bias=True)
      (LayerNorm): LayerNorm((768,), eps=1e-12, elementwise_affine=True)
      (dropout): Dropout(p=0.1, inplace=False)
     )
    )
    (intermediate): BertIntermediate(
     (dense): Linear(in_features=768, out_features=3072, bias=True)
     (intermediate_act_fn): GELUActivation()
    )
```

```
    (output): BertOutput(
      (dense): Linear(in_features=3072, out_features=768, bias=True)
      (LayerNorm): LayerNorm((768,), eps=1e-12, elementwise_affine=True)
      (dropout): Dropout(p=0.1, inplace=False)
    )
    )
    )
  )
  )
(cls): BertOnlyMLMHead(
  (predictions): BertLMPredictionHead(
    (transform): BertPredictionHeadTransform(
      (dense): Linear(in_features=768, out_features=768, bias=True)
      (transform_act_fn): GELUActivation()
      (LayerNorm): LayerNorm((768,), eps=1e-12, elementwise_affine=True)
    )
    (decoder): Linear(in_features=768, out_features=21128, bias=True)
  )
  )
)
```

在这个输出结果中，BertLMHeadModel 是 BERT 模型的一个变体，主要用于文本生成或填充缺失单词等语言模型任务。其架构包括以下几个关键部分：

a. BertEmbeddings:
- word_embeddings: 负责将词汇表中的 21128 个不同单词映射到 768 维的嵌入向量中。
- position_embeddings: 为 512 个不同的位置提供嵌入向量，也是 768 维的。这些用于给模型提供关于单词在句子中位置的信息。
- token_type_embeddings: 用于区分句子中的不同部分（例如，两个句子被一起输入到模型中时）。这里有 2 种类型的嵌入，也是 768 维的。
- LayerNorm 和 dropout: 用于正则化和防止过拟合。

b. BertEncoder:
包含 12 个 BertLayer，每个层都执行以下操作：
- attention: 使用自注意力机制来处理输入，允许模型在处理一个单词时考虑到句子中的其他单词。
- intermediate: 一个全连接层，将输入的 768 维向量转换为 3072 维，然后应用一个 GELU 激活函数。
- output: 另一个全连接层，将 3072 维的向量转换回 768 维，并进行正则化和 dropout。

c. BertOnlyMLMHead:
- 这是模型的输出层，用于生成词汇表中每个单词的概率分布。
- predictions: 包含一个变换层和一个解码器。变换层对输入进行进一步的处理，然后解码器将变换后的向量转换为词汇表中每个单词的分数。

这个模型通过嵌入层将输入文本转换为数值形式，然后通过一系列的自注意力层来处理这些数值，最后通过输出层生成每个单词的概率分布。这使得模型能够执行诸如文本生成或填充缺失单词之类的任务。

上述代码中使用的AutoModelForCausalLM 是Hugging Face 的transformers 库中的一个自动化模型类，它专门设计用于因果语言建模（Causal Language Modeling）。因果语言建模是指给定之前的词或字符序列，模型预测文本序列中下一个词或字符的任务。这种模型广泛应用于生成式任务，例如：

文本生成任务
- 文本续写：给定一段文本，模型能够生成接下来的文本内容，保持原文的语境和风格。
- 对话系统：在对话生成中，模型能够根据用户的输入生成相应的回复，实现自然的人机对话。
- 摘要生成：从长文本中提取关键信息，生成简洁的摘要。
- 回答生成：在问答系统中，根据问题生成相应的答案文本。

语言建模与优化
- 语言建模：通过预测文本序列中的下一个词，提高模型对语言的理解和生成能力。
- 生成优化：AutoModelForCausalLM 通常针对生成任务进行了优化。

模型自动化机制不仅限于AutoModelForCausalLM，它提供了多种自动化模型类来简化预训练模型的加载和使用过程。表5-4 列举了一些除了AutoModelForCausalLM 之外的自动化模型类。

表5-4 常见自动化模型类示例列表

常见自动化模型类	说明
AutoModel	是一个通用的自动化模型类，用于加载大多数预训练模型的基本架构，适用于不需要特定任务头部的场景。
AutoModelForSequenceClassification	专注于序列分类任务，如情感分析和主题分类，能够加载并应用预训练的模型。
AutoModelForTokenClassification	适用于标记分类任务，例如命名实体识别（NER），它能够预测文本中每个标记的类别。
AutoModelForQuestionAnswering	专为问答任务设计，能够处理输入文本和问题，并准确预测答案的起始和结束位置。
AutoModelForSummarization	适用于文本摘要任务，能够将长文本自动概括为简洁的摘要。
AutoModelForTranslation	是机器翻译任务的理想选择，能够加载并支持不同语言对的预训练翻译模型。
AutoModelForMultipleChoice	适用于多选题任务，能够处理多个选项并预测最可能的答案。
AutoModelForFillMask	专注于填充缺失单词任务，如掩码语言建模（MLM），能够预测被掩码（隐藏）的单词。

这些自动化模型类极大地简化了预训练模型的加载流程，使得开发者无需深究每个模型的具体细节就能迅速上手。它们能够依据模型名称或路径自动识别和加载对应的预训练模型架构，并且广泛支持多种下游任务。然而，应注意，随着Transformers 库的持续更新，可用的自动化模型类可能会发生变化。因此，建议定期查阅最新的Transformers 文档，以获取最准确、最全面的信息。

(5) 定制化模型的核心步骤

现在，根据定制化模型里提到的AutoTokenizer 和AutoModelForCausalLM 这两个工具，以文本生成任务为例，从给出的提示中生成响应。具体步骤如下：

① 分词器编码

相关的格式如下：

```
变量（Tensor01）= tokenizer.encode(prompt, return_tensors="pt")
```

这行代码利用一个AutoTokenizer 实例（即tokenizer）来将输入的提示（prompt）编码成模型可理解的形式。encode 方法负责将文本转换为一系列数字ID，这些ID 对应于tokenizer 词汇表中的标记（tokens）。此外，通过指定return_tensors 参数的值，可以控制返回数据类型的编码形式，以适应后续使用PyTorch 模型进行文本生成的需求。return_tensors 参数允许指定编码数据的具体形式，如表5-5 所示。

表5-5　return_tensors 参数

编码数据形式	说明
pt	编码后的数据为touch.tensor格式
tf	编码后的数据为tensorflow.Tensor格式
None	编码后的数据变为list格式

② 模型生成响应

相关的格式如下：

```
变量（Tensor02）= model.generate( 变量（Tensor01），指定的参数 )
```

这一行代码利用AutoModelForCausalLM 实例（即model）来生成文本。generate 方法接收经过编码的提示作为输入，并输出一系列标记ID，这些ID 代表了模型根据提示生成的文本内容。例如，指定的参数max_length=50 用于指定生成文本的最大长度。

③ 解码生成的响应

相关的格式如下：

```
变量 = tokenizer.batch_decode( 变量（Tensor02）)
```

随后，我们使用上一步骤中model.generate 方法返回的Tensor 对象，并通过调用tokenizer 的batch_decode 方法将其转换为人类可读的文本形式。此过程负责将模型生成的响应信息（标记ID）解码为实际的文本内容，并以Python 列表的形式返回。采用列表形式是因为模型在某些情况下可能会生成多个响应。之后，我们可以轻松地从该列表中提取所需的文本值，以便进行进一步的使用或展示。

现在，把上述定制化模型核心步骤通过代码来实现。

输入：
```
from transformers import AutoTokenizer,AutoModelForCausalLM

tokenizer = AutoTokenizer.from_pretrained("models/openai-community/gpt2")
model = AutoModelForCausalLM.from_pretrained("models/openai-community/gpt2")

prompt = "i like to code in python."
input_ids = tokenizer.encode(prompt, return_tensors="pt")
gen_tokens = model.generate(input_ids, max_length=50)
generated = tokenizer.batch_decode(gen_tokens)
print(generated)
```

```
input_ids = tokenizer.encode(prompt, return_tensors="pt")
```

这一行代码使用tokenizer（一个AutoTokenizer 实例）来将输入的提示（prompt）编码成模型能够理解的形式。encode 方法将文本转换为一系列的数字ID，这些ID 对应于tokenizer 词汇表中的标记（tokens）。参数return_tensors="pt" 指定了返回的数据类型是一个PyTorch 张量，这是因为后续我们将使用PyTorch 模型进行文本生成。

```
gen_tokens = model.generate(input_ids, max_length=50)
```

这一行代码使用model（一个AutoModelForCausalLM 实例）来生成文本。generate 方法接收编码后的提示（input_ids）作为输入，并生成一系列的标记ID，这些ID 代表了模型根据提示生成的文本。参数max_length=50 指定了生成文本的最大长度。

```
generated = tokenizer.batch_decode(gen_tokens)
```

这一行代码使用tokenizer 的batch_decode 方法来将生成的标记ID（gen_tokens）解码回人类可读的文本形式。这样，我们就可以看到模型根据输入的提示生成的文本了。

通过运行上述代码，模型即可生成回复内容。整个处理流程包括使用标记器进行编码（encode），利用模型进行生成（generate），以及再次使用标记器进行解码（batch_decode）。这样的处理流程简洁明了，便于大家快速理解和熟练掌握。掌握这一流程后，就可以无需依赖pipeline，而是自己准备标记器和模型，实现更加定制化的模型操作了。

虽然通过pipeline 方式以及标记器+ 模型这两种方式可以完成绝大多数NLP 任务，但仍存在一些特定任务无法仅通过这两种方法解决，例如：在2024 年之前，text-to-image 任务还未被纳入pipeline 中。面对这类特殊情况，需要结合具体任务的官方文档，综合考虑并寻找合适的解决方案。

C O L U M N

Visusl Studio Code与AI开发 🌸

很多对AI感兴趣的读者可能发现，要想深入学习和研究大语言模型，并不总是能拥有专业的环境和工具，比如Colab这样的开发工具。虽然GitHub的Copilot很出名，但它需要收费，这让不少初学者或预算有限的人望而却步。然而，AI的世界是广阔的，除了这些知名的工具，还有很多与AI开发相关的实用功能等待我们去探索和利用。

Cody AI就是这样一个非常实用的扩展功能，可以方便的集成到Visual Studio Code中。它利用Claude-3的强大能力，帮助用户生成和编辑代码，还能生成相关的文档，处理各种与AI开发相关的任务。无论是想要快速搭建一个项目的框架，还是需要一些代码片段来完成特定的功能，Cody AI都能提供有力的支持。

更重要的是，Cody AI有一个免费版本，这意味着即使你没有太多的预算，也能轻松上手体验AI编码的魅力。当然，如果你在使用过程中发现需要更多高级功能，也可以随时升级到收费版，以满足你更专业的需求。

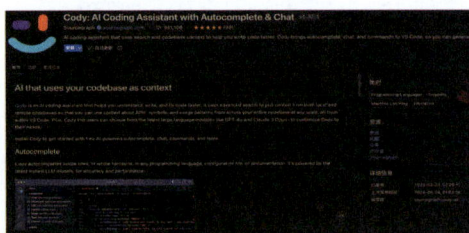

5.2　中文基准测试：窥探性能

CLUE（Chinese Language Understanding Evaluation：中文语言理解评估）是由中文自然语言处理社区发起的一个测评基准，它的目的是全面评估中文NLP任务（比如文本分类、阅读理解、自然语言推理等）的性能。CLUE基准包含了多个这样的NLP任务，并且为研究人员提供了相应的数据集来使用。接下来，我们将从机器学习中数据集的基础处理开始讲起，介绍CLUE的创建背景，以及它里面收录了哪些数据集。

5.2.1　数据集组成与构建方法

在机器学习模型的开发流程中，数据集（dataset）占据着核心地位，它是为训练和评估模型而专门收集的数据汇总。数据集通常被精心划分为三大部分：训练集（train set）、验证集（validation set）和测试集（test set），每部分都有其独特的作用。

- 训练集是模型学习的基石，它包含了模型训练所需的大量数据。通过训练集，模型能够学习到数据的特征和规律，从而具备预测能力。
- 验证集则扮演着模型开发过程中的"裁判"角色。它用于在模型训练后，对模型的性能进行初步评估。验证集帮助确定超参数等关键设置，确保模型在特定配置下能够表现出良好的性能。然而，验证集的评价结果仅作为参考，并非最终判断。
- 测试集则是模型性能评估的"终极考验"。与验证集不同，测试集在模型开发过程中保持独立，不参与任何训练或验证过程。它提供了一个客观、中立的评估环境，用于验证模型在面对全新、未知数据时的表现。测试集的评价结果更能够真实反映模型的泛化能力，即模型在实际应用中的预测准确性。

通过将数据集划分为训练集、验证集和测试集，我们可以更全面地评估模型的性能，确保模型不仅能够在已知数据上表现出色，还能够准确预测未知数据。这种划分方式有助于我们开发出更具泛化能力的机器学习模型，从而更好地满足实际应用需求[03]。

训练集作为模型学习的主力军，其数据量通常占据整体数据集的较大比例。训练集可占比约总数据量的60%至80%，某些情况下这一比例甚至可提升至90%或更高。这样做是为了让模型有足够的数据进行充分学习。相对而言，验证集比例可能会适当缩减，以节约计算资源。但其作用依然关键，它帮助模型在训练过程中进行性能调优和参数选择。测试集则扮演着极为重要的角色，它必须保持独立且完整，以确保对模型性能的评估结果既客观又准确。测试集的存在，是为了验证模型在未知数据上的泛化能力，这是模型实际应用效果的关键指标。三个数据集的具体划分比例并非固定不变。在实际操作中应根据数据量的大小、任务的具体需求以及可用的评估资源等因素，灵活调整这些比例，以期达到最佳的训练和评估效果。

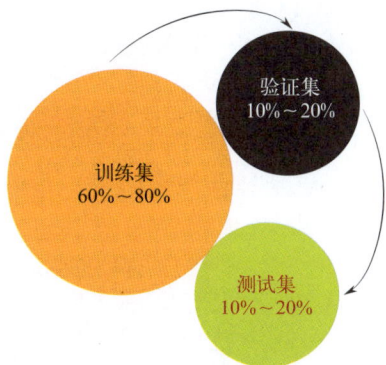

[03] 在进行机器学习时，应该根据实际情况灵活地划分训练集、验证集和测试集，并在考虑计算资源的同时，确保测试集的独立性和完整性，以获得客观、准确的评估结果

5.2.2　大模型性能评估指标

大语言模型被设计并训练出来，目的是处理和执行那些需要利用和理解通用语言知识（广泛适用于多种情境和语境的语言知识）的各种任务。这些任务可能包括但不限于文本生成、问答系统、文本分类、情感分析、语言翻译等，它们都需要模型具备深入的语言理解和生成能力。

为了全面评估这些模型的性能，人们普遍认为需要收集包含多个任务和数据集的基准测试。通用语言理解评估基准（general language understanding evaluation benchmark，GLUE）就是这样一个大语言模型的基准，它包含了各种任务和数据集，用于测量模型的语言理解能力。而本书即将介绍的CLUE，也是借鉴了GLUE的设计理念。

在使用GLUE收录的数据集进行评价时，已经有一些模型的得分与人类平均得分相当甚至更高。因此，多家机构联合提出了更具挑战性的任务SuperGLUE。然而，大语言模型的性能提升速度非常快，SuperGLUE提出仅仅一年半后，模型的精度就超越了人类。为了进一步推动大语言模型的发展，人们又提出了包含更多样化任务的BIG-Bench，以及考虑不仅仅是精度，还包含其他多种评价项目的语言模型的整体评估框架（holistic evaluation of language models，HELM）等基准测试。

值得注意的是，这些基准测试主要是以英语为中心构建的。因此，为其他语言构建类似的基准测试仍然是一个重要的课题。CLUE就是在这样的背景下诞生的，它旨在为中文等语言提供类似的评估基准，以推动多语言大语言模型的发展和应用。通过这样的基准测试，人们可以更全面、更准确地评估大语言模型在不同语言任务上的性能，进一步推动自然语言处理技术的进步。

5.2.3　CLUE 任务与数据集简介

CLUE（chinese language understanding evaluation）是一个全面且多任务的中文语言理解评估基准，旨在为研究人员和开发者提供一个公正、透明且具挑战性的平台，以评估和提升中文NLP模型的理解与应用能力。随着人工智能技术的快速发展，NLP的应用场景日益广泛，涵盖了聊天机器人、智能助手以及文本理解与生成等多个领域。然而，如何准确评估这些NLP模型在中文环境下的性能成了一个关键问题。CLUE的出现填补了中文语言理解评估基准的空白，为业界提供了一个统一的测试平台。

CLUE包含了多个子任务，每个任务都基于大量的真实世界数据集构建。例如：

- 文本蕴含：类似GLUE中的任务，要求模型判断两个文本段落之间的逻辑关系。
- 问答匹配：要求模型从给定文本中找出与问题最匹配的答案。
- 命名实体识别：要求模型从文本中识别出具有特定意义的实体，如人名、地名、机构名等。
- 情感分析：要求模型判断文本所表达的情感倾向，如正面、负面或中性。

此外，CLUE还可能包含其他类型的任务，如自然语言推理、语义相似度计算、多项选择问答、关键词识别、自动标题生成、图像描述生成等，但这些任务的具体数据集可能因版本和发布时间的不同而有所差异。

除了具体的任务外，CLUE还特别强调了公平性和可解释性作为评估的重要指标。这意味着研究者们在追求高精度的同时，还需要考虑模型的泛化能力以及对不同社会群体的公正性。这样的设计理念无疑将推动中文NLP模型向更加全面、公正和可解释的方向发展。

NLP任务的多样性使得其在众多实际应用场景中发挥着重要作用。其中，文本分类作为一项基础且关键的任务，与多种多样的应用紧密相关。这些应用不仅提升了信息处理的效率，还促进了个性化内容的推荐和用户体验的提升。例如,在新闻领域,新闻网站和博客等平台利用文本分类算法将新闻文章自动归类到不同的主题类别中。这样,用户就可以快速浏览和检索自己感兴趣的新闻内容,如点击"财经"标签,即可看到所有与财经相关的新闻。在电商和社交媒体上,文本分类技术也被广泛应用于情感分析。通过分析用户评论的情感倾向,判断评论是正面、负面还是中性,进而帮助企业了解客户满意度、评估产品质量,并据此改进服务。

在CLUE 平台下,有众多优秀的模型和数据集可供使用。其中,chinese-roberta-wwm-ext 是一种先进的预训练中文语言模型。该模型在RoBERTa 模型的基础上进行了针对性的改进和扩展,专为中文文本优化,并展现出更高的精度和泛化能力。它已在Hugging Face 平台上发布,预训练模型标识为"hfl/chinese-roberta-wwm-ext"。此模型特别适用于中文文本的各种NLP 任务,包括文本分类、命名实体识别和情感分析等。用户可以根据具体任务需求对chinese-roberta-wwm-ext 模型进行微调,以实现更精确的文本处理效果。因此,它在各类中文NLP 任务中得到了广泛的应用。

值得一提的是,模型名中的"wwm"是"whole word masking"的简写,意为全词Mask 或整词Mask。这是谷歌在2019 年发布的一项BERT 模型的升级策略,主要对原预训练阶段的训练样本生成方式进行了改进。原有的基于WordPiece 的分词方法会将一个完整的词切分成多个子词,并随机对这些子词进行Mask。然而,这种方法可能会破坏词的完整性,影响模型对词义的理解。而在全词Mask 策略中,如果一个词的某个WordPiece 子词被mask,那么该词的其他所有子词也会被同时mask,即实现整词的Mask。这种方法可以更好地保持词的完整性,有助于模型更准确地理解词义。表5-6 展示了一个具体的例子。

表5-6 全词Mask 示例

类别	示例说明
原始文本	通过大语言模型来完成一项中文写作任务。
分词文本	通过 大语言 模型 来 完成 一项 中文 写作任务 。
原始Mask输入	通过大语言[MASK]型来[MASK]成一项中文写[MASK]任务 。
全词Mask输入	通过大语言[MASK][MASK]来[MASK][MASK]一项中文[MASK][MASK]任务。

中文文本在预处理时,一个常见的步骤是先进行分词,即将句子分解成单独的词汇或词组。然而,在原始的Mask 输入方法中,一些词汇被随机替换为了[MASK] 标记,但这种替换并不是基于完整的词进行的。例如,"大语言模型"可能被错误地拆分为"大 语 言 模 型"并进行部分替换,这显然不是全词Mask(Whole Word Masking)的正确应用方式。

正确的全词Mask 方法应该是替换完整的词或词组。本案例的全词Mask 示例中,"模型""完成"和"写作"这三个完整的词汇单元都会被替换为[MASK]标记,即句子变为"通过 大语 言 [MASK][MASK]来 [MASK][MASK] 一项 中 文 [MASK][MASK] 任 务 。"采用这种方式的好处是,模型在训练时需要预测整个词或词组,从而能够更好地学习到词汇的语义和上下文用法,进而提高模型的性能和泛化能力。

CLUE 平台中汇聚了众多出色的模型,这些模型能够胜任包括文本分类在内的各种自然语言处理(NLP)任务。为了更深入地展示大语言模型系统的开发构建过程,本章下一小节将特别选取情感分析任务(作为文本分类的一种具体应用)作为案例,为读者进行详细讲解。

CLUE 中的绝大多数数据集都包含了任务所需的数据,包括训练集、验证集和测试集。这些数据集根据不同的发布时间和版本,样本数量可能有所不同。为了方便用户使用,数据集通常以.json 格式提供。每个文件包含多个样本,每个样本都是一个JSON 对象,其中包含了文本和对应的标签(对于训练集和验证集而言)。

5.3 实现情感分析模型：探索情感世界的大门

本节将探讨如何利用"chinese-roberta-wwm-ext"数据集评估大型语言模型在情感分析领域的效能。核心策略是采用微调技术，使大语言模型更贴合特定任务需求。具体而言，所选模型基于Transformer架构的编码器，并在模型末端增设了一个线性层（或称"分类头"）。这一线性层的功能是将模型的原始输出转换为针对情感分析任务更为适宜的形式。经由这样的结构设计，模型能够在情感分析任务中展现出更优的性能表现。

5.3.1 环境搭建与数据准备

（1）安装必要的软件包

首先，安装一些基本的软件包。其实，我们在第2章已经初步涉及了部分软件包的安装。在终端输入如下命令：

```
pip install transformers datasets matplotlib
```

datasets 是用于读取数据集的软件工具，matplotlib 用于数据集统计的可视化。

在机器学习的实现过程中，模型的初始化参数以及学习算法中数据的发送顺序等往往依赖于随机数。然而，如果每次执行程序时试验结果都因随机数变化而不同，这将给调试和试验结果的管理带来困难。因此，为了保持生成的随机数序列的一致性，我们在进行试验时通常会指定一个固定的随机数种子值。相关代码如下：

```
from transformers.trainer_utils import set_seed
set_seed(168)
```

执行上述transformers 库中的set_seed 函数时，它会设定一个统一的随机种子，这个设定同时影响了Python 标准库中的random 模块、NumPy 库以及PyTorch 等第三方库的随机数生成器，确保这些库生成的随机数序列都是固定的。这一做法有助于在科研和实验过程中保证结果的可重复性，因为当随机种子相同时，无论实验运行多少次，随机数生成器的输出都将保持一致。

（2）确定数据集

本次任务的核心是实现情感分析。鉴于CLUE 中缺少完全匹配的中文情感分析公开数据集，我们选定了ChnSentiCorp 数据集。该数据集可从Hugging Face 平台获取，它专注于中文情感分类。

ChnSentiCorp 数据集包含大量中文文本数据，每条数据由一句购物评价及其对应的情感标签组成，标签用于区分该评价是好评还是差评。评价覆盖的商品种类广泛，如书籍、酒店、计算机配件等。该数据集适用于多种文本情感分类任务，包括电商评价分析、舆情监测、自然语言处理研究等。若因网络问题无法直接通过load_dataset 函数加载数据集，可尝试手动下载。ChnSentiCorp 数据集通常以.arrow 文件格式存储。下载后，可使用load_dataset 函数的data_files 参数指定本地数据文件的路径进行加载。

输入：
```
# 指定本地数据文件的路径
data_files = {
    'train': './datasets/ChnSentiCorp_htl_all/chn_senti_corp-train.arrow',
    'test': './datasets/ChnSentiCorp_htl_all/chn_senti_corp-test.arrow',
    'validation': './datasets/ChnSentiCorp_htl_all/chn_senti_corp-validation.arrow'
}
dataset = load_dataset('arrow', data_files=data_files)    # 使用 load_dataset 函数加载本地数据文件
# 访问 train 训练集、 test 测试集、validation 验证集
train_dataset = dataset['train']
train_dataset = dataset['train']
train_dataset = dataset['validation']
# 测试一下
pprint(train_dataset[0])
pprint(train_dataset.features)
```

输出：
```
{'label': 1,
 'text': ' 选择珠江花园的原因就是方便，有电动扶梯直接到达海边，周围餐馆、食廊、商场、超市、摊位一应俱全。酒店装修一般，但还算整洁。'
 ' 泳池在大堂的屋顶，因此很小，不过女儿倒是喜欢。包的早餐是西式的，还算丰富。服务吗，一般'}

{'label': ClassLabel(names=['negative', 'positive'], id=None),
 'text': Value(dtype='string', id=None)}
```

在代码中，我们使用了 pprint 函数来输出内容，这样可以将字典的内容进行换行处理，使得输出结果比使用 print 函数更容易阅读和理解。输出结果解读如下：

① 单个训练样本 (train_dataset[0])
- label: 1，表示这是一条好评（在情感分析中，通常 0 代表差评，1 代表好评）。
- text: 对应的中文文本评价，描述了酒店的环境、服务态度、房间空间等，并包含了对酒店中餐和西餐的评价。
-

② 数据集特征 (train_dataset.features)
- label: 是一个 ClassLabel 类型，有两个可能的名称（names）['negative', 'positive']，分别对应差评和好评。
- text: 是一个 Value 类型，dtype 为 'string'，表示文本数据。

（3）用分词器转换文本

数据集中的文本需要转换成模型的输入格式。主要的处理是文本的令牌分割，以及转换成令牌的ID。使用 transformers 库中的标记器，可以很容易地将文本转换成 ID。这里使用 5.2.3 小节里介绍的 chinese-roberta-wwm-ext 中文模型的分词器。

输入：
```
model_name = "models/hfl/chinese-roberta-wwm-ext"
tokenizer = AutoTokenizer.from_pretrained(model_name)
pprint(type(tokenizer).__name__)
```

输出：
```
BertTokenizerFast
```

AutoTokenizer 是一个能够根据模型名称自动确定并读取相应类别的类。在本次示例中，对于模型名 "hfl/chinese-roberta-wwm-ext"，它实际读取的类名是 "BertTokenizerFast"。让我们实际测试一下：

输入：　　　print(tokenizer.tokenize(" 我爱我的家乡 "))

输出：

['我','爱','我','的','家','乡']

我们进一步分析，通过调用tokenizer 作为函数，可以得到如下的对象。

输入：
```
encode_input = tokenizer(
    " 我爱我的家乡 ", return_tensors="pt")
pprint(type(encode_input).__name__)
```

输出：

BatchEncoding

Tokenizer 的输出是一个BatchEncoding 类的对象，该类是Python 字典（dict）的扩展，可像字典一样使用，并且定义了一些独特的方法。接着，我们可以深入查看一下这个输出对象的内容。

输入：　　　pprint(encode_input)

输出：

```
{'attention_mask': [1, 1, 1, 1, 1, 1, 1, 1],
 'input_ids': [101, 2769, 4263, 2769, 4638, 2157, 740, 102],
 'token_type_ids': [0, 0, 0, 0, 0, 0, 0, 0]}
```

- 'attention_mask' 是一个特殊的掩码，用来告诉模型哪些令牌（tokens）是有效的。在这个掩码中，如果某个位置的值是0，那么在模型计算时就会忽略这个位置的令牌。在这个特定的案例中，所有的令牌都被赋予了值1，表示它们都是有效的。但是，当我们把多个输入数据组合成一个矩阵，形成一个小批量（mini-batch）时，为了让所有输入的长度一致，我们可能会添加一些伪令牌（pseudo-tokens），这些伪令牌会被赋予值0，表示它们在计算时应该被忽略。
- 'input_ids' 这个字段里存储的是每个令牌的ID。你可以把它想象成一个索引，告诉我们每个令牌在嵌入（embedding）矩阵中的位置，也就是它的行号。这样，模型就可以根据这个ID 找到对应的令牌嵌入（词嵌入），进行后续的计算。
- 'token_type_ids' 是指片段嵌入的ID，用来表示每个令牌所属的文本类型。如果只输入了一个文本，那么所有的令牌都会被赋予值0，这个值在这里并没有特别的含义。但是，当同时输入两个文本时，比如在做问答任务时，一个文本是问题，另一个文本是答案，那么模型就需要知道每个令牌是来自问题还是答案。这时，'token_type_ids' 就会发挥作用，它会为每个令牌分配0 或1 两个不同的值，来表示它们分别属于哪个文本。

在'input_ids' 中，除了包含文本中的令牌ID 之外，还会添加特殊的令牌来指示输入的开始和结束。为了将这些ID 转换回对应的令牌，我们可以使用convert_ids_to_tokens 方法，这样就能够清楚地看到每个ID 所代表的令牌内容。从输出结果来看，在令牌的开头和结尾分别添加了[CLS] 和[SEP]。

输入：
```
results = tokenizer.convert_ids_to_tokens(encode_input["input_ids"])
pprint(results)
```

输出：

['[CLS]','我','爱','我','的','家','乡','[SEP]']

5.3.2 数据探索性分析

在构建机器学习模型之前，对数据集进行深入探索是极为关键的。这一过程类似于为数据做一次详尽的"健康检查"，旨在评估数据的质量、可靠性，并通过统计分析和可视化手段揭示数据的内在规律和潜在挑战。通过这样的检查，可以洞察数据的整体趋势，并可能发现数据中的异常值，这些异常值如同数据中的"异类"，可能对模型训练构成障碍。

以文本数据为例，文本的长度直接影响模型处理所需的时间。长文本，如同长篇小说，处理起来自然比短文本，如短诗，更为耗时。因此，了解文本长度的分布情况至关重要，它有助于预估模型处理数据的总体时间。同时，文本数据中可能隐藏着一些长度异常的值，这些值与大多数文本的长度格格不入，可能代表特殊情况，例如包含极长URL链接的文本。这些异常值在机器学习模型中可能引发问题，因为模型可能未针对此类特殊情况进行优化，处理起来将颇为棘手，甚至可能损害模型的性能。

因此，通过检测文本长度的异常值，可以及早发现这些可能对模型造成困扰的案例。在数据预处理阶段即对这些异常值进行处理，有助于避免它们对模型训练产生负面影响。

在进行探索性分析之前，首要步骤是加载数据集并进行必要的预处理。这通常涵盖数据清洗（例如，去除无效字符、处理缺失值等）以及针对中文文本的文本分词等过程。对于ChnSentiCorp数据集而言，由于其已经过预处理，因此加载后可直接着手分析。

（1）探索性分析的主要内容

① 数据分布分析
- 基本信息统计：对数据集的数量等基本信息有一个直观的了解。
- 情感分布：统计正面和负面评论的数量，并分析情感分布的均衡性。若两类评论数量差异显著，可能需要采用过采样、欠采样或合成少数类过采样技术（SMOTE）等策略来平衡数据集。
-
- 长度分布：分析评论文本的长度分布，以了解文本长度的变化范围。这有助于在后续的模型设计中选择合适的文本表示方法和设定合理的输入长度限制。同时，可利用可视化工具进行数据分布的分析。

② 文本特征分析
- 词汇分析：统计高频词、低频词和停用词的使用情况。高频词可能反映了评论中的主题或常见情感表达，而低频词和停用词对情感分类的贡献可能较小。
- 情感词分析：识别并统计情感词（如积极词汇和消极词汇）的出现频率。这些词汇对情感分类任务至关重要，因为它们直接表达了评论者的情感态度。

③ 文本表示初步探索
- 词袋模型：尝试使用词袋模型（如TF-IDF）对文本进行初步表示，并观察不同情感类别的文本在特征空间中的分布情况。
- 词嵌入：如果条件允许，可尝试使用预训练的词嵌入（如Word2Vec、GloVe或BERT的嵌入表示）来进一步探索文本的特征表示。

④ 可视化分析
- 利用可视化工具（如matplotlib、seaborn或Tableau）对分析结果进行可视化展示，以便更加直观地理解数据的特性和分布。例如，可以绘制情感分布的饼图、文本长度的直方图、高频词的词云图等。

需要注意的是，并非每个NLP任务都需要尝试上述所有探索性分析内容。具体任务应具体分析，并选择合适的内容进行。下面我们会选择从ChnSentiCorp基本信息统计、ChnSentiCorp文本长度分布、ChnSentiCorp情感正负面标签分布情况这三个方面开展探索性分析。

（2）ChnSentiCorp基本信息统计

输入：

```
# 1. 基本信息统计
# 指定本地数据文件的路径
data_files = {
    'train': './datasets/ChnSentiCorp_htl_all/chn_senti_corp-train.arrow',
    'test': './datasets/ChnSentiCorp_htl_all/chn_senti_corp-test.arrow',
    'validation': './datasets/ChnSentiCorp_htl_all/chn_senti_corp-validation.arrow'
}
# 使用 load_dataset 函数加载本地数据文件
dataset = load_dataset('arrow', data_files=data_files)

# 访问 train 训练集、 test 测试集、validation 验证集
train_dataset = dataset['train']
test_dataset = dataset['test']
validation_dataset = dataset['validation']

# 统计并打印基本信息
print(f" 训练集样本数量 : {len(train_dataset)}")
print(f" 测试集样本数量 : {len(test_dataset)}")
print(f" 验证集样本数量 : {len(validation_dataset)}")
```

输出：

```
Generating train split: 9600 examples [00:00, 1953963.14 examples/s]
Generating test split: 1200 examples [00:00, 2029501.94 examples/s]
Generating validation split: 1200 examples [00:00, 1288902.64 examples/s]
训练集样本数量: 9600
测试集样本数量: 1200
验证集样本数量: 1200
```

在5.2.1小节的内容中，曾对数据集中各个样本的比例分配问题进行过介绍。根据当前的情况，训练集大约占据了总数据集的80%，而测试集和验证集则各自占据了10%的比例。

（3）绘制ChnSentiCorp文本直方图

为了直观地展示ChnSentiCorp数据集中文本长度的分布情况，可以借助matplotlib这一强大工具来绘制直方图。直方图能够清晰地呈现数据集中不同文本长度的分布，有助于快速把握数据集的构成特点，为后续的模型训练做好充分铺垫。

在模型训练过程中，为了有效评估模型性能、预防过拟合、指导模型优化以及衡量模型的泛化能力，应当采用训练集与验证集相结合的方式进行专业分析。需要注意的是，测试集主要用于模型训练完成后的最终泛化能力评估，因此在训练阶段应尽量避免使用测试集进行可视化分析或其他评估活动。

以下是一个代码设计示例，旨在分析和可视化ChnSentiCorp数据集中文本的长度分布。此步骤有助于深入理解数据集中文本长度的多样性，并可能为后续的文本处理或模型训练前的预处理工作提供有益的指导。

输入:
```
# 绘制 ChnSentiCorp 文本直方图
def text_length_func(datasets: Dataset, color='brown', title=" 文本长度分布 ", edgecolor='black'):
    """ 将 ChnSentiCorp 数据集文本的令牌数量分布绘制成图表 """
    # 计算数据集中文本的长度
    lengths_text = Counter()
    for data in datasets:
        length = len(tokenizer.tokenize(data["text"]))
        lengths_text[length] += 1
    # 根据 length_counter 值绘制柱形图
    plt.bar(lengths_text.keys(), lengths_text.values(), width=10.0, color=color, edgecolor=edgecolor)
    plt.xlabel(" 令牌数 ")
    plt.ylabel(" 文本数量 ")
    plt.title(title)
    plt.show()

# 绘制训练集文本长度分布
text_length_func(train_dataset)
text_length_func(validation_dataset)
```

输出:

ChnSentiCorp数据集的文本长度分布情况

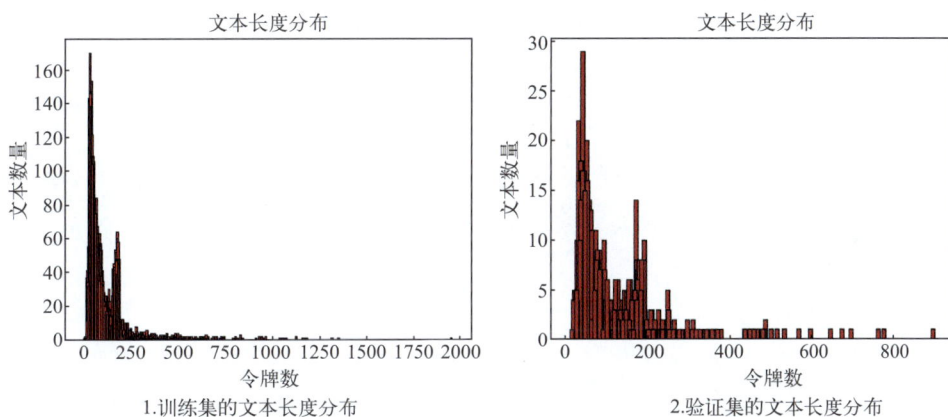

1.训练集的文本长度分布

2.验证集的文本长度分布

在代码中，Counter( ) 函数被用来统计不同文本长度的出现频率。具体做法是，遍历数据集中的每个数据点，使用 tokenizer.tokenize(data["text"]) 方法获取每个文本的令牌（token）数量，这个数量即代表了文本的长度。然后，将这些长度及其对应的出现次数记录在 lengths_text 计数器中。

为了直观地展示训练集和验证集中文本长度的分布情况，text_length_func( ) 函数被分别针对训练集 train_dataset 和验证集 validation_dataset 调用了两次。

从代码运行的结果来看，训练集和验证集中的文本长度主要分布在10 到1000 的范围内。然而，如果通过观察图像发现可能存在离群值，我们可以进一步编写代码进行详细排查，以确认是否确实存在文本长度异常偏离正常范围的情况。这样的分析有助于我们更好地理解数据集的特性，并为后续的文本处理或模型预处理步骤提供指导。

在机器学习和深度学习的标准流程中，数据集被明确划分为训练集、验证集和测试集，每部分都承担着特定的任务。特别是验证集，它对于评估模型的泛化能力具有关键作用，因为验证集能够模拟模型在处理新数据时的表现，从而帮助更精确地调整和优化模型。

为了深入分析ChnSentiCorp验证集中可能存在的离群值，需要进行一系列的数据分析。这包括计算验证集数据的基本统计量，如均值和标准差，这些统计量有助于设定离群值的判断阈值。通常，会采用均值加减若干倍标准差的方法，作为界定离群值的标准。

在实际操作中，可以构建一个函数来计算验证集中文本长度的平均值和标准差，然后基于这些统计量来设定离群值的阈值，并逐一检查验证集中的数据，以识别出离群值。

然而，在处理离群值时，必须格外谨慎。因为离群值有时可能包含有价值的信息，简单地删除它们可能会导致重要信息的丢失。因此，在处理离群值时，应该根据数据的具体情况和特点，选择最合适的处理方法。

输入：

```python
# 分析数据集中的离群值
def calculate_text_length_stats(dataset, tokenizer):
    lengths = []
    for sample in dataset:
        text = sample['text']
        length = len(tokenizer.tokenize(text))
        lengths.append(length)
    mean_length = np.mean(lengths)
    std_dev_length = np.std(lengths)
    return mean_length, std_dev_length

# 计算验证集文本长度的平均值和标准差
validation_mean_length, validation_std_dev_length = calculate_text_length_stats(validation_dataset, tokenizer)
print(f"验证集文本长度平均值：{validation_mean_length}, 标准差：{validation_std_dev_length}")

# 定义离群值的倍数，通常可以是 2 或 3
outlier_multiplier = 2

# 为训练集添加文本长度字段：
for sample in validation_dataset:
    if 'text' in sample:
        sample['text_length'] = len(tokenizer.tokenize(sample['text']))

# 计算离群值的阈值
outlier_threshold_upper = validation_mean_length + outlier_multiplier * validation_std_dev_length
outlier_threshold_lower = validation_mean_length - outlier_multiplier * validation_std_dev_length

# 遍历验证集并识别离群值
outliers = []
for sample in validation_dataset:
    if 'text_length' in sample:
        text_length = sample['text_length']
        if text_length > outlier_threshold_upper or text_length < outlier_threshold_lower:
            outliers.append(sample)

# 打印验证集的离群值
print(f"验证集中的离群值数量：{len(outliers)}")
for outlier in outliers[:100]:  # 打印前 100 个离群值
    print(outlier)
```

输出：

验证集文本长度平均值: 104.49, 标准差: 91.75087592679066
验证集中的离群值数量: 0

这段代码旨在分析ChnSentiCorp 数据集（特别是验证集）中的文本长度离群值。为此，定义了一个名为calculate_text_length_stats 的函数，它接收数据集dataset 和分词器tokenizer 作为输入。该函数的功能是遍历数据集中的每个样本，利用分词器计算每个文本的长度，并基于这些长度值计算出平均值和标准差。最终，该函数返回文本长度的平均值和标准差，以便进一步分析验证集中的文本长度离群值。从程序输出结果来看，验证集中没有离群值。

整体来看，这段代码是一个完整的数据分析流程，从计算统计数据到识别并打印离群值。这样的分析对于理解数据集的特性、识别潜在的问题或异常值以及后续的数据预处理和模型训练都是非常有帮助的。

关于ChnSentiCorp 验证集是否存在离群值的问题，首先需要明确的是，离群值的存在与否取决于数据本身的分布特性和离群值的定义标准。在统计学和机器学习中，离群值通常被定义为与大多数数据点显著不同的数据点，这些点可能由于测量错误、数据录入错误或极端事件等原因产生。

对于ChnSentiCorp 数据集，它是一个专门用于中文情感分析的数据集。由于验证集的数据来源于实际场景，且数据的生成和收集过程中可能受到多种因素的影响，因此存在离群值的可能性是存在的。

（4）绘制ChnSentiCorp 正负情感标签直方图

ChnSentiCorp 是用于评论情感分析的数据集，定义了"positive"（肯定）和"negative"（否定）两个比标签。调查ChnSentiCorp 数据集中有多少这样的标签。

输入：

```python
# 可视化数据集中的标签分布
def labels_distribution(datasets: Dataset):
    """ 将数据集中的标签分布绘制成图表 """
    # 统计数据集中标签的数量
    counter_labels = Counter()
    for data in datasets:
        label_id = data["label"]
        label_name = datasets.features["label"].names[label_id]
        counter_labels[label_name] += 1
    print(counter_labels)
    # 创建一个颜色列表，你可以根据需要自定义这些颜色
    colors = ['b', 'g', 'r', 'c', 'm', 'y', 'k', 'orange', 'purple', 'lime']
    # 确保颜色列表足够长
    if len(colors) < len(counter_labels):
        colors.extend(['gray'] * (len(counter_labels) - len(colors)))

    plt.bar(counter_labels.keys(), counter_labels.values(), width=2.0, color=colors[:len(counter_labels)])
    plt.xlabel(" 标签 ")
    plt.ylabel(" 文本数量 ")
    plt.title(" 数据集中的标签分布 ")
    plt.show()


labels_distribution(train_dataset)
labels_distribution(validation_dataset)
```

输出：

```
Counter({'negative': 4801, 'positive': 4799})
Counter({'negative': 607, 'positive': 593})
```

ChnSentiCorp数据集的标签分布情况

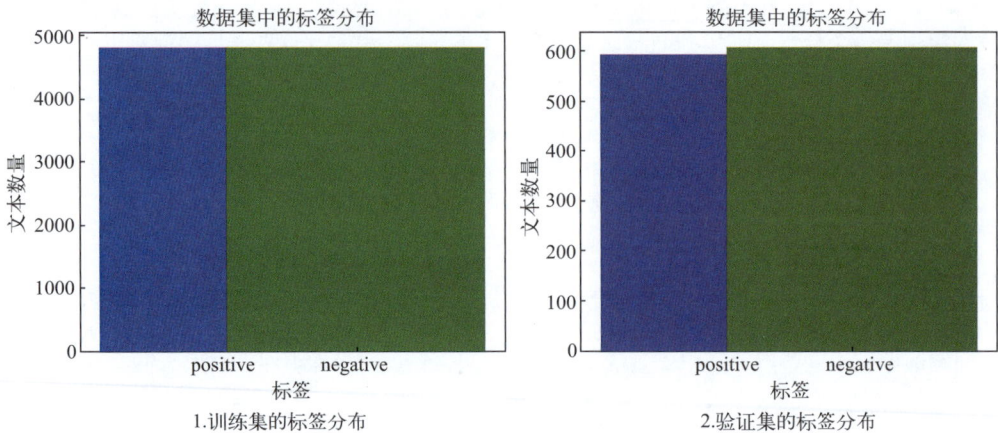

1.训练集的标签分布
2.验证集的标签分布

从程序输出的可视化结果来看，无论是训练集还是验证集，"positive"标签与"negative"标签的数量分布都相对均衡。通常，均衡的数据分布能够使模型学习到更好的特征表示，从而提升模型性能。相比之下，数据分布不均衡往往会导致模型在训练过程中遇到更多问题，这时可能需要调整数据分布的比例以改善模型表现。幸运的是，本次的数据分布状况较为理想，无需进行此类调整。

5.3.3　数据预处理

在探索性分析之后，接下来将进入数据的预处理阶段。

（1）文本转换为令牌ID

这一阶段的主要工作是将数据集中的文本转换为一系列代表令牌的ID，以便于后续的模型训练和处理。首先，设计一个函数，这个函数用于文本分类任务的数据预处理步骤。它将文本数据转换为模型可以处理的格式，并将标签与文本数据关联起来，以便在后续的训练或推理过程中使用。数据预处理的相关代码如下：

输入：
```
# 数据预处理
from transformers import BatchEncoding
def preprocess_func(textual_data: dict[str, str | int]) -> BatchEncoding:
    """将文本进行对话，并转换为ID"""
    encoded_textual_data = tokenizer(textual_data["text"], max_length=512)
    # 将模型的输入参数 "labels" 作为键存储
    encoded_textual_data["labels"] = textual_data["label"]
    return encoded_textual_data
```

这段代码定义了一个名为 preprocess_func 的函数，它的目的是对输入的文本数据进行预处理，并将处理后的数据转换为模型能够理解的格式。这里使用了 Transformers 库中的 BatchEncoding 类型来返回处理后的数据。

- 函数定义：preprocess_func 函数接收一个字典 textual_data 作为输入，这个字典包含两个键值对，其中键 "text" 对应的值是文本数据（字符串类型），键 "label" 对应的值是标签（整数类型）。
- 文本编码：使用 tokenizer 对输入的文本进行编码。max_length=512 参数表示编码后的文本长度将被限制在 512 个分词单元以内。如果文本长度超过这个值，它将被截断；如果文本长度小于这个值，它将被填充。
- 添加标签：编码后的文本数据（encoded_textual_data）是一个 BatchEncoding 对象，它包含了模型需要的所有输入数据。这段代码将输入的标签（textual_data["label"]）添加到 encoded_textual_data 中，键为 "labels"。这样，encoded_textual_data 不仅包含了编码后的文本，还包含了对应的标签，适用于训练或评估模型时使用。
- 返回值：函数返回处理后的 encoded_textual_data，它是一个 BatchEncoding 对象，包含了编码后的文本和对应的标签。

紧接着，将之前定义好的 preprocess_func 函数应用到具体的处理流程中。这一步的目的是将原始的训练和验证数据集转换为模型能够处理的格式，从而为后续的训练或评估步骤做好准备。相关代码如下所示：

输入：
```
# 进一步处理
encoded_train_dataset = train_dataset.map(
    preprocess_func,
    remove_columns=train_dataset.column_names,
)
encoded_valid_dataset = validation_dataset.map(
    preprocess_func,
    remove_columns=validation_dataset.column_names,
)

print(encoded_train_dataset[16])
```

输出：
```
{'input_ids': [101, 6821, 3221, 2769, 5018, 122, 3613, 5314, 1059, 758, 3215, 1521, 141, 142, 141, 6631......],'
token_type_ids': [0, 0, 0, 0, 0, 0, 0, 0, 0, 0, 0, 0, 0, 0, 0, 0, 0, 0, 0, 0, 0, 0, 0, 0, 0, 0, 0, 0, 0, 0, 0, 0, 0, 0......],
'attention_mask': [1, 1, 1, 1, 1, 1, 1, 1, 1, 1, 1, 1, 1, 1, 1, 1, 1, 1, 1, 1, 1, 1, 1, 1, 1, 1, 1, 1, 1, 1, 1, 1, 1, 1......],
'labels': 1}
```

这段代码是对训练数据集和验证数据集进行预处理。这里使用了 map 函数来应用之前定义的 preprocess_func 预处理函数。remove_columns 参数用于指定在映射操作后要从数据集中移除的列，这里移除了数据集中的所有列，因为预处理函数已经生成了新的、模型需要的输入格式，具体来说：

- encoded_train_dataset：这是通过应用 preprocess_func 函数到 train_dataset 上得到的新数据集，其中包含了编码后的文本和对应的标签，同时移除了原始的列。
- encoded_valid_dataset：这是通过应用 preprocess_func 函数到 validation_dataset 上得到的新数据集，同样包含了编码后的文本和对应的标签，同时移除了原始的列。
- print(encoded_train_dataset[16])：这行代码随机打印出 encoded_train_dataset 中的一个元素，即预处理后的第 17 个数据点，用于查看预处理的结果是否符合预期。

从输出结果来看，文本和标签被转换成 ID 了。具体来说：

- token_type_ids：也被称为 segment_ids，在 BERT 等模型中扮演着关键角色。它们的主要功能是区分输入文本中的不同句子或段落。当输入包含多个句子或段落时，token_type_ids 用于标记每个 token（通常是词或子词）所属的句子或段落。为了实现这一点，不同的句子或段落会被赋予不同的 id，通常是 0 和 1。这样，模型就能够理解句子间的关系，并根据这些信息进行后续的处理和预测。例如，在句子的分类任务中，第一个句子的所有 token 会被赋予 token_type_ids 为 0，而第二个句子的所有 token 则会被赋予 token_type_ids 为 1，从而使模型能够区分出输入中的两个句子。
- attention_mask：它在 self-attention 机制中起着至关重要的作用。它的主要功能是指示哪些位置是有效的输入，哪些位置是填充（padding）的无效输入。由于输入文本的长度不一，通常需要将它们填充到相同的长度以便进行批量处理。然而，这些填充的部分并不包含有用的信息，因此在计算 attention 时应该被忽略。为了实现这一点，attention_mask 会与输入序列长度相同的张量一起使用，其中有效输入的位置被标记为 1，填充的位置被标记为 0。在 attention 计算过程中，这些 0 值会确保模型不会将注意力集中在填充部分上，从而提高模型的效率和准确性。

为了将预处理后的信息输入到模型中，我们需要将这些信息转换为特定的数据类型。目前，常见的机器学习框架如 PyTorch、TensorFlow、Keras 等，都支持特定的数据结构。在案例中，由于采用 PyTorch 框架，因此需要将预处理后的信息转换为 Tensor 这种多维数组类型。转换为 Tensor 类型的好处在于，它能够支持迷你批量（mini-batch）的处理方式，从而提高模型训练的效率和效果。

（2）数据批量处理策略

在初学者探索大语言模型时，"案例"是一个核心概念。它指的是单个数据样本或实例，这些样本或实例被用来训练或评估模型。在实际应用中，模型通过研究和解析大量案例（这些案例共同组成了数据集）来捕捉关键特征，并利用这些特征进行预测或作出决策。每个案例都包含一系列特征或字段，比如"input_ids"，这些特征作为模型的输入。为了提高训练速度和效果，通常会将多个案例组合成一个较小的批次，这样模型就可以同时处理多个输入。具体来说，在这个过程中，会将案例中的相同字段（例如"input_ids""attention_mask""token_type_ids"）整合在一起，并将它们转换成一种称为 Tensor 的数据结构。随后，模型会统一计算这些 Tensor 的输出，并通过误差反向传播来不断调整和优化自身，从而提升性能。

在处理文本这类可变长度序列数据时，为了提高训练效率和效果，会将数据组织成较小的批次，即迷你批量（mini-batch）。但由于序列长度不一，需进行适当调整。具体来说，就是根据迷你批量中最长的序列，给较短的序列添加伪令牌，这一过程称为填充（padding）。通过填充，模型能够同时处理多个输入序列，统一计算这些填充后序列的输出，并利用误差反向传播来优化模型性能。以 attention_mask 为例来展示填充过程，假设每一行代表一个案例，其中黄色背景部分表示添加的伪令牌。这样，即使序列长度不同，通过填充也能使它们具有相同的长度，从而方便模型进行处理 04。

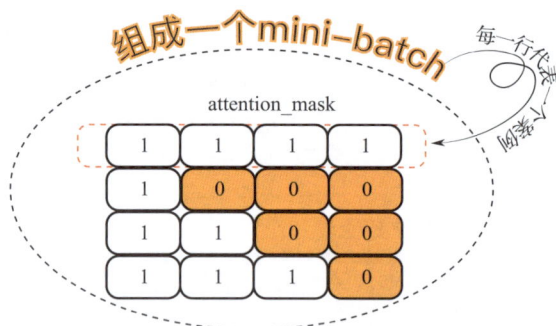

04 由于输入序列的长度可能各不相同，为了能够在同一个迷你批量中同时处理多个输入，需要对较短的序列进行填充，使它们与最长序列具有相同的长度。填充通常是通过在较短序列的末尾添加伪令牌来实现的，方便进行批量处理

接下来，将介绍如何利用transformers 库中的DataCollatorPadding 类来实现数据的mini-batch 构建和填充操作。DataCollatorPadding 是数据处理和模型训练过程中广泛使用的一个工具，尤其在NLP 任务中显得尤为重要。作为DataCollator 类的一个具体实现，它的主要作用是在数据被打包成批次时，对输入数据进行动态的填充处理。这样，批次中的所有序列都会被调整到相同的长度，以满足模型对输入数据格式的要求。

① DataCollatorPadding 主要功能和特点

- 动态填充：根据批次中最长的序列或其他指定的长度来填充较短的序列，确保批次中所有序列的长度一致，以满足模型输入的要求。
- 灵活性：可以通过设置不同的参数来控制填充行为，如填充策略、最大长度、填充至的倍数等。
- 返回数据类型：支持多种数据类型的返回，如PyTorch tensors、TensorFlow tensors 或NumPy arrays 等，这取决于具体的实现和参数设置。

② 常见参数
- tokenizer：用于指定编码数据的分词器（tokenizer），它负责将原始文本转换为模型可理解的数值形式。
- padding：控制是否进行填充以及填充策略的参数。可以设置为布尔值（True/False 表示是否填充）、字符串（指定填充策略，如"longest"、"max_length" 等）或PaddingStrategy 枚举。
- max_length：指定填充后的最大长度。如果设置了此参数，则无论批次中最长的序列有多长，都会将所有序列填充至这个长度。
- pad_to_multiple_of：指定填充后的长度应为某个数的倍数，这有助于优化模型训练时的内存使用。
- return_tensors：指定返回的数据类型，如"pt" 表示PyTorch tensors，"tf" 表示TensorFlow tensors 等。

DataCollatorWithPadding 通常用于需要将多个文本序列打包成一批次进行模型训练的场景。在NLP 任务中，由于不同文本序列的长度可能不同，而模型通常要求输入批次中所有序列的长度一致，因此需要使用 DataCollatorWithPadding 来进行动态填充。具体实现如下：

输入：
```
# 数据批量处理策略
auto_fill_collator = DataCollatorWithPadding(tokenizer=tokenizer)
def prepare_batch_data(encoded_train_dataset, numbers):
    auto_fill_collator = DataCollatorWithPadding(tokenizer=tokenizer)
    batch_inputs = auto_fill_collator(encoded_train_dataset[0:numbers])
    pprint({name: tensor.size() for name, tensor in batch_inputs.items()})
    return batch_inputs
batch_inputs = prepare_batch_data(encoded_train_dataset, 10)
```

输出：
```
{'attention_mask': torch.Size([10, 126]),
'input_ids': torch.Size([10, 126]),
'labels': torch.Size([10]),
'token_type_ids': torch.Size([10, 126])}
```

prepare_batch_data 函数的目的是对数据集进行批量处理，并打印出处理后的批次数据的形状。以下是对本函数的详细分析：

- DataCollatorWithPadding 类在初始化时接收一个 tokenizer 参数，这是为了获取用于填充的伪令牌（如 padding token）的 ID。在处理数据时，这个类会使用这个 ID 来添加必要的填充，以确保每个样本都具有相同的长度。
- 使用 auto_fill_collator 来处理 encoded_train_dataset 中的前 10 个样本时，实际上是在准备一个数据批量，以便用于模型训练，得到处理后的批次数据 batch_inputs。

- 为了更清楚地了解批量数据的结构，函数中使用了 pprint 来打印出 batch_inputs 中每个 tensor 的尺寸。batch_inputs 是一个字典，其键是数据的名称（如 input_ids、attention_mask 等），值是对应的 tensor。通过遍历这个字典并打印出每个 tensor 的尺寸，可以直观地看到批量数据中每个样本的实际尺寸，以及由于填充而增加的尺寸。
- 需要注意的是，除了 labels 之外，其他的键都对应着形状为"批量大小 * 批量内最大序列长度（126）"的 Tensor。这是因为 labels 通常是一维的，表示每个样本的标签，而其他键则包含了与输入序列相关的二维数据。

通过上述函数的代码及其输出结果，可以明确理解 DataCollatorWithPadding 类的功能及其工作机制。创建的 auto_fill_collator 对象在数据处理中扮演着核心角色，它随后会被传递给 Trainer 实例。在模型训练期间，Trainer 会利用 auto_fill_collator 来构建和处理迷你批量，确保每个批次的数据都满足模型的输入规范。

5.3.4　模型训练与评估

各类数据准备工作完成了，接下来模型就开始登场了，目的就是将准备好的数据传输给模型，完成模型的训练。

（1）模型准备

本案例聚焦于情感分析任务，这是一项典型的序列分类任务。为此，选择使用 AutoModelForSequence Classification 来构建一个专门用于序列分类的预训练模型。具体来说，会加载一个预训练的中文 RoBERTa 模型，并对其进行适配，使其成为一个能够处理特定情感分析任务的序列分类模型。这一过程涵盖了模型的加载、配置以及适配，为后续的情感分析工作奠定了坚实基础。

输入：

```
def load_and_prepare_model(train_dataset, model_path):
    label_feature = train_dataset.features["label"]
    label_to_id = {label: id for id, label in enumerate(label_feature.names)}
    id_to_label = {id: label for id, label in enumerate(label_feature.names)}

    model = AutoModelForSequenceClassification.from_pretrained(
        model_path,
        num_labels=label_feature.num_classes,
        label2id=label_to_id,
        id2label=id_to_label,
    )
    # 打印出模型类的名称，以确认加载的模型类型。
    print(type(model).__name__)
    return model  # 函数返回加载并适配后的模型。

model = load_and_prepare_model(train_dataset, "models/hfl/chinese-roberta-wwm-ext")

# 测试模型前向传播的结果
outputs = model.forward(**batch_inputs)
pprint(outputs)
```

输出：

```
BertForSequenceClassification
SequenceClassifierOutput(loss=tensor(0.6816, grad_fn=<NllLossBackward0>), logits=tensor([
    [ 0.4985,  0.0557],
    [ 0.2847,  0.1946],
    [ 0.4290,  0.0708],
    [ 0.4957, -0.1340],
    [ 0.5398,  0.1332],
    [ 0.4781,  0.0233],
    [ 0.3555, -0.0209],
    [ 0.4941,  0.1558],
    [ 0.4376,  0.0841],
    [ 0.4126,  0.1621]], grad_fn=<AddmmBackward0>), hidden_states=None, attentions=None)
```

load_and_prepare_model 函数的目的是加载并准备一个序列分类模型。以下是对本函数的详细分析：

- 从训练数据集的特征中提取出标签特征，并将其存储在 label_feature 变量中。
- 构建一个从标签名到标签 ID 的映射字典。
- 构建一个从标签 ID 到标签名的映射字典。
- 使用 AutoModelForSequenceClassification.from_pretrained 方法加载预训练的中文 RoBERTa 模型，并通过 num_labels 参数指定模型输出的类别数为标签特征的类别数（label_feature.num_classes），以确保模型输出的类别数与任务中的实际类别数相匹配。
- 通过 label2id 和 id2label 参数将标签名与 ID 的映射传递给模型，以便模型在训练和推理时能够正确处理标签。

在代码执行阶段，调用 load_and_prepare_model 函数，并传入训练数据集和模型路径作为参数。函数执行后，返回加载并适配后的模型，并将其赋值给变量 model。然后，使用加载的模型进行前向传播测试，传入之前准备好的批次数据 batch_inputs。

在表达式 model.forward(**batch_inputs) 中，"**" 这是一个解包操作符，用于将字典的键值对解包为关键字参数。在这里，auto_fill_collator 函数返回一个字典，字典的键是模型输入参数的名称，值是对应的张量。解包后，这些键值对会被直接传递给 model.forward 方法。
model.forward(...) 这个方法调用模型的前向传播方法，并传入上一步解包后的关键字参数。这个方法负责执行模型的前向计算，并返回输出结果。

从代码运行结果来看，使用 BertForSequenceClassification 模型进行序列分类任务时的一个前向传播结果。具体来说，这是模型在处理一批数据后输出的 SequenceClassifierOutput 对象，包含了几个关键部分：

- 损失值（loss）：tensor(0.6816, grad_fn=<NllLossBackward0>)：这个数字表示模型在当前这批数据上的表现如何，损失值越小，说明模型预测得越准确。这里的损失计算使用了负对数似然损失的方法。
- 预测得分（logits）：tensor([[0.4985, 0.0557], ... [0.4126, 0.1621]], grad_fn=<AddmmBackward0>)：这是一个二维的表格，每一行代表一个样本，每一列代表一个类别的预测得分。这些得分是模型直接给出的，还没有经过归一化处理。这些得分是通过神经网络中的线性层（矩阵乘法和加法）计算出来的。
- 隐藏状态（hidden_states）和注意力权重（attentions）：这两个部分在当前输出中都是空的，说明在这次前向传播过程中，我们没有要求模型输出这些信息。有时候，为了更深入地了解模型的工作原理，我们可能会要求模型输出这些额外的信息。

（2）模型训练（Model Training）

通过使用transformers库中的Trainer类，可以轻松实现模型的学习。Trainer封装了模型训练过程中的复杂逻辑，使得模型训练变得更加简便和高效。Trainer类主要负责模型的训练和评估流程。它自动处理了训练循环、损失计算、优化器更新、评估、日志记录等复杂操作，让用户只需关注模型的选择、数据的准备以及训练参数的配置。

Trainer类在初始化时需要一些核心输入参数，这些参数定义了训练过程的各个方面：

- model：要训练的模型，可以是Hugging Face提供的预训练模型，也可以是用户自定义的模型。
- args：TrainingArguments对象，包含了训练所需的各种参数，如训练轮数、批次大小、学习率等。
- train_dataset：用于训练的数据集。
- eval_dataset（可选）：用于评估的数据集，用于在训练过程中评估模型的性能。

Trainer类的训练流程大致如下：

① 初始化：根据提供的参数和训练环境进行一些初始化工作，如设置日志记录器、初始化TensorBoard等。
② 加载检查点（可选）：如果指定了从检查点恢复训练，则加载相应的模型权重、优化器状态等。
③ 准备数据加载器：根据提供的数据集准备数据加载器，用于在训练过程中批量加载数据。
④ 创建优化器和学习率调度器（可选）：如果没有提供，Trainer会自动根据TrainingArguments中的配置创建它们。
⑤ 开始训练循环：按照设定的训练轮数（epochs）进行迭代，每个迭代中遍历整个训练数据集。
  - 在每个批次中，将输入数据传递给模型，计算损失。
  - 使用优化器进行反向传播，更新模型参数。
  - 根据需要调整学习率。
  - 在指定的步骤进行日志记录、评估和检查点保存。
⑥ 评估：在训练结束后，通常会在评估数据集上评估模型的性能，并输出相应的评估指标。

Trainer类在机器学习训练过程中展现出了多方面的优势：

- 首先，Trainer显著简化了训练流程，通过封装训练过程中的大部分复杂操作，使得用户能够更专注于模型的核心部分，无需深陷于烦琐的训练细节中。
- 其次，Trainer具备高度的灵活性，支持自定义回调函数、数据整理函数等，能够很好地满足不同用户的特定需求。此外，它还提供了丰富的日志记录和评估功能，帮助用户更全面地了解训练过程以及模型的性能表现。
- 最后，Trainer还支持多种分布式训练框架，如DeepSpeed、PyTorch FSDP等，从而有效提高了训练效率，使得大规模模型的训练变得更加可行和高效。

接下来，将着手编写模型训练的代码。

首先，需要定义一个配置类及相关函数来设定学习过程，随后将这些配置信息传递给Trainer以执行训练。在这个配置过程中，超参数（例如学习率和批量大小）的设置是核心。为此，采用TrainerArguments来进行训练相关的配置。TrainerArguments允许明确指定学习率、批量大小等关键训练参数，从而为训练过程提供详细的配置信息。以下是具体的参数设置：

输入：
```
# 模型训练
from transformers import TrainingArguments

training_args = TrainingArguments(
    output_dir="./output", # 结果的保存文件夹
    per_device_train_batch_size=4, # 训练时的批量大小
    per_device_eval_batch_size=4, # 评估时的批量大小
    learning_rate=2e-3, # 学习率
    lr_scheduler_type="linear", # 学习率调度器的种类
    warmup_ratio=0.1, # 指定学习率的预热长度
    num_train_epochs=3, # epoch 训练轮次
    save_strategy="epoch", # 检查点的保存时机，每个 epoch 保存一次模型
    logging_strategy="epoch", # 记录的时机，每个 epoch 进行一次评估
    eval_strategy="epoch", # 根据验证集进行评价的时机，每个 epoch 进行一次评估
    load_best_model_at_end=True, # 训练后在开发集加载最好的模型
    metric_for_best_model="accuracy", # 决定最佳模型的评价指标
    fp16=False, # 废弃 "自动混合精度计算的有效化"
)
```

在进行超参数配置时，代码中添加了详尽的注释以保证易于理解。特别需要注意的是，参数名中带有 per_device 的部分，指的是为每个 GPU（或称为每个设备）设定的批量大小。当利用多个 GPU 进行训练时，per_device_train_batch_size 与 GPU 数量的乘积，决定了每次参数更新所使用的样本总数。而在评估阶段，通过 per_device_eval_batch_size 来指定每个 GPU 上的处理批量大小。

其中，lr_scheduler_type="linear" 表示学习率调度器的种类，它用于在训练的不同阶段动态地调整优化算法中的学习率。以下是一些常见的学习率调度器类型：

① 常数学习率（Constant）：在整个训练过程中，学习率保持不变。
② 带预热的常数学习率（Constant with Warmup）：在训练初期有一个预热阶段，学习率逐渐增加到初始学习率，然后保持常数。
③ 线性衰减（Linear）：学习率从初始值线性衰减到 0 或某个较小的值。
④ 余弦退火（Cosine Annealing）：学习率按照余弦函数进行周期性变化，适用于训练过程中的周期性调整。
⑤ 阶梯式衰减（Step Decay）：在训练过程中的特定步骤或 epoch 时，学习率按一定比例衰减。
⑥ 指数衰减（Exponential Decay）：学习率按指数函数进行衰减。
⑦ 基于指标的学习率调整（ReduceLROnPlateau）：当某个指标（如验证集上的损失）停止改善时，自动降低学习率。
⑧ 循环学习率（CyclicLR）：学习率在预设的上下界之间循环变化，有助于模型探索不同的学习率范围。

当 lr_scheduler_type="linear" 时，表示采用的是线性衰减学习率调度器。这种调度器会在训练过程中将学习率从初始值线性地衰减到 0 或某个预设的最小值。这种调度策略适用于那些需要逐渐减小学习率以进行精细调整的训练场景。

本次代码中，与 lr_scheduler_type="linear" 成对出现的一个参数设置是 "warmup_ratio=0.1"。warmup_ratio 预热长度是在训练深度学习模型时，使用学习率预热（warmup）策略时的一个参数，它用于指定预热阶段占整个训练过程长度的比例。预热是一种优化技术，旨在训练初期通过逐渐增加学习率来帮助模型稳定，避免因为初始学习率设置不当导致的模型训练不稳定或性能不佳。

具体来说，warmup_ratio 的值是一个介于 0 和 1 之间的小数，表示预热阶段占整个训练过程（以迭代次数或轮次计）的比例。例如，如果整个训练过程有 1000 个迭代，且 warmup_ratio 设置为 0.1，那么预热阶段将有 100 个迭代（1000×0.1 = 100）。在这 100 个迭代中，学习率会从一个小值（如 0 或接近 0 的值）线性增加到预设的初始学习率。预热完成后，学习率将保持在初始值，或者根据其他学习率调整策略（如学习率衰减）进行变化[05]。

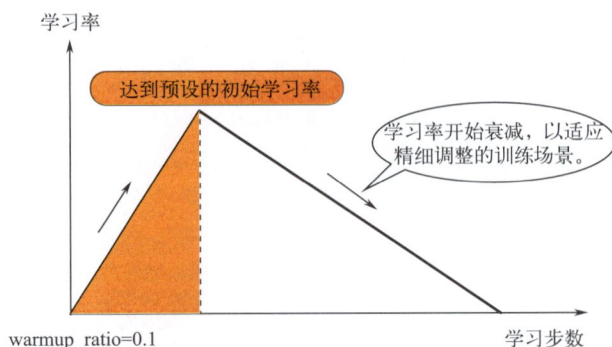

学习率

达到预设的初始学习率

学习率开始衰减，以适应精细调整的训练场景。

warmup_ratio=0.1   学习步数

05 通过设置一个预热阶段（warmup phase），可以逐渐增加学习率，而不是从一开始就使用较大的学习率。这有助于模型在训练初期更加稳定，避免因学习率过大而导致的梯度爆炸或模型不收敛的问题

使用 warmup_ratio 的好处包括：

- 稳定性：在训练初期，模型的权重是随机初始化的，此时使用较大的学习率可能导致模型训练不稳定。通过预热，模型可以在较小的学习率下逐渐稳定，为后续的训练打下良好的基础。
- 加速收敛：预热阶段有助于模型更快地找到损失函数的平坦区域，从而加速收敛过程。一旦模型稳定，就可以使用较大的学习率进行训练，提高训练效率。
- 泛化能力：一些研究表明，预热策略还可以提高模型的泛化能力，使模型在未见过的数据上表现更好。

通过指定以上超参数，可以在每个 epoch 结束时对模型进行保存和评价，确定训练的过程。需要注意的是，在机器学习领域，模型评价方法多种多样。对于本次的任务，我们将主要使用最常见的准确率（accuracy）作为评价方法。为了支持模型的训练过程，我们需要先定义这个评价方法，并将其传递到训练器（trainer）中。接下来，我们将通过代码来具体实现这个模型评价方法。

输入：

```
# 定义模型的评价方法
from transformers import EvalPrediction
def model_accuracy(eval_pred: EvalPrediction) -> dict:
    """
    计算模型准确率。
    参数：
        eval_pred: EvalPrediction 对象，包含预测和标签。
    返回：
        一个字典，包含一个键 "accuracy"，其值为计算出的准确率。
    """
    # 确保了 model_accuracy 函数接收一个 EvalPrediction 对象，并从中提取 predictions 和 label_ids
    predictions, labels = eval_pred.predictions, eval_pred.label_ids
    # 确保 predictions 是二维数组，且 labels 是一维数组
    if predictions.ndim != 2 or labels.ndim != 1:
        raise ValueError("predictions 必须是二维数组，labels 必须是一维数组 ")
    # 将得分最高的索引作为预测标签
    predicted_labels = np.argmax(predictions, axis=1)
    # 计算准确率
    accuracy_value = (predicted_labels == labels).mean()
    # 返回准确率字典
    return {"accuracy": accuracy_value}
```

在代码中引入 EvalPrediction 是为了提供一个标准化的方式来处理模型的预测结果和对应的真实标签。EvalPrediction 是 transformers 库中的一个类，它通常用于封装模型在评估（evaluation）阶段产生的预测结果和相应的真实标签。

在 model_accuracy 函数中，EvalPrediction 对象被用来提取预测结果（predictions）和真实标签（label_ids）。这使得函数能够计算准确率，而不需要关心这些数据是如何生成或存储的。使用 EvalPrediction 有几个好处：

- 标准化：它提供了一个统一的数据结构来存储预测结果和真实标签，这使得在评估模型时更加方便和一致。
- 便利性：EvalPrediction 对象包含了所有必要的信息，使得编写评估函数（如 model_accuracy）时更加简单和清晰。你不需要单独传递预测结果和标签，而是传递一个包含这两者的对象。
- 兼容性：transformers 库中的许多函数和类都期望使用 EvalPrediction 对象作为输入，这使得你的代码更加兼容和易于集成到更大的项目中。

紧接着，定义了一个 model_accuracy 函数，它将被传递给 Trainer，用于在每个训练周期结束时评估验证集上模型的准确率。该函数接收一个 eval_pred 对象，其中包含了模型的预测结果（predictions）和对应的真实标签（labels），并基于这些输入数据计算准确率。

到此为止，已经完成了模型训练前的所有准备工作。随后，将准备好的数据集、模型、DataCollatorWithPadding 实例、超参数设置以及评估函数等全部传递给 Trainer，以启动模型的学习和评估过程。相关代码如下：

输入：

```python
# 创建 Trainer 对象
from transformers import Trainer
trainer = Trainer(
    model=model,
    train_dataset=encoded_train_dataset,
    eval_dataset=encoded_valid_dataset,
    data_collator=auto_fill_collator,
    args=training_args,
    compute_metrics=model_accuracy,
)

# 执行训练任务之前，确保模型所有数据是连续的。如果不处理，运行时可能在一些编辑器上会报错。
for param in model.parameters():
    param.data = param.data.contiguous()

# 开始训练
trainer.train()

# 用验证集评价模型
eval_metrics = trainer.evaluate(encoded_valid_dataset)
pprint(eval_metrics)
```

输出：

```
{'loss': 0.3377, 'grad_norm': 37.90214538574219, 'learning_rate': 1.4814814814814815e-05, 'epoch': 1.0}
{'eval_loss': 0.262001097202301, 'eval_accuracy': 0.9266666666666666, 'eval_runtime': 43.1869, 'eval_samples_per_second': 27.786,
'eval_steps_per_second': 3.473, 'epoch': 1.0}

{'loss': 0.1697, 'grad_norm': 6.685908794403076, 'learning_rate': 7.4074074074074075e-06, 'epoch': 2.0}
{'eval_loss': 0.27736973762512207, 'eval_accuracy': 0.935, 'eval_runtime': 23.4496, 'eval_samples_per_second': 51.174, 'eval_steps_per_
second': 6.397, 'epoch': 2.0}

{'loss': 0.0839, 'grad_norm': 14.873689651489258, 'learning_rate': 0.0, 'epoch': 3.0}
{'eval_loss': 0.250014990568161, 'eval_accuracy': 0.9508333333333333, 'eval_runtime': 23.4849, 'eval_samples_per_second': 51.097,
'eval_steps_per_second': 6.387, 'epoch': 3.0}

{'train_runtime': 2476.0993, 'train_samples_per_second': 11.631, 'train_steps_per_second': 1.454, 'train_loss': 0.1970989015367296,
'epoch': 3.0}
```

为了观察更直观，先把模型训练后的输出结果整理成列表形式。

① 训练损失（loss）
- Epoch 1: 0.3377
- Epoch 2: 0.1697
- Epoch 3: 0.0839（注意：这里的 0.1970989015367296 是整个 Epoch 3 的平均或最终训练损失，而 0.0839 可能是 Epoch 3 中某个批次或某个时间点的损失）
- 训练损失在每个 epoch 后都有显著下降，这表明模型在逐渐学习并减少预测错误。

② 梯度范数（grad_norm）
- Epoch 1: 37.9021
- Epoch 2: 6.6859
- Epoch 3: 14.8737
- 梯度范数在 Epoch 2 时大幅下降，但在 Epoch 3 时又有所上升。这可能意味着在 Epoch 3 时模型遇到了更复杂的梯度更新，或者学习率的变化（在此情况下学习率降至 0）对梯度大小产生了影响。

③ 学习率（learning_rate）
- Epoch 1: 1.4815e-05
- Epoch 2: 7.4074e-06
- Epoch 3: 0.0
- 学习率在逐渐减小，这是训练过程中的常见策略，用于在训练后期稳定模型。Epoch 3 时学习率降至 0，可能表示训练已经收敛或达到了预设的学习率衰减策略。

④ 评估损失（eval_loss）和评估准确率（eval_accuracy）
- Epoch 1: eval_loss = 0.2620, eval_accuracy = 0.9267
- Epoch 2: eval_loss = 0.2774, eval_accuracy = 0.9350
- （Epoch 3 的评估数据未提供）
- 评估损失在 Epoch 2 时略有上升，但评估准确率也有所提高。这表明模型在评估数据集上的表现正在逐渐改善，尽管评估损失有所波动。

⑤ 评估运行时间（eval_runtime）和样本处理速度（eval_samples_per_second）
- Epoch 1: eval_runtime = 43.1869s, eval_samples_per_second = 27.786
- Epoch 2: eval_runtime = 23.4496s, eval_samples_per_second = 51.174
- （Epoch 3 的评估运行时间和样本处理速度未提供）
- 评估运行时间在 Epoch 2 时显著减少，而样本处理速度则相应增加。这表明模型在评估时的效率有所提高。

⑥ 样本和步骤处理速度
- 训练和评估的样本处理速度（samples_per_second）和步骤处理速度（steps_per_second）在 Epoch 2 和 Epoch 3 时保持稳定，表明模型的处理效率没有显著变化。

分析上面的列表数据后，可以明确观察到模型训练与评估中的几个积极迹象：训练损失与评估损失均呈现整体下降趋势，这表明模型正有效学习，逐步减少预测误差。同时，每个训练周期（epoch）结束后，评估准确率均有所提升，这进一步证实了模型在评估数据集上的表现正逐步增强。在第二个和第三个训练周期，模型的学习与评估效率保持稳定或略有提升，显示出模型处理数据的稳健性。此外，学习率逐步降低，至第三个训练周期时减至 0，这很可能是由于预设的学习率衰减策略所致，旨在使模型在训练后期更加稳定。尽管第三个训练周期时学习率已降至 0，但模型损失仍继续下降，准确率仍持续提高，这表明模型可能尚未达到完全收敛状态，或者存在如正则化等其他因素在继续促进模型性能的提升。

输出：

```
{'epoch': 3.0,
 'eval_accuracy': 0.9508333333333333,
 'eval_loss': 0.250014990568161,
 'eval_runtime': 23.4755,
 'eval_samples_per_second': 51.117,
 'eval_steps_per_second': 6.39}
```

观察评估结果，以下是对各指标的整理与分析：

- 评估准确率（eval_accuracy）方面，Epoch 3 达到了 0.9508，相较于 Epoch 1 的 0.9267 和 Epoch 2 的 0.9350，呈现出持续上升的趋势。这表明模型在评估数据集上的表现正不断提升。
- 在评估损失（eval_loss）上，Epoch 3 的数值为 0.2500，低于 Epoch 1 的 0.2620，但略高于 Epoch 2 的 0.2774。尽管存在轻微波动，但整体趋势表明模型正在学习并减少预测误差。
- 评估运行时间（eval_runtime）、样本处理速度（eval_samples_per_second）和步骤处理速度（eval_steps_per_second）在 Epoch 3 与 Epoch 2 之间均保持相对稳定。具体来说，Epoch 3 的评估运行时间为 23.4755s，与 Epoch 2 的 23.4496s 相近；样本处理速度为 51.117 样本 /s，与 Epoch 2 的 51.174 样本 /s 相当；步骤处理速度为 6.39 步骤 /s，也与 Epoch 2 的 6.397 步骤 /s 接近。这些数据表明模型在评估时的效率和处理速度均保持稳定。

综上所述，Epoch 3 的评估数据显示模型在评估数据集上的性能有所提升，准确率更高，同时评估时的效率和处理速度也保持稳定。这些结果表明模型正在逐步优化并提高其性能。

C O L U M N

基于PyTorch的Transformers工具与本地checkpoint状态点介绍 ✱

在深度学习中，使用Transformers库或类似框架进行模型训练时，保存的本地checkpoint后面的数字（如1200、2400等）通常代表训练过程中的某个特定状态或时间点。

主要目的都是为了帮助用户管理和跟踪模型训练过程中的不同状态。通过保存多个checkpoint，用户可以在训练过程中随时中断并恢复训练，或者在训练完成后选择性能最好的模型进行部署。

在Transformers库中，用户可以通过设置TrainingArguments中的save_strategy参数来控制checkpoint的保存策略，包括基于训练步数、迭代次数或其他条件的保存逻辑。同时，用户也可以在保存checkpoint时自定义文件名，以包含更多有用的信息（如日期、时间、性能指标等）。

5.3.5　Early Stopping 机制

机器学习在持续学习的过程中，若时间过长，可能会陷入过度学习的境地，导致模型在未见过的数据上表现不佳。因此，适时终止学习过程显得尤为重要。一个常用的方法是通过与训练数据独立的评估数据集来判断何时停止训练。具体而言，可以在每个训练周期（epoch）结束后，利用评估数据集来测试当前模型的性能。一旦模型性能开始下滑，即表明可能出现了过度学习，此时应立即停止训练。这种策略被称为"早停法"（early stopping）。

然而，在处理超大规模数据集的语言模型训练时，实施早停法面临一些挑战。首先，由于数据集庞大，完成一个训练周期可能非常耗时，这使得频繁评估模型变得不切实际。其次，使用固定的小规模评价数据集来评估LLM 的性能可能会显得不够全面，因为LLM 通常需要大量的数据来充分展现其能力。

尽管如此，在训练过程中引入早停法仍然是可行的，并且在某些情况下是有益的。虽然本书所介绍的示例程序未包含早停机制，但值得注意的是，在训练框架（如trainer）中集成早停法是相对简单的。以下是一个简要的实施步骤展示：

- 设定早停条件：在开始训练之前，确定性能监控的指标（如准确率、损失等）以及性能下滑的阈值。
- 准备评估数据集：选择一个与训练数据独立且具有代表性的评估数据集，用于在每个训练周期后评估模型性能。
- 实施早停逻辑：在每个训练周期结束后，利用评估数据集测试模型性能，并与前一个周期的性能进行比较。如果性能下滑达到预设阈值，则触发早停机制，终止训练。
- 保存最佳模型：在训练过程中，记录并保存性能最佳的模型，以便在训练结束后进行部署或进一步分析。

通过上述步骤，即使在处理超大规模数据集时，也能有效地利用早停法来避免过度学习，从而提升模型的泛化能力。具体实施步骤如下：

- 首先，程序中导入如下语句：

```
from transformers import EarlyStoppingCallback
```

- 紧接着，TrainingArguments 中追加以下代码：

```
per_device_eval_batch_size=8,
evaluation_strategy="epoch",
save_strategy="epoch",
load_best_model_at_end=True,
```

- 然后，Trainer 中追加以下代码：

```
callbacks=[EarlyStoppingCallback(early_stopping_patience=3)],
```

如果性能没有连续改善，就会停止学习。early_stopping_patience 表示次数。如果设置为6，连续6 次性能没有改善的话学习就会结束。因为load_best_model_at_end=True，所以最好的模型会在学习后加载。

- 最后保存模型，代码如下：

```
trainer.save_model()
```

5.4　情感分析模型的微调分析：情感的微妙之处

本节将深入分析经过微调后的模型，目的是揭示模型性能提升的核心要素。为此，将综合审视模型的整体预测趋势，探索其预测机制的内在规律。同时，将特别关注预测错误的数据点，深入分析它们的特性，旨在发掘进一步优化模型及提升预测准确性的方法和途径。

scikit-learn 作为机器学习领域的广泛认可工具，其重要性和普及度极高。因此，在本项目中，也需要安装scikit-learn，以便利用其强大的功能来构建和优化机器学习模型。

5.4.1　查看模型预测的结果

评估模型预测结果的流程较为直接明了。

- 在模型训练结束后，首先会将微调后的模型保存至本地。这一步骤通常在训练过程中自动完成，其优势在于后续可轻松重新载入此模型，无需重新训练，从而有效节省时间与计算资源。在载入模型时，需确保使用与训练时一致的分词器，以维持输入数据的一致性。
- 随后，需载入验证集数据。此步骤旨在利用验证集对模型进行预测，并评估其性能。通过预测验证集，可获得模型对每个样本的预测结果，进而分析模型的泛化能力及在不同样本上的表现。
- 为更全面地了解模型的预测效果，可考察多个评价指标，如准确率、召回率、F1 分数等。这些指标能为模型性能提供量化评估，有助于更准确地了解模型在不同任务上的表现。
- 此外，还可对预测结果进行可视化展示，例如绘制混淆矩阵、ROC 曲线等。这种可视化分析有助于更深入地理解模型行为，发现潜在问题，并为后续的模型优化提供指导。

综上所述，评估模型预测结果的流程包括保存与载入模型、使用一致的分词器、载入验证集进行预测，并分析预测结果。通过这一流程，可全面评估模型性能，并为后续的优化与扩展提供有力支持。

输入:
```
# 加载模型和分词器
tokenizer = AutoTokenizer.from_pretrained("models/hfl/chinese-roberta-wwm-ext")
# 加载微调之后且保存在本地的模型
model_name = "./output/checkpoint-7200"
sentiment_pipeline_model = pipeline("sentiment-analysis",model=model_name,tokenizer=tokenizer,)
# 使用 load_dataset 函数加载本地数据集
dataset = load_dataset('arrow', data_files={'validation': './datasets/ChnSentiCorp_htl_all/chn_senti_corp-validation.arrow'})
validation_dataset = dataset['validation']
```

在代码中，pipeline 函数被用来构建一个高效且简便的流程，以便利用预训练模型和分词器执行情感分析任务。作为transformers 库的高级API，pipeline 封装了模型推理的全部流程。这意味着用户只需提供输入文本，即可直接获取预测结果，而无需关注模型加载、数据预处理、推理以及后处理等底层细节。

pipeline 提供了一个用户友好的接口，仅需输入文本和指定任务类型（如sentiment-analysis），即可轻松获取预测结果。它会自动完成模型的加载、分词、推理以及后处理等工作，极大地简化了代码编写。此外，pipeline 与transformers 库中的所有预训练模型兼容，无论是官方提供的还是用户自定义的模型。它还支持多种输出格式，如字典、列表等，便于用户进行后续的数据处理。

紧接着，通过pipeline函数创建了一个专门用于情感分析的流程。这个流程加载了特定的预训练模型和分词器，其中模型是之前经过微调并保存在本地的。在推理过程中，通过torch.no_grad()设置确保不会计算梯度，从而提高计算效率。然后，代码遍历验证集中的每个样本，对文本进行情感分析，并将预测结果保存在results列表中。这种方法使代码更加简洁、清晰且易于维护。

在推理阶段，为了提高计算效率，会采用torch.no_grad()设置来确保不进行梯度的计算。随后，代码会遍历验证集中的所有样本，对每一个样本的文本执行情感分析，并将所得的预测结果保存到results列表中。这种处理方法使得代码更加简洁明了，易于阅读和维护。

输入：

```
# 获取验证集中的标签
class_label = validation_dataset.features["label"]
# 存储预测结果
results: list[dict[str, float | str]] = []
# 使用 torch.no_grad() 进行预测
with torch.no_grad():
    for seq_num, example in tqdm(enumerate(validation_dataset), desc=" 预测中 ..."):
        try:
            # 获取模型的预测结果
            model_prediction = sentiment_pipeline_model(example["text"], max_length=512)[0]
            # 将正确答案的标签 ID 转换为标签名
            true_label = class_label.int2str(example["label"])

            # 将结果添加到列表中
            results.append({
                " 样本序号 ": seq_num,
                " 预测值 ": model_prediction["score"],
                " 预测标签 ": model_prediction["label"],
                " 正确答案 ": true_label,
            })
        except Exception as e:
            print(f" 错误处理样本 {seq_num}: {e}")

pprint(results[0:5])
```

输出：

```
预测中...: 221it [00:12, 17.70it/s]

[{' 样本序号': 0, ' 正确答案': 'positive', ' 预测值': 0.5630591511726379, ' 预测标签': 'positive'},
{' 样本序号': 1, ' 正确答案': 'positive', ' 预测值': 0.5630591511726379, ' 预测标签': 'positive'},
{' 样本序号': 2, ' 正确答案': 'negative', ' 预测值': 0.5630591511726379, ' 预测标签': 'positive'},
{' 样本序号': 3, ' 正确答案': 'positive', ' 预测值': 0.5630591511726379, ' 预测标签': 'positive'},
{' 样本序号': 4, ' 正确答案': 'positive', ' 预测值': 0.5630591511726379, ' 预测标签': 'positive'}]
```

在输出信息中，首先展示的是一个进度条。其中的"221it [00:12, 17.70it/s]"具体表示：

- 221it：它代表已经完成了221个迭代（即处理了221个样本）。
- [00:12]：它表示到目前为止已经用去了12s的时间。
- 17.70it/s：这一部分说明每秒大约处理了17.70个迭代。这些信息共同提供了关于处理进度和速度的实时反馈。

5.4.2　总体趋势可视化分析

为了更直观地评估模型的预测效果并揭示其整体预测趋势，可以采用图形化工具进行可视化展示。例如，可以绘制混淆矩阵和ROC 曲线等图表。混淆矩阵是一种表格，用于统计模型预测的标签与真实标签的数量，它能够清晰地反映模型的分类性能。利用scikit-learn 库，可以方便地计算并展示混淆矩阵，从而为模型的评估提供直观的视觉辅助。这样的可视化有助于更深入地理解模型的预测行为，并发现可能存在的问题。相关代码如下：

输入：

```python
import matplotlib.pyplot as plt
from sklearn.metrics import ConfusionMatrixDisplay, confusion_matrix

# 设置字体大小
plt.rcParams["font.size"] = 18
# 从 results 中提取真实标签和预测标签
y_true = [result[" 正确答案 "] for result in results]
y_pred = [result[" 预测标签 "] for result in results]

# 计算混淆矩阵
cm = confusion_matrix(y_true, y_pred, labels=class_label.names)

# 显示混淆矩阵
disp = ConfusionMatrixDisplay(
    confusion_matrix=cm,
    display_labels=class_label.names
)
disp.plot()

# 更改颜色映射
disp.ax_.imshow(disp.confusion_matrix, cmap='coolwarm', interpolation='nearest')
plt.title(' 混淆矩阵 ')
plt.show()
```

输出：

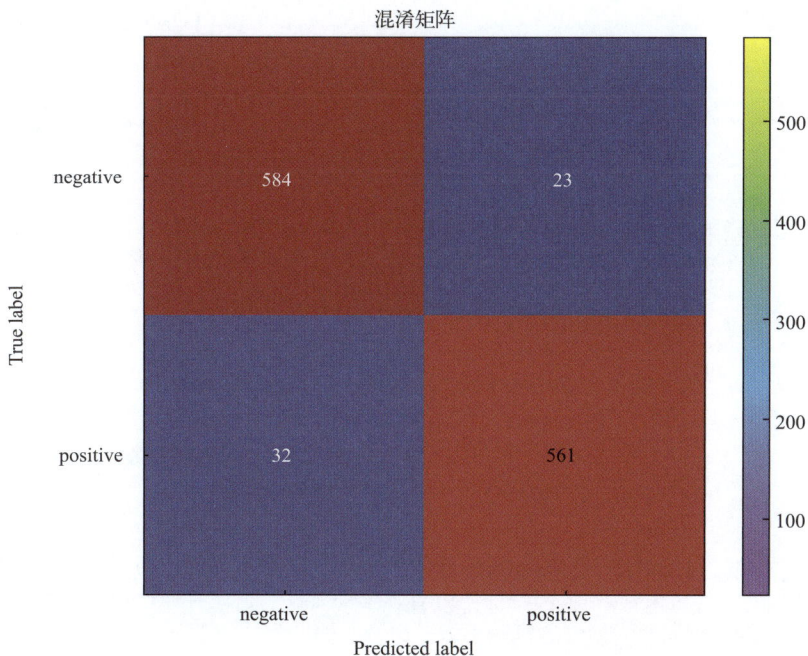

混淆矩阵

首先，对正确答案标签的数量进行确认。其中，positive 标签的总数为32 与561 之和，即593 个；negative 标签的总数为584 与23 之和，即607 个。从整体来看，错误预测的样本数量相对较少。

接下来，深入分析错误的类型。有32 个实际为negative 的样本被错误地预测为positive，同时有23 个实际为positive 的样本被错误地预测为negative。

为了更直观地了解错误预测的情况，可以计算错答率。对于positive 类别，错答率为32 除以593，约等于0.054，意味着大约有5.4% 的positive 样本被错误地预测为negative。对于negative 类别，错答率为23 除以607，约等于0.038，意味着大约有3.8% 的negative 样本被错误地预测为positive。若无需特别精确的数值，错答率也可以通过可视化图表来直观展示，以便了解其大致分布趋势。相关代码如下：

输入：

```
# 计算每个类别的错答率
total_negative = cm[0, 0] + cm[0, 1]  # 假设 'negative' 是第一个类别
total_positive = cm[1, 0] + cm[1, 1]  # 假设 'positive' 是第二个类别
error_rate_negative = cm[0, 1] / total_negative if total_negative > 0 else 0
error_rate_positive = cm[1, 0] / total_positive if total_positive > 0 else 0

# 绘制错答率图表
labels = ['Positive', 'Negative']
error_rates = [error_rate_positive, error_rate_negative]
plt.rcParams["font.size"] = 18
plt.bar(labels, error_rates, color=['red', 'blue'])
plt.xlabel(' 类别 ')
plt.ylabel(' 错误率 ')
plt.title(' 错误率比较 ')
plt.ylim([0, 1])  # 设置 y 轴的范围为 0 到 1
plt.show()
```

输出：

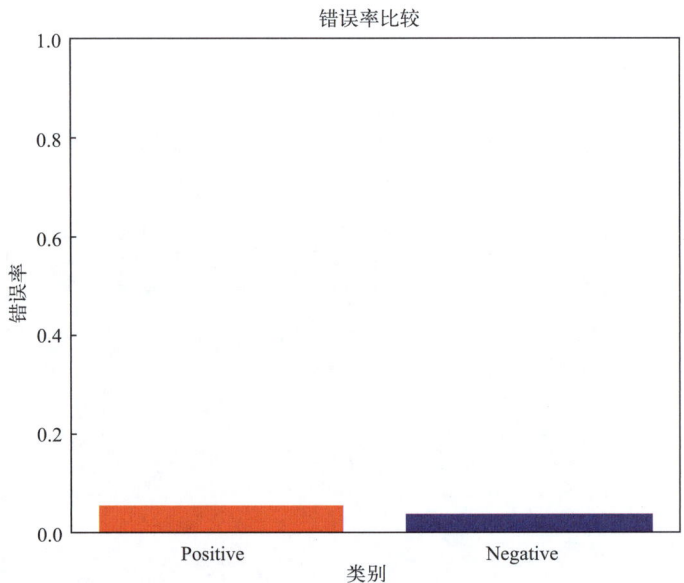

经过上述分析和计算，可以更深入地洞察模型在不同类别上的预测表现，以及错误预测的具体分布。利用图形可视化工具，总体趋势和关键指标得以直观呈现，这显著提升了信息的可读性。这样的展示方式有助于更清晰地理解和评估模型的预测性能，以及错误预测的情况。

5.4.3　分析模型预测出错倾向

为了更深入地探究模型易于产生错误预测的数据特征，并基于先前的总体趋势可视化分析进行扩展，可以采取以下措施：

- 首先，对于模型预测错误的数据，需要根据其预测概率进行降序排序。这一步骤很关键，因为它有助于识别出模型预测时置信度很高，但实际上却预测错误的案例。
- 其次，应重点关注排序后数据中置信度最高的数据点。这些数据点反映了模型在预测时最为自信，但预测结果却与实际情况不符的情况。通过深入分析这些案例，可以更清晰地了解模型在哪些类型的数据上容易出错，以及模型预测概率与实际结果之间的差异。
- 最后，结合总体趋势的可视化分析，可以进一步探究这些错误预测数据在整体数据分布中的位置，以及它们与模型预测性能之间的关联。通过这种综合分析，可以更全面地了解模型的预测行为，为后续的模型改进和优化提供有力支持。

输入：

```python
# 分析模型预测出错倾向
def print_high_confidence_errors(prediction_results, validation_dataset):
    """
    打印出预测错误且预测概率较高的前 3 个案例。
    """
    # 收集预测错误的案例
    failed_results = [
        res for res in prediction_results if res[" 预测标签 "] != res[" 正确答案 "]
    ]

    # 按模型的预测概率从高到低排序
    high_confidence_errors = sorted(
        failed_results, key=lambda x: -x[" 预测值 "]
    )

    # 打印预测概率高但错误的前 3 件
    for top_result in high_confidence_errors[:3]:
        review_text = validation_dataset[top_result[" 样本序号 "]]["text"]
        print(f" 评论内容：{review_text}")
        print(f" 预测标签：{top_result[' 预测标签 ']}")
        print(f" 正确答案：{top_result[' 正确答案 ']}")
        print(f" 预测概率：{top_result[' 预测值 ']:.4f}")
        print("-" * 20)

# 执行函数，打印出前 3 个预测错误且预测概率较高的案例
print_high_confidence_errors(results, validation_dataset)
```

输出：

评论内容：屏幕没有坏点和暗点，这个比较不错。配置性价比较高，目前使用已有半个月，基本正常。
预测标签：positive
正确答案：negative
预测概率：0.9997

评论内容：位置很好，房间和设施很旧. 服务1*. 结账时还经历前台服务员凶客人. 补充点评 2007 年12月9 日：酒店为什么不把对面的大酒店发展为伙伴呢? 下次去住对面的大酒店, 可能要通过××网定了.
预测标签：positive
正确答案：negative
预测概率：0.9997

评论内容：用起来还不错，本人还有几张2000-100、1000-50 东券要的加qq 67394×××××
预测标签：positive
正确答案：negative
预测概率：0.9996

从输出结果中列举的数据来看，模型将一些本应标记为negative的数据错误地预测为positive，且预测概率较高。

以第一个数据为例，内容中既包含了对电脑质量的正面评价，也包含了对使用体验的正面评价，整体情感显然是积极的。然而，尽管模型给出了很高的正面评价预测概率，但正确答案却错误地将其标记为消极评价。第三个数据也出现了类似情况。

针对这个问题，我们选择了两种微调方案：一是增加更多类似内容的正面评价样本到训练集中，以帮助模型更好地学习这类数据的特征；二是仔细检查训练数据的标签，确保它们都是准确和一致的，因为错误的标签可能是导致模型预测错误的原因之一。

紧接着，我们分析第二个数据。评价内容为："位置很好，但房间和设施很旧，服务1*。结账时还经历前台服务员凶客人。补充点评：2007年12月9日，酒店为什么不把对面的大酒店发展为伙伴呢？下次去住对面的大酒店，可能要通过××网定了。"对于这个评价内容，绝大多数人都会给出负面的标签，正确答案也确实贴上了负面的标签。然而，令人惊讶的是，模型预测却给出了正面的标签，而且概率还很高。

为了探究这一问题，我们把目光聚焦在数据的表层特征上。评论文本的第一句话是"位置很好"，我们推断模型可能仅根据这句话就把内容贴上了正面评价的标签。为了验证这一点，我们在代码中临时生成一个去掉这句话的文本，并测试其情感倾向。代码如下：

输入：

```
text = " 房间和设施很旧 . 服务 1*. 结账时还经历前台服务员凶客人 ."

print(sentiment_pipeline_model(text)[0])
print(sentiment_pipeline_model(" 产品很旧 . 结账时还经历前台服务员凶客人 .")[0])
print(sentiment_pipeline_model(" 产品很旧 . 服务 1*. 结账时还经历前台服务员凶客人 .")[0])
print(sentiment_pipeline_model(" 产品很旧 . 服务 1*. 结账时还经历前台服务员凶客人 . 补充点评 2007 年
12 月 9 日： 为什么不把对面的大酒店发展为伙伴呢？下次去住对面的大酒店了 , 可能要通过网上预订了 .")
[0])
```

输出：

```
{'label': 'positive', 'score': 0.9987741112709045}
{'label': 'negative', 'score': 0.9951004385948181}
{'label': 'negative', 'score': 0.996426522731781}
{'label': 'negative', 'score': 0.9781931638717651}
```

当我们去掉"位置很好"这句话后，预测结果发生了显著变化，从之前错误地贴上的正面标签转变为负面预测标签。紧接着，我们又尝试了三种不同的文本内容修改，进一步测试预测结果。从这些测试结果来看，模型一致地将它们贴上了负面标签。这表明，之前的推断是正确的，"位置很好"这句话对模型的预测结果产生了很大的影响。

这种基于数据表层特征而非任务本质进行预测的方式，在机器学习模型中是一个常见的现象，通常被称为"表面学习"或"过拟合"。它指的是模型过于关注训练数据中的表面特征，而忽视了数据背后的真实规律和任务本质。为了解决这个问题，我们需要采取一系列措施来消除训练数据中输入的非本质特征和输出标签之间的相关性。例如，在本次案例中，我们可以考虑对文本数据进行预处理，去掉那些可能误导模型判断的第一句干扰内容，以确保模型能够更准确地捕捉文本的真实情感倾向。此外，我们还可以通过增加多样化的训练样本、使用正则化技术、调整模型结构等方法，来提高模型的泛化能力和对任务本质的理解。

5.5　指令微调策略: Instructing Tuning

本书在4.7.3 指令微调基础一节中向读者简要阐述了指令微调的基本概念，接下来，本节将深入细致地讲解指令微调的具体实现方法。

5.5.1　学习数据的获取

例如，在指令微调过程中，语言模型会学习一种特定模板。该模板包含{instruction}、{input} 和{response} 三个占位符。其中，{instruction}、{input} 从微调数据集中提取并填充，以构建用于学习的文本集合。值得注意的是，在模型推理阶段，{instruction} 与{input} 会被填入模型作为提示符。随后，模型会根据这些提示符生成{response} 部分的内容，即模型的输出答案。

```
### Instruction:
{instruction}

### Input:
{input}

### Response
{response}
```

例如，在指令微调过程中，语言模型会学习一种特定模板。该模板包含{instruction}、{input} 和{response} 三个占位符。其中，{instruction}、{input} 从微调数据集中提取并填充，以构建用于学习的文本集合。值得注意的是，在模型推理阶段，{instruction} 与{input} 会被填入模型作为提示符。随后，模型会根据这些提示符生成{response} 部分的内容，即模型的输出答案。

Databricks-Dolly-15k 是一个由Databricks 公司精心手工制作的公开指令微调数据集，以其高品质著称。用户可以选择从Hugging Face 官方网站下载该数据集，或者根据当地法律法规，从合法的镜像网站进行下载。相关代码如下：

输入：
```python
from datasets import load_dataset

# 加载数据集
dataset = load_dataset("datasets/databricks/databricks-dolly-15k")
print(dataset['train'])
```

输出：
```
DatasetDict({
    train: Dataset({
        features: ['instruction', 'category', 'input', 'output'],
        num_rows: 15015
    })
})
```

输出结果中列出了数据集中的四个特征字段，分别是：

- instruction: 可能包含与任务或操作相关的指令。
- category: 数据所属的类别或标签，通常用于分类任务。
- input: 输入数据，模型需要处理的数据部分。
- output: 输出数据，通常是模型应生成或预测的目标。

num_rows: 表明数据集中共有15015 条数据记录。

5.5.2　创建学习数据

为了微调语言模型，通常需要构建包含提示和答案的学习文档。Databricks-Dolly-15k 数据集提供了丰富的材料，但其结构多样，既有包含输入（input）部分的任务，也有不包含输入部分的任务。下面将详细说明如何针对这两种情况分别构建学习文档。

① 对于不包含输入部分的任务，我们可以直接形成自然的提示。以下是一个通用的模板：

模板 1：无输入部分

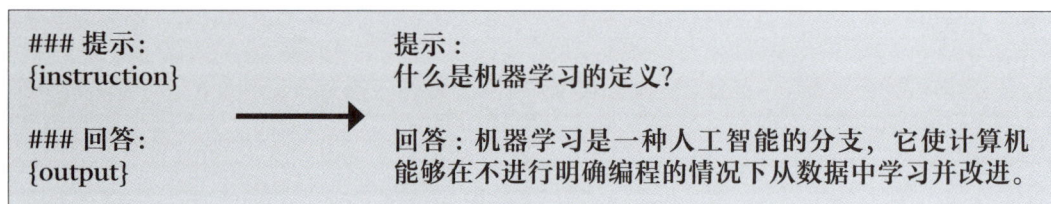

### 提示： {instruction} ### 回答： {output}	提示： **什么是机器学习的定义?** 回答：**机器学习是一种人工智能的分支，它使计算机能够在不进行明确编程的情况下从数据中学习并改进。**

② 对于包含输入部分的任务，如果指令中未明确说明输入的处理方式，我们需要为每个任务创建一个模板，以确保提示的自然性和完整性。

模板 2：有输入部分

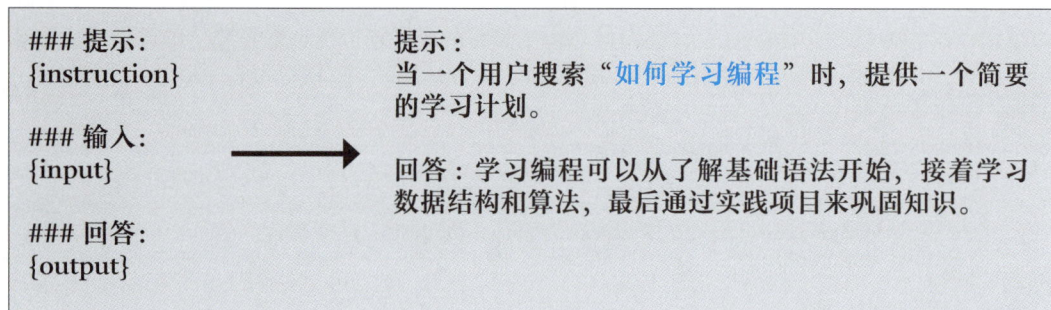

### 提示： {instruction} ### 输入： {input} ### 回答： {output}	提示： **当一个用户搜索"如何学习编程"时，提供一个简要的学习计划。** 回答：**学习编程可以从了解基础语法开始，接着学习数据结构和算法，最后通过实践项目来巩固知识。**

常见学习文档构建步骤

① 分析数据集：首先，浏览 Databricks-Dolly-15k 数据集，识别每个任务是否包含输入部分。
② 选择模板：根据任务类型（有输入或无输入），选择相应的模板。
③ 构建提示和答案：将任务描述或问题填入提示部分，将对应的答案或解决方案填入答案部分。
④ 整理文档：将所有构建的提示和答案整理成一个文档，确保格式一致，便于后续处理。
⑤ 微调语言模型：使用整理好的学习文档对语言模型进行微调，以提高其性能。

注意事项

- 保持一致性：在构建学习文档时，确保提示和答案的格式、风格保持一致，这有助于模型更好地学习。
- 多样性：尽量涵盖数据集中的各种任务类型，以确保模型的泛化能力。
- 数据清洗：在构建文档之前，对数据进行清洗，去除无关信息或噪声，以提高学习效率。

通过遵循上述原则，通常可以有效地利用Databricks-Dolly-15k数据集创建学习文档，并微调语言模型以提高其性能。相关代码如下：

输入：
```
# 定义模板
template = {
    "w_input": "### 指令 :\n{instruction}\n\n### 输入 :\n{input}\n\n### 回答 :\n{output}",
    "wo_input": "### 指令 :\n{instruction}\n\n### 回答 :\n{output}"
}

# 准备数据列表
datalist = []
for d in dataset['train']:  # 直接迭代数据集
    # 使用模板生成文本
    ptext = template['w_input'].format_map(d) if d['input'] != '' else template['wo_input'].format_map(d)
    if len(ptext) < 1500:  # 限制输入长度为 1500
        datalist.append(ptext)
```

5.5.3　执行指令微调

通常，指令微调的输入语句冗长，导致学习过程对内存需求巨大，即便是较小的模型，在普通设备上运行也颇为吃力。为有效缓解这一问题，可首先利用torch_dtype关键字参数，将原始模型的数据类型设定为torch.bfloat16。由于模型参数原本为32位的实数，转为16位表示后，能显著降低内存占用，实现减半效果。相关代码如下：

输入：
```
import torch
from transformers import AutoModelForCausalLM, AutoTokenizer

# 设置模型名称
model_name = "models/hfl/chinese-roberta-wwm-ext"

# 加载预训练模型和分词器，根据环境调整 torch_dtype ，例如在 Windows 上使用 torch.float32, 而在
Linux 或 MacOS 上使用 torch.bfloat16
```

输入：

```
try:
    model = AutoModelForCausalLM.from_pretrained(model_name, torch_dtype=torch.bfloat16)
except Exception as e:
    print(f" 无法加载模型，错误: {e}")
    model = AutoModelForCausalLM.from_pretrained(model_name)  # 使用默认数据类型
# 加载分词器
tokenizer = AutoTokenizer.from_pretrained(model_name)
```

接着，为进一步优化内存使用并适应指令微调的需求，应将批处理大小设定为1，并严格限制进入数据列表（datalist）的单个数据项不超过15000个字符。这样的配置能有效控制每次处理的数据量，从而确保在有限资源下顺利进行微调。相关代码如下：

输入：

```
# 准备数据列表
datalist = []
for d in dataset['train']:  # 直接迭代数据集
    # 使用模板生成文本
    ptext = template['w_input'].format_map(d) if d['input'] != '' else template['wo_input'].format_map(d)
    if len(ptext) < 1500:  # 限制输入长度为 1500
        datalist.append(ptext)
```

最后一步涉及创建用于训练的数据集。在此阶段，我们可以根据实际需求灵活地调整关键训练参数，包括学习批次的大小以及训练的周期数，以确保模型训练过程既高效又符合资源限制。相关代码如下：

输入：

```
from torch.utils.data import Dataset
# 自定义数据集类
class MyDataset(Dataset):
    def __init__(self, datalist, tokenizer):
        self.tokenizer = tokenizer
        # 将每个文本转换为输入序列
        self.features = [
            # 将文本转换为输入序列，并添加结束符号
            {'input_ids': torch.tensor(self.tokenizer.encode(ptext) + [self.tokenizer.eos_token_id],
dtype=torch.long)}
            for ptext in datalist
        ]

    def __len__(self):
        return len(self.features)

    def __getitem__(self, idx):
        # 检查索引是否超出范围
        if idx >= len(self.features):
            # 抛出索引错误异常
            raise IndexError("Index out of range")
        return self.features[idx]

train_dataset = MyDataset(datalist, tokenizer)
from transformers import Trainer, TrainingArguments, DataCollatorForLanguageModeling
collator = DataCollatorForLanguageModeling(tokenizer, mlm=False)
training_args = TrainingArguments(
    output_dir='./output_new',
    num_train_epochs=10,
    save_steps=2000,
    per_device_train_batch_size=1
)
```

输入：
```
trainer = Trainer(
    model=model,
    data_collator=collator,
    args=training_args,
    train_dataset=train_dataset
)
trainer.train()
```

学习时长或许颇为漫长，并会根据计算机性能的不同而有所变化。学习成果将以诸如"checkpoint-1200""checkpoint-2400""checkpoint-3600"等命名的文件夹形式，存储在"output_new"目录中。其中，数字最大的文件夹代表最终学习完毕的模型。

5.5.4　语句生成

要从已保存的模型中生成语句，首先需完成两个核心步骤：加载模型及其对应的tokenizer。模型一旦加载，便能依据输入的提示符来产生文本输出。此时，输出部分初始化为空字符串，以备接收模型所生成的句子。

具体流程为，需将训练时采用的提示符作为输入提供给模型。此提示符作为触发模型生成特定句子的信号。随后，模型会对此提示符进行处理，并输出一个字符串形式的句子，该句子即为模型基于输入所生成的答案。

简而言之，需利用tokenizer 将提示符转换为模型可理解的形式，再使模型根据此处理后的提示符"撰写"出句子，最终获取由模型生成的句子。相关代码如下：

输入：
```
# 设置模型名称
model_name = "./output_new/checkpoint-3600/"
# 加载预训练模型和分词器，根据环境调整 torch_dtype
try:
    model = AutoModelForCausalLM.from_pretrained(model_name, torch_dtype=torch.bfloat16)
except Exception as e:
    print(f" 无法加载模型，尝试使用默认数据类型。错误：{e}")
    model = AutoModelForCausalLM.from_pretrained(model_name)  # 使用默认数据类型
# 加载分词器
try:
    tokenizer = AutoTokenizer.from_pretrained(model_name)
except Exception as e:
    print(f" 无法加载分词器，错误：{e}")
    exit()

。。。。。。。中间代码省略

d = {'instruction': " 中国最长的河流是哪条？ ", 'output': ''}
ptext = template['wo_input'].format_map(d)
input_ids = tokenizer.encode(ptext, return_tensors="pt")
start_pos = len(input_ids[0])

# 生成文本
with torch.no_grad():
    tokens = model.generate(input_ids, max_new_tokens=60, do_sample=False, pad_token_id=tokenizer.eos_token_id)
output = tokenizer.decode(tokens[0][start_pos:], skip_special_tokens=True)
```

这段代码是用于生成文本的核心部分，以下是对代码的详细分析：

模板定义

- 定义了两个模板字符串，一个用于有输入文本的情况（w_input），另一个用于没有输入文本的情况（wo_input）。这些模板用于格式化指令和输入输出文本。

准备输入数据

- 创建了一个字典 d，包含指令文本和空的输出文本占位符。
- 使用模板和字典格式化生成了一个包含指令的文本字符串 ptext。
- 使用分词器将 ptext 编码为标记序列，并确定了输入文本的长度（start_pos），以便后续从生成的标记中分离出模型输出的部分。

文本生成

- 在禁用梯度计算的情况下（使用 torch.no_grad()），调用模型的 generate 方法来生成文本。
- 设置了 max_length 参数来控制生成的总长度（包括输入和输出），并设置 do_sample=False 来进行贪心搜索（每个时间步选择概率最高的标记）。
- 指定 eos_token_id 来告诉模型何时停止生成（尽管在大多数情况下，这不是必需的，因为分词器和模型配置应该已经包含了正确的结束标记处理）。但是，请注意，在 transformers 库的某些版本中，generate 方法可能不接受 torch_dtype 以外的其他参数（如 eos_token_id），或者这些参数的名称可能有所不同。如果代码出现参数错误，请检查使用的 transformers 库版本。

注意事项

- 确保 transformers 和 datasets 库版本与自己编写的代码兼容。
- 如果数据集是自定义的，请确保它已正确格式化并放置在正确的路径下。
- 如果在使用 generate 方法时遇到参数错误，请检查 transformers 库版本，并确保使用的参数名称和类型是正确的。
- 如果模型是在特定硬件配置上训练的（如使用特定的 CUDA 版本），请确保运行环境与训练环境相匹配。

5.6 发挥硬件极限的微调：策略与技巧

本章中的代码示例采用的是hfl/chinese-roberta-wwm-ext 这一相对较小的语言模型。该模型基于RoBERTa，后者是BERT 的一个优化版本，旨在通过更严格的训练过程和更大的数据集来进一步提升BERT 的性能。对于中文版本的RoBERTa，特别是hfl/chinese-roberta-wwm-ext，它采用了Whole Word Masking（WWM）策略进行预训练，这种策略有助于模型更好地捕捉中文词汇级别的信息。BERT 的base 版本通常包含约1.1 亿个参数，而larger 版本则包含更多参数，可能达到数亿。考虑到hfl/chinese-roberta-wwm-ext 是RoBERTa 的一个扩展版本，并且针对中文进行了优化，因此可以推测其参数数量可能接近或超过BERT 的larger 版本。

对于参数更多或需要处理更大批量数据的模型，通常需要配备更大的内存和GPU。然而，这并不意味着仅凭简单准备就能轻易实现。例如，在本书撰写时，使用的电脑内存容量为64GB，足以对基础模型进行微调。但对于更大的模型，可能会遇到内存容量不足的问题。因此，本节将着重介绍在硬件资源有限的情况下，如何有效地进行模型微调的策略与技巧。

5.6.1　AMP 深度学习优化策略

在神经网络学习中，参数和计算结果通常采用32 位单精度浮点数（FP32）表示。若改用16 位半精度浮点数（FP16）表示，可以显著减少内存使用量，并有望提高计算速度。然而，直接转换为16 位表示可能导致数值表现过于粗略，进而影响学习精度。为解决这一问题，可以采用自动混合精度运算（automatic mixed precision, AMP）进行优化。

自动混合精度运算是一种巧妙的方法，它结合了32 位单精度浮点数（FP32）和16 位半精度浮点数（FP16）的使用，旨在同时实现高精度和高效率的学习。简单来说，这种方法在神经网络计算时采用FP16 来表示网络参数，这样做可以显著减少内存使用并提高计算速度。但是，为了避免直接转换为16 位表示可能导致的数值过于粗略和学习精度下降的问题，它还会保留一份FP32 的表示，专门用于参数更新。

在网络的正向计算和误差反向传播过程中，使用FP16 进行高效计算。然而，在参数更新时，由于学习率通常是一个小于1 的数，如果直接将其乘以梯度，结果可能会低于FP16 能表示的最小值，导致下溢。为了避免这种情况，方法会先将梯度转换为FP32，然后再将梯度乘以学习率。最后，从用于参数更新的FP32 表示中减去这个学习率的值，完成参数的更新。

在神经网络训练中，参数的更新依赖于梯度下降法或其他优化算法。简而言之，参数的更新遵循以下公式：

新的参数＝旧的参数－学习率×梯度

其中，"学习率"是一个超参数，用于控制参数更新的步长，而"梯度"表示损失函数关于参数的偏导数，指示了调整参数的方向以减少损失。在机器学习领域，这个公式常被称为梯度更新表达式。

为了解释梯度更新表达式中为何使用"减号"而非"加号"，我们可以结合梯度下降法的原理[06]。假设向右为正方向，向左为负方向。由于梯度（导数）指向函数值增加最快的方向，为了找到函数的最小值，我们需要沿着与梯度相反的方向更新参数。因此，在更新表达式中，梯度前面使用减号，以确保参数更新是朝着减小损失（函数值）的方向进行。这正是导数前面出现减号而非加号的数学原理解释。

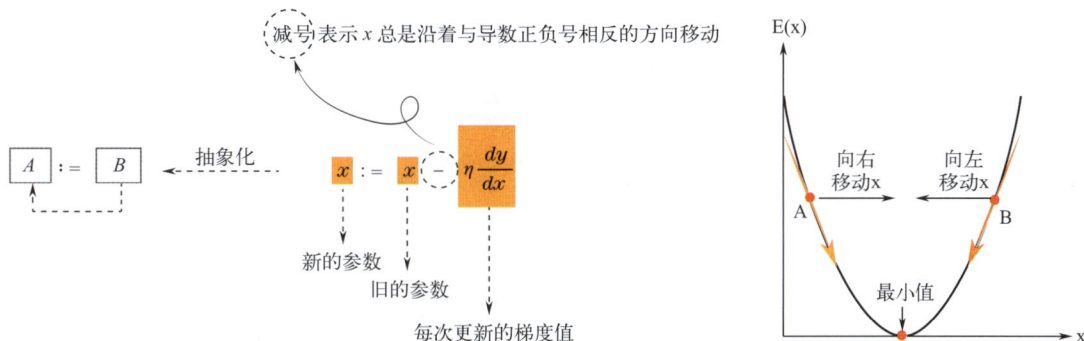

[06] 梯度下降法是一种优化算法，用于找到函数的最小值。它通过计算损失函数关于参数的梯度，并沿着梯度的反方向更新参数，从而逐步减小损失函数的值

上文中提到的"从用于参数更新的FP32表示中减去这个学习率的值"实际上是指执行上述参数更新公表达式。由于之前已经将梯度转换为FP32并乘以了学习率，因此这里"学习率的值"实际上是指已经与梯度相乘后的学习率（更准确地说是"学习率与梯度的乘积"）。

所以，这一步实际上是在执行参数的更新，将计算出的调整量（学习率与梯度的乘积）从当前参数值中减去，从而得到新的参数值。这样做是为了根据梯度下降法（或其他优化算法）调整参数，以减少神经网络的损失并提高性能。

另外，针对一些特殊的计算场景，尤其是涉及大量数值的加法运算时，使用FP16（16位浮点数）可能会导致精度显著下降。为了确保计算的准确性，这类计算通常会转而使用FP32（32位浮点数）来执行。通过这种灵活的策略，自动混合精度运算能够在保证计算精度的同时，有效提升神经网络的计算效率。

自动混合精度运算的另一个关键技术是损失缩放（loss scaling）。在基于FP32的神经网络训练中，大部分梯度值都是小于1的小数。然而，在FP16的计算环境下，这些小的梯度值可能会变为零，从而丢失了对学习有用的信息。为了避免这种情况，可以在进行误差反向传播之前，将损失值乘以一个常数进行缩放。根据微分的连锁律，这样做也会相应地放大梯度的值，从而减少因下溢而变为零的梯度数量。在后续的参数更新阶段，这些被缩放的梯度会被恢复到原来的比例，以确保计算的正确性。

值得一提的是，自动混合精度运算已经在包括PyTorch在内的众多深度学习框架中得到了实现，并且使用起来非常方便。这一技术可以显著节省训练时间和内存使用量，因此，对于大多数不是非常不稳定的模型，我都强烈推荐采用自动混合精度运算来优化训练过程。例如，在使用Transformers库进行模型训练时，只需简单地将TrainingArguments中的FP16参数设置为True，即可轻松启用自动混合精度算法，享受其带来的计算加速和内存节省优势。

C O L U M N

生活案例：损失缩放与自动混合精度运算

作为一名优秀的甜点师正在尝试制作一款新的蛋糕。为了找到最佳的配方，需要调整蛋糕的多种成分比例，比如糖、面粉和黄油。甜点师把制作蛋糕的过程比作训练神经网络，而调整成分比例则相当于调整网络中的参数。

问题：梯度消失

在蛋糕制作过程中，发现了一个小问题：当尝试微调某些成分（比如只增加一点点糖）时，这种微小的调整对蛋糕的整体味道几乎没有影响。这就像在FP16（半精度浮点）环境中训练神经网络时，小的梯度值可能会因为数值精度不足而变为零，导你无法根据这些微小的调整来优化蛋糕的配方。

解决方案：损失缩放

为了解决这个问题，采用一个新的策略：在评估每次微调的影响时，不是直接看它对蛋糕味道的小幅改变，而是先看它对蛋糕味道的一个"放大版"的影响。具体来说，制作了一个"超级味觉放大器"，在品尝蛋糕之前，先让蛋糕通过这个放大器。这样，即使是一点点糖的变化，也能被放大成明显的味道差异。

在神经网络中，这个"超级味觉放大器"就是损失缩放。在进行误差反向传播之前，你把损失值乘以一个常数（比如100或1000），用数学公式表示就是：

$$ScaledLoss = Loss \times ScalingFactor$$

这样，即使是那些原本很小的梯度值，在进行反向传播时也会被放大，从而减少因为数值精度问题而变为零的梯度数量。

恢复梯度比例

当然，在放大梯度之后，还需要在后续的参数更新阶段，把这些被缩放的梯度恢复到原来的比例。这就像是在品尝完放大后的蛋糕味道后，需要记住实际的调整量应该是放大器显示量的一个缩小版。在数学上，这可以通过将缩放后的梯度除以相同的缩放因子来实现：

$$OriginalGradient = \frac{Scaled\ Gradient}{Scaling\ Factor}$$

通过这种方式，损失缩放帮助你更好地捕捉到那些微小的调整对结果的影响，从而让蛋糕（或神经网络）能够更精细地被优化。在实际应用中，这种方法可以显著提高使用FP16进行神经网络训练时的稳定性和精度。

5.6.2　梯度累计策略

调整批量大小是深度学习训练过程中的一个重要策略。具体而言，减小批量大小意味着每次模型更新时使用的数据样本量减少，这直接导致了前向计算和误差反向传播过程中的计算量降低，进而可以有效减少内存的使用量。这对于内存资源有限的环境尤为有利。

然而，减小批量大小也可能影响模型的训练效果和稳定性。为了在不显著增加内存负担的同时，利用更大批量带来的训练优势，梯度累积技术（gradient accumulation）应运而生。这项技术的工作原理是，在多次小批量计算过程中，将每次计算得到的梯度进行累加，而不是立即更新模型参数。这样，即便每次实际处理的批量较小，但通过累积多次小批量的梯度，实际上达到了使用更大批量进行更新的效果。

在PyTorch 这样的深度学习框架中，实现梯度累积相对简单。以下是一个简化的代码示例，展示了如何在训练循环中使用DataLoader 来迭代小批量数据，并利用梯度累积技术模拟更大批量的效果。注意，这里的DataLoader 是PyTorch 提供的一个工具类，用于方便地构建和管理迷你批量数据。同时，optimizer是PyTorch 优化器对象的一个实例，它实现了各种梯度下降算法，是执行模型参数更新的关键组件。

输入：
```
# 不使用梯度累计策略的学习模式大致可以描述如下：
per_device_train_batch_size = 64

dataloader = DataLoader(
    dataset, batch_size=per_device_train_batch_size,shuffle=True
)
for batch_idx,inputs in enumerate(dataloader):
    loss = model.compute_loss(inputs)
    loss.backward()
    optimizer.step()
    optimizer.zero_grad() # 梯度清零
```

如果使用梯度累计策略，可以在多次迭代中计算梯度并将其累加到参数中，而非每次迭代后立即更新参数。

输入：
```
# 使用梯度累计策略的学习模式大致可以描述如下：
per_device_train_batch_size = 16
gradient_accumulation_steps = 4 # 累计 4 次
dataloader = DataLoader(
    dataset, batch_size=per_device_train_batch_size,shuffle=True
)
for batch_idx,inputs in enumerate(dataloader):
    loss = model.compute_loss(inputs)
    # 为了得到每个案例的平均值，用累计次数除以损失
    # 例如：累计 4 次，每批次 64 个案例，那么每个案例的平均值就是 64/4=16
    loss=loss/gradient_accumulation_steps
    loss.backward()

    # 累计 4 次后，进行一次优化
    if batch_idx % gradient_accumulation_steps == 0:
        optimizer.step() # 更新参数
        optimizer.zero_grad() # 梯度清零
```

在使用梯度累积策略时，实际的参数更新批量大小是per_device_train_batch_size 与gradient_accumulation_steps 的乘积。例如，若per_device_train_batch_size 为16，gradient_accumulation_steps 为4，则有效批量大小为64。在执行loss.backward( ) 时，每个批量的梯度会被累加。为了保持梯度更新的稳定性，通常会将累计后的损失除以gradient_accumulation_steps，即loss = loss / gradient_accumulation_steps，这样相当于计算每个样本的平均损失。实际上，许多机器学习库已经内置了梯度累积策略，用户只需在TrainingArguments 中设置gradient_accumulation_steps 的值即可轻松启用此功能，无需手动编写额外的代码。相关代码如下：

输入：

```
training_args = TrainingArguments(
    output_dir="./temp", # 结果的保存文件夹
    per_device_train_batch_size=8, # 训练时的批量大小
    per_device_eval_batch_size=8, # 评估时的批量大小
    learning_rate=2e-5, # 学习率
    lr_scheduler_type="linear", # 学习率调度器的种类
    warmup_ratio=0.1, # 指定学习率的预热长度
    num_train_epochs=3, # epoch 训练轮次
    save_strategy="epoch", # 检查点的保存时机，每个 epoch 保存一次模型
    logging_strategy="epoch", # 记录的时机，每个 epoch 进行一次评估
    eval_strategy="epoch", # 根据验证集进行评价的时机，每个 epoch 进行一次评估
    load_best_model_at_end=True, # 通过验证集进行评估的模型中，得分最好的模型将在训练后被加载
    metric_for_best_model="accuracy", # 决定最佳模型的评价指标，accuracy 意为"准确率"
    gradient_accumulation_steps = 4, # 梯度累积次数
    fp16=False, # "自动混合精度计算的有效化"设置为失效
)
```

当gradient_accumulation_steps 设置为4 时，这意味着在更新模型参数之前，将累积4 个批量的梯度。换句话说，模型会先处理4 个批量，然后将这4 个批量的梯度累加起来，最后用这个累积的梯度来更新模型参数。在处理受限于内存的环境中，直接使用大批量大小可能会导致内存溢出。梯度累积允许我们使用较小的批量大小进行处理，同时仍然能够获得大批量训练的效果。需要注意的是，当使用梯度累积时，可能需要相应地调整学习率，以保持训练过程的稳定性。一般来说，当批量大小增加时，为了保持梯度更新的稳定性，学习率也应该相应地减小（保持"学习率×批量大小"的乘积相对稳定）。这是因为较大的批量大小意味着每次参数更新时考虑的样本更多，梯度估计的方差更小，因此可以使用较小的学习率来避免参数更新过于剧烈。

5.6.3　梯度检查点

在面对单次梯度计算中批量大小受限或GPU 内存资源紧张的问题时，梯度检查点（gradient checkpointing）技术提供了一种有效的解决方案。尽管该技术会轻微影响计算速度，但它确保了计算结果的准确性，并显著减少了内存消耗。

从PyTorch 框架下的常规梯度下降法出发，可以理解学习过程中内存消耗的主要来源。在模型推理过程中，仅需保留必要的输入数据，而中间计算结果可即时丢弃。然而，在模型训练阶段，除了获取输出外，还需通过反向传播计算参数梯度，这就要求保留各层的中间计算结果直至梯度计算完成。

梯度检查点技术通过减少存储的中间计算结果来降低内存使用。在正向传播过程中，该技术选择性地丢弃部分中间结果。当反向传播需要这些结果时，它会从最近的检查点重新启动正向计算，以恢复所需数据。这种方法相当于在计算流程中设置"检查点"，仅在必要时回溯并重新计算，从而有效节约内存。

在PyTorch 中，可以方便地通过torch.utils.checkpoint.checkpoint 函数实现梯度检查点技术。此外，在transformers 库中，BERT 和RoBERTa 等先进模型已集成此技术。这些模型在每个Transformer 块上设置检查点，并在块内运算时丢弃中间结果，从而在保持计算精度的同时，显著降低了内存占用。使用时，只需将gradient_checkpoint 参数设置为True，并将其作为TrainingArguments 的参数传入即可轻松启用该技术。

C O L U M N

梯度检查点技术应用案例：优化BERT模型训练 ✿

背景

在深度学习领域，尤其是处理大型模型如BERT 时，GPU内存限制常常成为训练的瓶颈。即使将批量大小降至最低，内存消耗仍然可能过高。为了解决这个问题，我们可以应用梯度检查点技术，在保持计算精度的同时降低内存占用。

目标

使用梯度检查点技术优化BERT模型的训练过程，减少内存消耗，提高训练效率。

步骤

- 环境准备：确保已安装PyTorch和transformers 库。准备训练数据和预训练BERT模型。
- 定义训练参数：设置训练批次大小、学习率等超参数。将gradient_checkpoint参数设置为True，以启用梯度检查点。
- 模型训练：使用transformers库中的Trainer类和TrainingArguments进行模型训练。在训练过程中，观察内存使用情况，确保梯度检查点技术有效降低了内存消耗。
- 结果评估：比较启用梯度检查点前后的内存使用情况。评估模型在测试集上的性能，确保计算精度没有受到影响。

```
from transformers import BertTokenizer, BertForSequenceClassification,
Trainer, TrainingArguments
from datasets import load_dataset

# 加载预训练模型和分词器
model_name = 'bert-base-uncased'
tokenizer = BertTokenizer.from_pretrained(model_name)
model = BertForSequenceClassification.from_pretrained(model_name)

# 加载数据集
dataset = load_dataset('glue', 'mrpc')
train_dataset = dataset['train']
eval_dataset = dataset['validation']

# 定义训练参数
training_args = TrainingArguments(
    output_dir='./results',
    num_train_epochs=3,
    per_device_train_batch_size=8,
    per_device_eval_batch_size=64,
    warmup_steps=500,
    weight_decay=0.01,
    logging_dir='./logs',
    logging_steps=10,
    evaluation_strategy='epoch',
    # 启用梯度检查点
    gradient_checkpointing=True
```

```
# 初始化Trainer
trainer = Trainer( gradient_checkpointing=True)
# 初始化Trainer
trainer = Trainer(
    model=model,
    args=training_args,
    train_dataset=train_dataset,
    eval_dataset=eval_dataset,
    tokenizer=tokenizer
)
# 开始训练
trainer.train()
```

预期结果

启用梯度检查点后，BERT模型的训练过程内存消耗显著降低。模型在测试集上的性能保持不变，证明梯度检查点技术没有损害计算精度。

通过应用梯度检查点技术，我们成功优化了BERT模型的训练过程，降低了内存消耗，提高了训练效率。这一技术对于处理大型模型和受限内存环境具有广泛的应用价值。

5.6.4 LoRA 微调策略

微调大语言模型时，为缓解内存压力，需减少对每个参数所需存储的信息，例如梯度。此时，LoRA（low-rank adaptation），即"低秩适应"或"低秩适配"技术显得尤为有效。该技术理论上能够使任何大型模型实现高效微调。

LoRA 主要针对模型的线性层参数，其核心理念包含两点：首先，它专注于学习线性层参数的细微调整；其次，这些细微调整通过两个矩阵的乘积来近似表示。

具体实践中，可在大语言模型上增设一种名为适配器的网络层。微调过程中，原始模型的参数保持固定，仅学习新增适配器部分的参数。这样一来，即便模型庞大，实际需学习的参数数量也会大幅下降，从而实现高效的模型微调。

在LoRA 方法中，选定模型内部特定的线性变换作为适配器接入位置，并在此处并联一个由两个低秩矩阵组成的额外线性变换。形象地说，原有模型的线性变换W 位于一侧，而新增的由矩阵A 和矩阵B（以BA 顺序相乘）构成的线性变换则并联在W 旁，二者共同作用于输入，形成一个新的复合线性变换。矩阵A 和B 构成了LoRA 适配器的关键组件。此设计使得LoRA 能够在不影响模型整体性能的前提下，大幅度减少微调时所需的内存资源[07]。

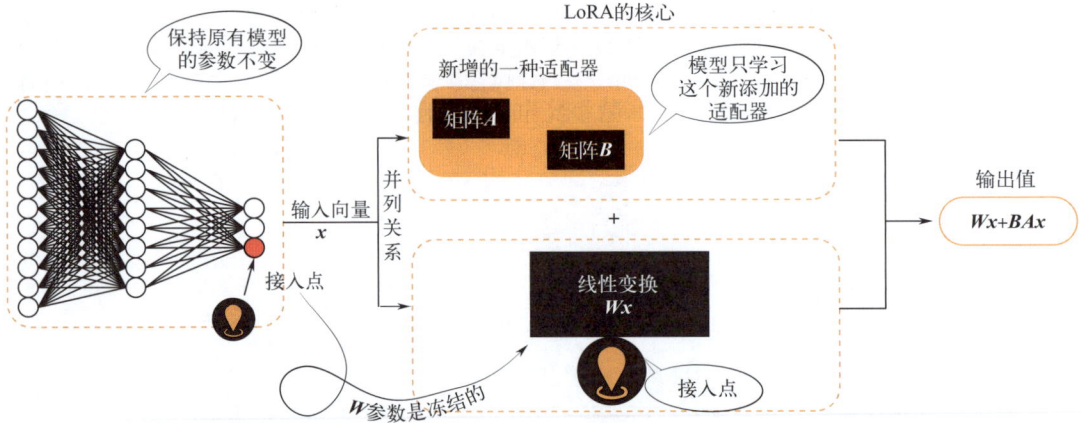

07 在 LoRA 中，我们选择模型内的一部分线性变换（即线性层 W）作为
适配器的接入点，并在其旁边并联一个低秩适配器来实现高效的微调

输入向量作为模型的初始数据，会顺序地通过模型的各个层级，包括被选为LoRA 适配器接入点的线性层。在LoRA 框架下，尽管输入向量直接通过该线性层而非低秩适配器处理，但低秩适配器仍对其产生间接影响。实际上，输入向量会流经模型的所有层级，包括接入点。

具体而言，LoRA 通过在选定线性层旁并联一个低秩适配器，来实施高效的微调。在微调时，主要集中训练低秩适配器的参数，而非线性层原有参数。此方法极大地减少了需训练的参数数，进而减轻了内存负担和计算复杂性。同时，低秩适配器的加入使模型能在保持原有性能的基础上，更好地适应新任务或环境。

针对一个 d 维的输入向量 x，通常会利用一个 $d×d$ 的变换矩阵 W 来对其进行处理，从而生成一个同样为 d 维的输出向量，记作 Wx。这里，W 矩阵充当了"变换规则"的角色，它定义了输入向量到输出向量的映射方式。

具体来说，W 是一个包含 d 行和 d 列的矩阵，而 x 是一个具有 d 个元素的列向量。矩阵与向量的乘法遵循以下规则：将矩阵的每一行分别与向量进行点积运算，所得结果构成新的向量的对应元素。因此，当 $d×d$ 的矩阵 W 与 d 维向量 x 相乘时，将得到一个 d 维的输出向量 y。在这个过程中，y 的每个元素 i 都是 W 的第 i 行与 x 进行点积的结果 08。

08 矩阵和向量的乘法是一种强大的工具，可以用于对输入向量进行变换，并且这种变换是通过矩阵的行与向量的点积来实现的。同时，说明了维度匹配在矩阵乘法中的重要性

在LoRA（低秩适应）策略中，除了原有的$d×d$变换矩阵W外，还增加了两个辅助变换矩阵：A和B。这些矩阵用于对输入向量x进行额外的处理。具体来说，A矩阵首先将x转换为一个r维的中间向量Ax，这里r小于d，此步骤可视作x在低维空间中的投影。接着，B矩阵将Ax映射回d维空间，生成输出向量BAx。最终，将原始的Wx与BAx相加，得到最终的输出向量。

这种方法融合了原始的变换规则W和新的低秩适应变换（由A和B实现），旨在实现大语言模型的高效微调。通过引入低秩结构，LoRA 能够显著减少需要调整的参数数量，从而降低计算复杂度和内存需求，同时保持或提升模型性能。

在学习过程中，通常会根据模型的输出向量与目标向量（由教师提供）之间的差距来调优变换矩阵的参数。然而，在LoRA（低秩适应）方法中，采取了一种不同的策略：保持原有的d×d 变换矩阵W 的参数不变，仅对两个规模较小的变换矩阵A 和B 进行参数更新。

从参数规模的角度来看，传统方法需要调整W 矩阵中的所有$d×d$个参数。相比之下，LoRA 方法仅涉及调整A矩阵的$d×r$个参数和B矩阵的$r×d$个参数，总数为$2r×d$。以d为512、r为4 为例，传统方法需调整262,144 个参数，而LoRA 方法仅需调整4096 个，参数数量减少到了约1.6%。这种显著的参数缩减不仅简化了模型结构，还大大降低了学习过程中的计算成本。

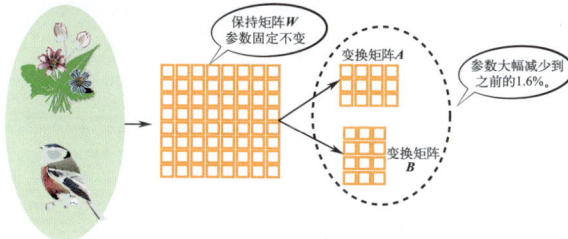

案例：LoRA方法在机器学习中的应用

当一位机器学习工程师处理一个图像分类任务。目标是根据输入的图像，预测出图像所属的类别。当选择了一个深度学习模型，并使用了一个名为W的变换矩阵来将输入向量映射到输出向量。然而，这个模型的参数数量非常庞大，导致训练过程非常缓慢，而且需要大量的计算资源。

为了解决这个问题采用LoRA方法。保持了原有的W矩阵的参数固定不变，只引入了两个较小的变换矩阵A和B。通过调整这两个矩阵的参数，你发现你能够以更低的计算成本和更快的训练速度来达到与传统方法相当的性能。

具体来说，假设你的输入向量是一个512维的向量，即d=512。在传统的方法中，你需要调整W矩阵的262144个参数（512×512）。但是，在使用LoRA方法后，你只需要调整A矩阵的2048个参数（512×4）和B矩阵的2048个参数（4×512），总计只有4096个参数需要调整。这意味着你需要调整的参数数量降低到了大约1.6%，极大地简化了模型结构并降低了学习成本。

5.6.5　LoRA 微调实现

为了实现LoRA，Hugging Face 提供了一个名为PEFT（parameter-efficient fine tuning）的库。安装PEFT 和运行LoRA 一共需要两个步骤：

（1）安装PEFT

```
pip install peft
```

（2）安装 bitsandbytes 库

```
pip install bitsandbytes    # 针对 Linux 和 macOS 系统
```

原始的 bitsandbytes 库主要面向的是 Linux 和 macOS 系统，并且在这些系统上提供了较为完善的功能和性能优化。然而，对于 Windows 系统，bitsandbytes 的官方版本可能并不直接支持，或者支持度有限。

社区中出现了一些针对 Windows 系统的解决方案，其中最典型的是 bitsandbytes-windows-webui 项目。这个项目是 bitsandbytes 库的一个 Windows 编译版本，特别为在 Web 界面上进行文本生成任务而设计。通过该项目，用户可以在 Windows 环境下利用 bitsandbytes 库的功能，并通过一个直观的 Web 界面来管理和操作量化模型。

在运用 LoRA（低秩适应）技术时，关键的一步是确定在原有模型的哪个线性变换层上添加适配器。这要求仔细分析模型中包含的所有线性部分，并基于这些部分的功能特性和任务需求，挑选出最适合安装 LoRA 适配器的线性变换层。通过这样做，可以确保 LoRA 技术能够高效地针对新任务或新领域进行适应，同时最大限度地减少对预训练模型原有参数的改动。相关代码如下：

输入：

```
import torch
from transformers import AutoModelForSequenceClassification
import re

# 指定模型路径
model_path = "./output_new/checkpoint-3600"

try:
    # 尝试加载模型
    model = AutoModelForSequenceClassification.from_pretrained(model_path,model_path,torch_
dtype=torch.float16)
    print(" 模型加载成功！ ")
    model_modules = str(model.modules)
    # 使用正则表达式提取包含 'Linear' 的模块名称
    pattern = r'\((\w+)\): Linear'
    names = re.findall(pattern, model_modules)
    # 去除重复项并打印结果
    names_list = list(set(names))
    print(" 包含 'Linear' 的模块名称： ", names_list)

except Exception as e:
    # 如果发生错误，打印错误信息
    print(" 加载模型时发生错误： ", e)
```

输出：

```
模型加载成功!

模型模块:  <bound method Module.modules of BertForSequenceClassification(
 (bert): BertModel(
  (embeddings): BertEmbeddings(
   (word_embeddings): Embedding(21128, 768, padding_idx=0)
   (position_embeddings): Embedding(512, 768)
   (token_type_embeddings): Embedding(2, 768)
   (LayerNorm): LayerNorm((768,), eps=1e-12, elementwise_affine=True)
   (dropout): Dropout(p=0.1, inplace=False)
  )
  (encoder): BertEncoder(
```

```
(layer): ModuleList(
 (0-11): 12 x BertLayer(
  (attention): BertAttention(
   (self): BertSdpaSelfAttention(
    (query): Linear(in_features=768, out_features=768, bias=True)
    (key): Linear(in_features=768, out_features=768, bias=True)
    (value): Linear(in_features=768, out_features=768, bias=True)
    (dropout): Dropout(p=0.1, inplace=False)
   )
   (output): BertSelfOutput(
    (dense): Linear(in_features=768, out_features=768, bias=True)
    (LayerNorm): LayerNorm((768,), eps=1e-12, elementwise_affine=True)
    (dropout): Dropout(p=0.1, inplace=False)
   )
  )
  (intermediate): BertIntermediate(
   (dense): Linear(in_features=768, out_features=3072, bias=True)
   (intermediate_act_fn): GELUActivation()
  )
  (output): BertOutput(
   (dense): Linear(in_features=3072, out_features=768, bias=True)
   (LayerNorm): LayerNorm((768,), eps=1e-12, elementwise_affine=True)
   (dropout): Dropout(p=0.1, inplace=False)
  )
 )
 )
)
(pooler): BertPooler(
 (dense): Linear(in_features=768, out_features=768, bias=True)
 (activation): Tanh()
)
)
(dropout): Dropout(p=0.1, inplace=False)
(classifier): Linear(in_features=768, out_features=2, bias=True)
)>
```

包含'Linear' 的模块名称: ['key', 'classifier', 'value', 'dense', 'query']

通过遍历model.modules()，可以输出模型中包含的所有模块名称。利用正则表达式，可以从中提取出含有 "Linear" 关键字的模块部分，以便进行更深入的分析或处理。

分析这些输出结果，可以发现模型中含有多个线性变换部分，如 "key" "classifier" "value" "dense"（在多个位置出现，分属不同模块），以及 "query"。针对分类任务，通常的做法是选取直接负责分类的线性层来应用LoRA（低秩适应）技术。

在此模型输出中，"classifier" 是最终的线性层，其功能是将BERT 模型的输出转换为分类任务的预测结果。因此，对于分类任务而言，选择 "classifier" 作为LoRA 的适配器是合理的。这是因为 "classifier"直接参与了分类决策，调整其参数有望对分类性能产生直接且显著的影响。而其他线性层，尽管在模型中同样重要，但它们并不直接负责分类任务，因此可能不是LoRA 适配器的最优选择。

在安装LoRA 适配器时，除了选定线性变换部分外，还需谨慎考虑低秩近似中的低秩数量r。理论上，r 值增大可能提升近似精度，进而可能提高模型性能。但实际操作中，r 值过大会消耗更多内存资源，影响模型运行效率。因此，需在精度和内存使用间寻求平衡。本例中，尝试设定r 为4，旨在保持较高精度的同时，减少内存占用。

确定线性变换部分和r 值后，可进一步制定LoRA 配置文件，即LoRA_config。该文件详细设定带有适配器的模型，为后续的模型训练和推理提供明确指导。通过此设定，可更有效地利用适配器优化和调整模型，以满足特定应用需求。

相关代码如下：

输入：
```
# 使用 PEFT 进行模型微调
from peft import get_peft_model, LoraConfig, TaskType

lora_config = LoraConfig(
    r=4,
    target_modules=['classifier'],
    lora_alpha=7,
    lora_dropout=0.05,
    fan_in_fan_out=False,
    bias='none',
    task_type=TaskType.SEQUENCE_CLASSIFICATION
)
```

除了核心参数r 和target_modules，LoraConfig 还包含其他一些可设定的参数，如lora_alpha、lora_dropout、fan_in_fan_out 及bias，这些虽非决定性因素，但在配置时仍需注意。

具体而言，lora_alpha 用于调节低秩适配的强度，而lora_dropout 则有助于降低过拟合的风险。fan_in_fan_out 与权重初始化相关，bias 则涉及偏置项的使用，它们均对模型训练效果有所影响。因此，在配置LoraConfig 时，建议对这些参数进行合理设置和调整，以助力模型达到更优性能。

完成LoRA 配置（lora_config）后，下一步是使用get_peft_model 函数，基于原始模型设置创建LoRA 模型。get_peft_model 函数是核心步骤，它负责将LoRA 配置融合到基础模型中，生成经过低秩适配的新模型。

在此过程中，get_peft_model 会读取lora_config 的配置信息，例如低秩矩阵的秩r 和目标适配模块target_modules，依据这些信息对基础模型进行必要的调整。这种方法允许我们在保持基础模型大部分参数不变的情况下，快速适应和优化特定任务或领域。

因此，使用get_peft_model 函数时，必须确保lora_config 配置准确合理，以获得最佳的LoRA 模型性能。

相关代码如下：

输入：
```
# 加载模型和分词器
tokenizer = AutoTokenizer.from_pretrained("models/hfl/chinese-roberta-wwm-ext",
                        use_fast=False,
                        legacy=True)

# 获取 PEFT 模型
peft_model = get_peft_model(
    model=model,
    peft_config=lora_config,
)
```

当GPU 内存有限，直接加载原始模型可能引发内存不足问题。为解决此问题，可在加载模型时采用降低数据类型精度的策略，即使用torch_dtype=torch.float16 参数，使模型以16 位浮点数格式读取。此方法能大幅减少模型在GPU 上的内存占用。

尽管16 位浮点数的精度略低于32 位，但在众多深度学习任务中，这种精度损失是可接受的，且能在保持模型性能的同时，有效减轻GPU 内存负担。因此，在加载大型模型或遭遇内存限制时，建议使用torch_dtype=torch.float16 来优化内存使用。

在Trainer 配置中，针对数据量较少的情况，选择了按epoch 保存模型。此方式能更精细地监控模型训练表现，且每个epoch 后都能及时保存模型状态，便于后续分析与比较。

同时，为节省存储空间和提高效率，决定仅保存LoRA 适配器的参数。LoRA 作为低秩适配方法，其参数较少，因此保存这部分参数能大幅减少模型存储需求。使用LoRA 训练模型时，无需保存整个模型的庞大参数，实现了不压盘的优势。这一特点使LoRA 在处理大规模模型或资源受限环境时更加灵活高效。

在Trainer 的设置中，由于数据较少，模型保存为每个epoch。另外，FP16=True 可以加速学习和推理的速度，如果可能的话尽量使用它。相关代码如下：

```
输入：    from transformers import TrainingArguments

          training_args = TrainingArguments(
              output_dir="./output_new", # 结果的保存文件夹
              num_train_epochs=1, # epoch 训练轮次
              save_strategy="epoch", # 检查点的保存时机，每个 epoch 保存一次模型
              eval_strategy="epoch", # 根据验证集进行评价的时机，每个 epoch 进行一次评估
              per_device_train_batch_size=1, # 训练时每个 GPU 的 batch 大小
              logging_steps=10, # 打印日志的间隔步数
          )
```

使用LoRA 模型生成句子前，需确保原始语言模型与保存LoRA 学习结果的目录正确关联。这通常通过PeftModel.from_pretrained 方法指定retrain 路径来实现，以加载LoRA 优化后的模型。加载后，可按生成普通语言模型的方式处理，包括准备输入数据和配置生成参数。

特别注意的是，执行generate 方法时，必须确保输入数据所在的设备（device）与模型所在设备一致。模型和数据需在同一计算设备上，才能有效进行计算和生成。若模型在GPU 上，输入数据也需送至GPU；若模型在CPU 上，输入数据则需在CPU 上。此步骤对确保生成过程顺利进行至关重要，可避免因设备不匹配导致的错误或性能问题。

为优化此过程，加载模型和准备数据时，应检查并确保所有组件（包括模型和数据）均在期望设备上。同时，可利用深度学习框架（如PyTorch 或TensorFlow）提供的自动设备分配功能，简化设备管理复杂性，并提升代码可读性和可维护性。

相关代码如下：

```
输入：    lora_name = "./output_new/checkpoint-4800"
          from peft import PeftConfig,PeftModel
          model_last = PeftModel.from_pretrained(model,lora_name)
```

5.6.6　QLoRA 信息压缩策略

在探索LLM的广阔领域时，一个引人注目的现象是"Scaling Law"，即模型的性能往往与其参数数量成正比增长。这一规律在实践中得到了充分验证，促使LLM的参数规模相较于传统深度学习模型实现了跨越式的增长。然而，这种参数量的激增也带来了一个显著的副作用：模型体积庞大化。这不仅意味着更高的计算和存储需求，还限制了模型的应用范围，通常只能在配备了大容量显存的高性能计算机或云端环境中运行。

为了拓宽LLM的应用边界，使其能够更广泛地部署在个人电脑和智能手机等设备上，模型的"轻量化"成了研究的重要方向。轻量化技术旨在减小模型的体积和计算复杂度，同时尽量保持模型的性能。

在深度学习的轻量化技术中，有三大支柱尤为关键：

- 蒸馏（Distillation）：这是一种通过"知识迁移"来压缩模型的技术。简单来说，就是用一个大型、复杂的"教师模型"来指导一个较小、较简单的"学生模型"学习，从而使得学生模型能够在保持较高性能的同时，拥有更小的体积。
- 剪枝（Pruning）：剪枝技术通过识别并移除模型中不重要的参数或神经元来减少模型的复杂度。这些不重要的部分在剪除后，通常不会对模型的性能造成显著影响，从而实现模型的轻量化。
- 量化（Quantization）：这是本节要重点介绍的技术。量化通过降低模型参数和计算过程中所用数值的精度来减小模型的体积和加速计算。例如，将原本使用32位浮点数表示的模型参数量化为8位整数，可以显著减少模型的存储需求和计算开销，同时尽量保持模型的性能不受太大影响。

走近量化技术

量化作为一种处理技术，旨在减少表示模型参数（比如神经网络中的权重）所需的比特数。简单来说，就是把原本用较多比特表示的浮点数，转换成用较少比特表示的整数形式。

在深度学习领域，模型参数通常使用FP32格式存储，这意味着每个参数都是一个32位的浮点数。然而，这样的存储方式会占用大量的内存和存储空间，同时在运算过程中也会消耗较多的计算资源。为了解决这个问题，量化技术应运而生。通过将FP32的浮点数转换为整数格式，比如INT8（8位整数，范围从-128到127）或INT4（4位整数，范围从-8到7），可以显著减少存储和计算的需求。这样的转换不仅降低了模型的内存占用，还可能加快模型的运算速度，因为整数运算通常比浮点数运算更快。

本节主要介绍静态量化。静态量化是在模型学习完成后对模型进行批量量化。在量化中，例如从FP32转换到INT8，模型的大小通过简单计算是四分之一。也就是说，使用的VRAM的量和模型的文件大小都是原来的四分之一。

举个例子，如果一个模型原本有100万个FP32的权重参数，那么它需要的存储空间是400万字节（因为每个FP32参数占用4字节）。但是，如果这个模型被量化成了INT8格式，那么它只需要100万字节的存储空间，因为每个INT8参数只占用1字节[09]。

INT4

□□□□ 4位

INT8

□□□□□□□□ 8位

FP32

□□□□□□□□□□□□□□□□□□□□□□□□□□□□□□□□ 32位

09 通过将参数值从 32 位浮点数转换为 8 位或 4 位整
数，有效达到降低存储容量的目的

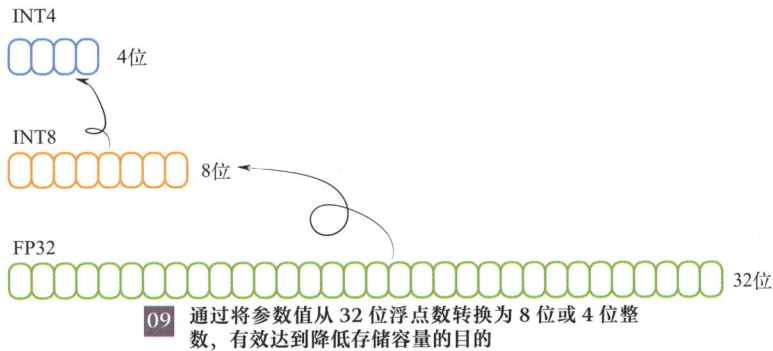

关于量化技术，一个备受关注的问题是其对模型性能的影响。具体而言，就是量化后模型的表现相较于原始模型会下降多少。幸运的是，从FP32（32 位浮点数）到INT8（8 位整数）的量化过程中，性能下降通常仅有大约1%，这是一个相当惊人的结果。

为了更直观地理解这一点，我们可以借鉴声音处理领域的例子。声音CD 通常使用16 位量化来模拟声音，尽管这是从连续的模拟信号转换而来的数字表示，但音质上几乎与原始模拟声音无异。类似地，在深度学习模型中，当采用8 位量化时，模型的性能也几乎不会受到明显影响。

然而，如果进一步减少量化的比特数，比如使用INT4（4 位整数）甚至更低的位数，模型的性能很可能会逐渐下降。这是因为更少的比特数意味着能够表示的数值范围和精度都受到了限制，从而可能影响到模型的准确性和泛化能力。

量化技术作为信息压缩领域的一项重要策略，在处理超大规模语言模型（尤其是那些参数规模达到或超越30 亿，即3B 级别的模型）时，其重要性愈发凸显。面对如此庞大的模型，传统的计算资源和存储能力往往捉襟见肘，难以支撑高效的模型训练和推理。因此，研究者们开始探索将量化技术与模型调整策略相结合的新路径，以期在不影响模型性能的前提下，大幅降低资源消耗。QLoRA（quantization-aware LoRA）正是这一探索浪潮中的佼佼者。

QLoRA 量化技术的核心在于，通过对模型参数或数据进行精度降低处理，将原本高精度的连续实数值映射到低精度的离散整数值上，从而实现数据的有效压缩。以具体实例阐述，考虑一个包含300000 个样本的数据集，其中每个样本的某个特征值为实数。若采用标准的64 位或32 位浮点格式存储，将占用大量空间。然而，通过深入分析数据分布特性，我们可能发现，绝大多数（如99%）的样本特征值都紧密聚集在（0.2, 0.4）这一狭窄区间内。基于此观察，我们可以设计一种量化策略，将这些特征值划分为若干区间（如A 组代表0.2 以下，B 组代表0.2 至0.3，C 组代表0.3 至0.4，D 组代表0.4 以上），并使用仅2 位的二进制编码来标识每个样本所属的区间。这样一来，原本需要64 位或32 位存储的特征值，现在仅需2 位即可表示，实现了数据的显著压缩。

当然，QLoRA 量化过程并非无代价的，它会引入一定量的量化误差，这是由实数值向离散值映射过程中不可避免的精度损失所致。为了减少这种误差，一个直观的方法是增加量化区间的数量，即提高量化的分辨率。但这样做又会增加存储需求，从而降低压缩效果。因此，在量化策略的设计中，必须谨慎地权衡量化误差与压缩效率之间的关系，以寻求最优的解决方案。

当QLoRA 量化技术被应用于LLM 的学习时，它通常针对模型的权重参数进行量化。一个典型的做法是将原本16 位的模型权重量化为4 位，即将权重的取值范围划分为2^4（即16）个不同的量化级别。这种量化策略不仅能显著降低模型的存储需求，还能有效减少计算过程中的内存占用和计算复杂度，从而使得更大规模的语言模型在有限资源下得以高效运行。

QLoRA 作为量化技术与LoRA 方法相结合的产物，为大尺寸语言模型的调整和优化提供了全新的视角。LoRA 本身是一种高效的模型微调方法，通过引入低秩矩阵来近似模型参数的更新，从而减少微调过程中的计算量和存储需求。而QLoRA 则在此基础上进一步融入了量化技术，通过对LoRA 引入的低秩矩阵进行量化处理，实现了在保持模型性能的同时，进一步降低存储和计算成本的目标。

综上所述，QLoRA 不仅展现了量化技术与模型调整方法相结合的巨大潜力，还为大规模语言模型的应用和发展开辟了新的可能。通过精细地设计和实施量化策略，我们可以在不牺牲模型性能的前提下，实现模型存储和计算需求的显著降低，为AI 技术的广泛应用奠定坚实的基础。

LLM 的量化过程可以通过使用Bits and Bytes 库来轻松实现。Bits and Bytes 提供了一种高效的方法来减少模型的内存占用和加速计算，同时尽量保持模型的性能。

要使用Bits and Bytes 进行量化，首先需要创建一个量化配置对象，即bnb-config。这个配置对象包含了量化的各种设置，比如是否使用4 位加载、是否启用双重量化、量化类型以及计算数据类型等。

创建bnb-config 的过程很简单，只需要指定所需的量化参数即可。例如，可以选择使用4 位加载，设置量化类型为nf4，并指定计算数据类型为torch.bfloat16 等。一旦bnb-config 创建完成，就可以在加载模型时将其作为关键字参数传入。这样，加载的模型就会按照bnb-config 中指定的量化设置进行量化。具体来说，使用Bits and Bytes 进行LLM 量化的步骤可以概括为以下几点：

- 导入必要的库和模块。
- 创建bnb-config 量化配置对象，并设置所需的量化参数。
- 在加载LLM 模型时，将bnb-config 作为关键字参数传入。
- 加载完成后，模型将按照bnb-config 中的设置进行量化。

需要注意的是，量化可能会引入一些精度损失，因此在实际部署之前，需要对量化后的模型进行充分的测试和验证，以确保其仍然满足性能要求。

相关代码如下：

输入：
```
import torch
from transformers import BitsAndBytesConfig

# 定义 BitsAndBytes 配置
bnb_config = BitsAndBytesConfig(
    load_in_4bit=True,              # 启用 4 位加载
    bnb_4bit_use_double_quant=True, # 启用 4 位双重量化
    bnb_4bit_quant_type="nf4",      # 设置 4 位量化类型为 nf4
    bnb_4bit_compute_dtype=torch.bfloat16 # 设定计算数据类型为 torch.bfloat16
)
```

此代码段仅定义了量化配置，并未实际加载或量化模型。要应用此配置，通常需要在加载模型时将其作为参数传递。量化可能会引入精度损失，因此在实际应用之前，请务必对量化后的模型进行充分的测试和验证。同时要确保Transformers 库版本支持Bits and Bytes 量化，并已更新至最新版本以避免兼容性问题。

若要将此配置应用于模型加载，需要按照以下方式进行（具体代码可能因模型和加载方式的不同而有所差异），相关代码如下：

输入：
```
from transformers import AutoModelForCausalLM, AutoTokenizer

# 指定模型名称
model_name = "cyberagent/ 实际模型名称 "

# 加载因果语言模型，并配置量化参数、设备映射和数据类型
base_model = AutoModelForCausalLM.from_pretrained(
    model_name,                    # 模型名称
    quantization_config=bnb_config, # 量化配置，使用前面定义的 bnb_config
    device_map="auto",             # 设备映射，自动选择最合适的设备（如 CPU 或 GPU）
    torch_dtype=torch.bfloat16     # 设置模型使用的 PyTorch 数据类型为 bfloat16
)

# 加载与模型相匹配的标记器
tokenizer = AutoTokenizer.from_pretrained(model_name)
```

- 如果读者实际使用的硬件不支持bfloat16，可能需要更改torch_dtype 参数以使用其他数据类型（如 torch.float32）。
- device_map="auto" 通常是一个很好的选择，但如果有特定的设备要求，可以手动指定设备（如 "cuda" 表示GPU 或"cpu" 表示CPU）。

总的来说，量化技术作为一种强大的工具，它能够在保持模型性能几乎不变的前提下，显著减少存储和计算的需求。通过合理选择量化位数，我们可以找到性能与效率之间的最佳平衡点。

5.6.7　提示微调的策略：平衡成本与性能

细致而又准确的微调对于提升LLM 的文本生成质量具有显著效果，而精心设计的提示同样能达到改善目的。由于LLM 的输出往往随提问和提示的变化而有所差异，因此，通过优化提示来引导模型生成更优质的文本成了一种有效的策略。这种方法专注于提示的构造，无需重新训练模型，从而降低了成本。然而，寻找最佳提示的过程往往伴随着大量的尝试与错误，这不仅工作量大，而且其成效高度依赖于操作人员的专业技能。

为了自动化这一烦琐过程，研究者们提出了Prompt tuning 方法，该方法借鉴了LORA 中适配器的概念。具体而言，它在LLM 的常规输入提示前增加了一个称为Soft Prompt 的向量。在训练过程中，除Soft Prompt 外，模型的其他部分均保持不变，仅对Soft Prompt 进行学习。Soft Prompt 由一系列token 组成，而Prompt tuning 则学习这些token 的嵌入表示。因此，若token 数量为p，每个token 嵌入的维度为e，则所需学习的参数总数为p×e [10]。

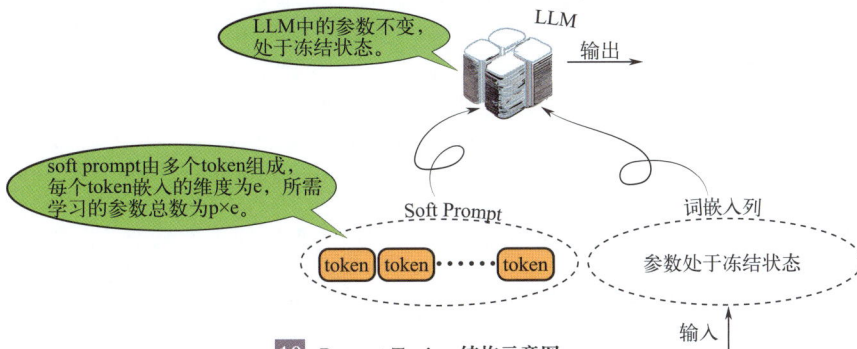

10 Prompt Tuning 结构示意图

实施Prompt tuning 相对简便，特别是当使用LORA 中的peft 模块时，该模块同样支持Prompt tuning。在配置LORA 时，通常从LoraConfig 类创建LORA 配置文件LORA_config，并将基础模型与LORA_config 一同传递给get_peft_model 函数以配置模型。类似地，对于Prompt tuning，可以从Prompt 类创建Tuning 配置文件pt_config，然后将基础模型与pt_config 传递给相同的get_peft_model 函数来完成模型配置。通过上述方法，不仅可以有效减轻人工调整提示的负担，还能提高LLM 文本生成的准确性和效率，是优化LLM 性能的一种实用策略。

输入：
```
import torch
from transformers import AutoModelForCausalLM, AutoTokenizer
from peft import get_peft_config, get_peft_model, PromptTuningInit, PromptTuningConfig, TaskType, PeftType

# 模型路径
model_name = "models/hfl/chinese-roberta-wwm-ext"

try:
    # 加载模型，使用 bfloat16 数据类型 （根据硬件和需求调整）
    model = AutoModelForCausalLM.from_pretrained(model_name, torch_dtype=torch.bfloat16 if torch.cuda.is_available() else torch.float32)

    # 加载分词器，尝试使用快速分词器
    tokenizer = AutoTokenizer.from_pretrained(model_name, use_fast=True)

    # Prompt Tuning 配置
    pt_config = PromptTuningConfig(
        peft_type=PeftType.PROMPT_TUNING, # 使用 PeftType 枚举
        task_type=TaskType.CAUSAL_LM,
        prompt_tuning_init=PromptTuningInit.TEXT,
        num_virtual_tokens=30,
        token_dim=768,
        prompt_tuning_init_text=" 东北地区为什么比其他地方冷？ ",
        tokenizer_name_or_path=model_name
    )
```

输入：
```
# 获取 PEFT 模型
model = get_peft_model(model, pt_config)

# 模型验证：确保模型可以正确生成文本
inputs = tokenizer(" 这是一个测试 ", return_tensors="pt") # 使用 PyTorch 张量
outputs = model.generate(**inputs, max_length=50, num_return_sequences=1)
print(tokenizer.decode(outputs[0], skip_special_tokens=True))

except OSError as e:
    print(f" 模型或分词器加载失败： {e}")
except Exception as e:
    print(f" 发生错误： {e}")
```

（1）Prompt Tuning 配置

- 使用PrompfTuningConfig配置了Prompt Tuning 相关参数，包括peft_type, task_type, prompt_tuning_init, 等。
- 设置了num_virtual_tokens=30 和token_dim=768，这些参数定义了Prompt Tuning 中虚拟token 的数量和维度。
- prompt_tuning_init_text 设置了一个初始化文本，诸如为了对模型进行某种形式的引导或上下文设置。

（2）获取PEFT 模型

- 使用配置好的 pt_config 通过 get_peft_model 函数对原始模型进行包装，以支持 Prompt Tuning。

C O L U M N

偏好微调　(preference tuning)

中秋夜，中国人更偏好家人团聚。

偏好微调是一种特别的数据集，里面装满了人们对某些提示作出的不同反应的例子，有的反应是不太受欢迎的，有的则是更受青睐的。这就像是一个大大的意见箱，里面装满了大家对各种建议的"点赞"和"踩"。这个数据集称之为"偏好数据集"，它是专门用来帮助LLM变得更好的。怎么变好呢？就是通过直接学习人类的喜好！

为了教会LLM如何更懂人类，科学家们发明了好几种聪明的学习算法，这些算法都属于"偏好微调"的范畴。它们的核心理念很简单：鼓励模型多做人类喜欢的事，少做或不做人类不喜欢的事。这就像是在教育一个聪明的小朋友，用奖励和温和的提醒来引导它成长。

说到偏好数据集，不得不提Anthropic公司发布的HH-RLHF数据集。这个数据集可是个宝贝，它是Anthropic团队根据LLM的输出结果，再结合云上工作人员的真实偏好精心打造的。而且，这个数据集还非常慷慨地采用了MIT许可证发布，这意味着所有人都可以自由地用它来改进自己的LLM，无论是企业还是研究机构都能受益。

偏好微调与本节讲解的指令微调不同，具有以下优点：

①数据集创建成本更低：如果我们要教一个小朋友新东西，直接告诉他我们喜欢什么、不喜欢什么，是不是比给他一堆复杂的指令要简单得多？偏好微调就是这样，它让数据集的构建变得更加直接和高效。

②能够给予负反馈：在偏好微调中，我们不仅可以告诉模型哪些回答是好的，还可以明确指出哪些回答是不好的。这就像是在给小朋友批改作业，不仅打勾表示正确，还会圈出错误并给出改正建议。这样，模型就能更准确地学习如何避免犯错。

第 6 章

大语言模型核心实践

本章将带您走进大语言模型的奇妙世界，特别是 RAG（检索与生成）这一令人兴奋的技术。6.1 节首先为您揭秘 RAG 是什么，以及如何构建一个强大的矢量数据库来支持它。接着，6.2 节将引导您初步了解 LangChain 库，这个库包含了构建 RAG 系统所需的基础和核心组件。最后，6.3 节将教您如何利用开源的大语言模型，亲手构建一个 RAG 问答系统。通过本章的学习，您将全面了解 RAG 技术的原理与应用，感受大语言模型带来的无限可能。

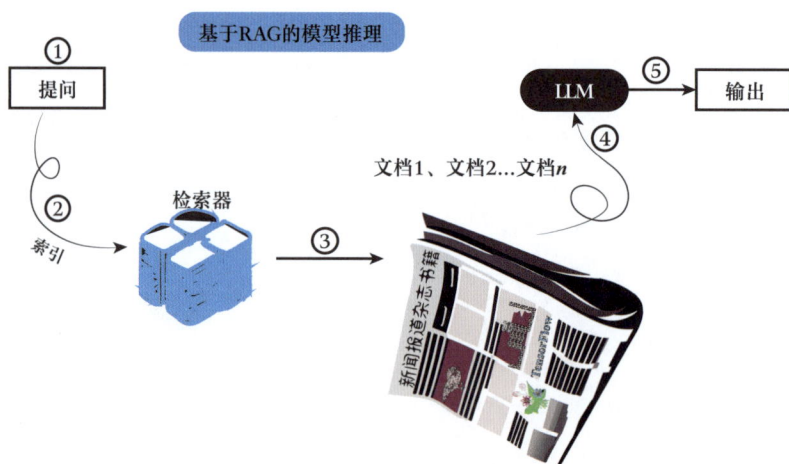

基于RAG的模型推理

6.1　RAG: 使用搜索生成语句

为了改进LLM在应对本地或专业领域问题上的表现，微调技术被引入。不过，微调面临一个难题：它难以充分利用LLM的既有知识库，且性能提升有限。同时，尽管所需训练数据量相对较小，但仍需依赖较高配置的硬件设备来支持。

为了克服这些困难，一种有效的策略是采用检索增强生成（RAG）方法。RAG将LLM与搜索技术巧妙结合，展现出强大的实用性。通过确保搜索数据库与问题直接相关，可以定制出高度专业化的LLM。此外，由于省去了基础训练阶段，RAG 使得在较低配置的机器上部署成为可能。

6.1.1　什么是 RAG

RAG（retrieval-augmented generation，检索增强生成）是一种创新的技术手法，旨在通过将LLM与信息检索技术相融合，以实现更精确且易于控制的输出结果。此方法通过扩展LLM的功能，有效提升了模型在生成内容时的准确性和可控性。

RAG 系统的核心在于其自备的数据库。当用户提出问题时，系统首先会从这一专用数据库中检索与问题相关的文档。随后，这些精选的文档与用户的问题一同被送入LLM 中，以生成最终的答案[01]。

尽管RAG 的基本流程相对明确，但在实际应用中，存在多种不同的实现方法和策略可供选择。关键在于，用户需根据具体任务的需求来灵活调整这些方法和策略，以达到最佳效果。本节将详细阐述如何实现标准的RAG 系统。

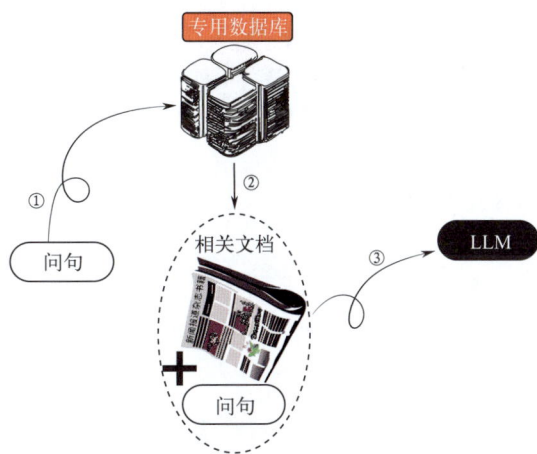

[01] **RAG 基本流程示意图。RAG 系统的核心在于其自备的数据库。一个丰富、准确、结构良好的数据库是系统能够提供高质量答案的基础**

如图[02]所示，对传统大语言模型的推理机制与一种前沿系统——检索增强生成（RAG）模型的工作流程进行了对比分析。RAG 模型通过引入一个核心组件"搜索器"，实现了对传统模型的显著优化。

在常规的大语言模型中，系统直接依据其内置的知识库和算法来响应用户查询。然而，RAG 模型则采用了一种更为智能与高效的处理方式。具体而言，搜索器首先将用户查询转化为搜索请求，进而在广泛的外部知识库中进行信息检索。这些外部知识库类似于庞大的图书馆，蕴藏着丰富多样的书籍与资料。

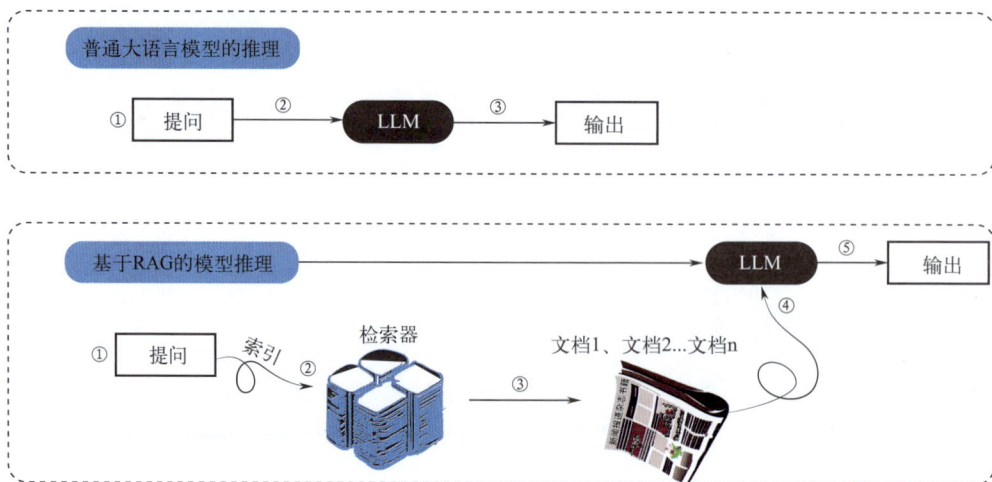

RAG 模型的工作流程更加智能和高效。搜索器能够将用户查询转化为精确的搜索请求，并在外部知识库中快速定位相关信息。这种处理方式不仅提高了响应的准确性和相关性，还缩短了处理时间，提升了用户体验

检索器通常由两个核心组成部分构成：一是用于存储知识文档的数据存储（Data Store），二是便于文档检索的索引结构（Index）。数据存储的内容依据不同的应用场景而有所差异。例如，在通用问答系统中，可能会采用维基百科的文章作为数据存储的内容；而在企业内部应用中，存储的则可能是公司的各类文件。索引的构建方式取决于搜索器的工作原理。若采用传统的全文搜索方法，则会利用如TF-IDF或BM25等算法，根据单词在文档中的出现频率来建立索引。若搜索器基于句子相似度进行工作，则需建立一个存储句子向量的索引，以优化搜索效率。

自2020 年左右起，众多关于检索增强生成（RAG）的方法被相继提出，这些方法大多基于类似图中所示的系统架构。在问答系统实践中，通常采用了问答数据集来训练一个名为BPR 的文档检索模型，并将其与ChatGPT 等聊天机器人相结合，构建了一个问答系统。这实际上构成了RAG 系统的基本框架。

近期，众多高性能的大语言模型和语句嵌入模型被公开发布。这意味着，在构建RAG 系统时，并非必须依赖ChatGPT 等商用大语言模型。通过直接利用这些公开的大语言模型和语句嵌入模型，我们便可以构建一个功能强大的RAG 系统，而无需自行训练搜索器所需的模型。

6.1.2 构建矢量数据库

为了实现RAG（检索增强生成）功能，首先需要构建一个存储知识的矢量数据库。简而言之，矢量数据库就是将文本信息转换成数字序列（矢量）进行存储的地方。

在这个过程中，我们要介绍一个强大的工具——FAISS（Facebook AI similarity search），它由Facebook 的AI 团队开发。FAISS 能够高效且准确地帮助我们在矢量数据库中查找相似内容，并对数据进行分类。

接下来，我们将通过图03来进一步说明如何一步步构建这个矢量数据库。图03的左侧列出了数据源，中间部分展示了如何将数据源拆分为独立段落，而右侧则描述了如何将这些段落转换成多个矢量，最终形成矢量数据库。通过这张图，您可以清晰地了解整个构建流程。流程大致分为以下三个步骤：

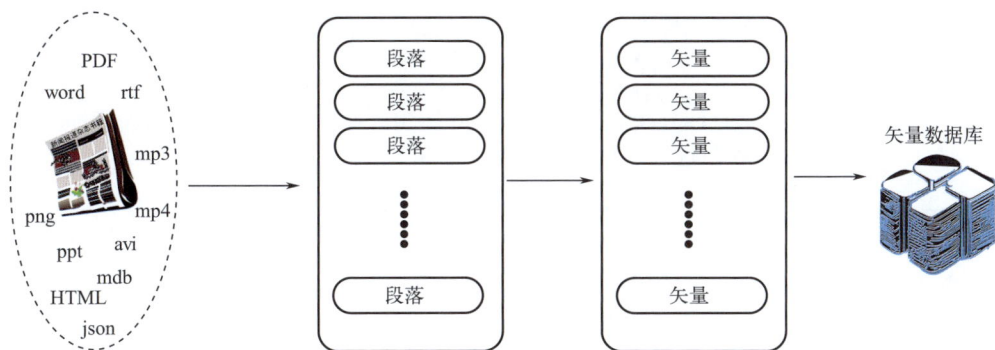

03 创建矢量数据库的流程示意图

① 段落（块）的制作。
② 段落（块）的矢量化。
③ 构建段落（块）矢量数据库。

（1）段落（块）的制作

本书介绍了一个简便的程序，该程序能够将各类数据转换成段落或块的形式。为了实现这一功能，采用了一个名为Langchain 的库，该库将在后文详细阐述。在此，您可以先将Langchain 理解为编写RAG程序的一种标准。值得一提的是，安装Langchain 非常简单，只需通过pip 命令即可完成。

```
pip install langchain
```

我们将以ai_future.txt 作为示例文本，演示如何将其有效地分割成块。文本分割作为RAG 流程中的关键步骤，对于提高信息处理和检索的效率至关重要。为了实现这一目的，我们将借助Langchain 库中的RecursiveCharacterTextSplitter 类来完成文本分割的任务。以下是实现文本分割的相关代码示例。

输入：
```
with open('code/ai_future.txt', 'r', encoding='utf-8') as f:
    text = f.read()

from langchain.text_splitter import RecursiveCharacterTextSplitter

text_splitter = RecursiveCharacterTextSplitter(
    chunk_size=50,  # 设置每个分块的大小为 50 个字符
    chunk_overlap=0,  # 指定重叠部分的大小为 0
)

texts = text_splitter.split_text(text)

print(type(texts))
print(len(texts))
if len(texts) >= 18:
    print(texts[:18])
else:
    print(texts)  # 打印所有分块的内容
```

这段代码的功能是从一个文本文件中读取内容，并使用Langchain 库中RecursiveCharacterTextSplitter 类将文本分割成多个不重叠的块。以下是代码的详细分析：

① 打开文件并读取内容：此部分代码使用with open 语句以只读模式（'r'）打开位于code 目录下的 ai_future.txt 文件，并指定编码为utf-8。文件内容被读取并存储在变量text 中。

② 导入文本分割器：从Langchain 库中导入RecursiveCharacterTextSplitter 类，这是用于文本分割的工具。

③ 创建文本分割器实例：创建一个RecursiveCharacterTextSplitter 的实例，并设置chunk_size 为50，表示每个分块包含50 个字符；chunk_overlap 为0，表示分块之间没有重叠。

④ 分割文本：使用split_text 方法将text 分割成多个块，并将结果存储在texts 列表中。

代码中有一个地方值得注意：chunk_size 与chunk_overlap 构成了文本分割过程中的两个核心参数，它们在界定文本如何被切割成小块时扮演着至关重要的角色。这两个参数或许初看起来较为抽象，以下将深入阐述它们的具体含义及应用场景，旨在促进对其更深层次的理解。

• chunk_size
chunk_size 参数指定了每个文本块的大小，即每个块应包含的字符数。当你想要将一个大文本分割成多个较小、更易于处理的部分时，chunk_size 就显得尤为重要。例如，如果你有一个包含 1000 个字符的文本，并且你将 chunk_size 设置为 100，那么文本将被分割成 10 个块，每个块包含 100 个字符（当然，这取决于文本是否能被 chunk_size 整除，如果不能，最后一个块可能会小于 chunk_size）。

• chunk_overlap
chunk_overlap 参数指定了文本块之间的重叠部分的大小。在某些情况下，可能希望相邻的文本块之间有一些共同的字符，以便在后续处理时能够更好地衔接或比较这些块。例如，如果将 chunk_overlap 设置为 2，并且 chunk_size 设置为 10，那么第一个块将包含字符 1 到 10，第二个块将包含字符 9 到 10（而不是从 11 开始），以此类推。这样，每个块都会与前一个块有 2 个字符重叠 **04**。

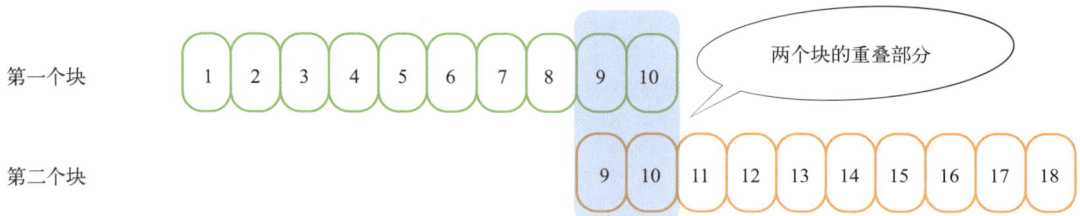

04 chunk_size 和 chunk_overlap 参数应用原理示意图

在实际场景中，chunk_size（块大小）和 chunk_overlap（块重叠）的选择需根据具体任务来定。如果选较大的 chunk_size，那分出来的块就少，但处理每块可能需要更多时间；反之，小块虽多，处理起来却可能更快。至于 chunk_overlap，要看任务需不需要块间连贯的信息。像文本分类、情感分析这类任务，一般不需要块之间有重叠，所以 chunk_overlap 设成 0 就行。但有些任务，比如命名实体识别或文本生成，它们很依赖上下文，这时候设置合适的 chunk_overlap，可能会让效果更好。

（2）段落（块）的矢量化

接下来，将对第一步中获取的各段落（或文本块）执行矢量化操作。此过程涉及将文本段落转换为矢量表示，这是自然语言处理任务中的一项关键技术。为实现这一目标，将采用 Langchain 库中的 langchain.embeddings.HuggingFaceEmbeddings 类。该类利用 Hugging Face Transformers 库中的模型，能够高效生成文本的嵌入式表示。这种处理方式有助于捕捉文本特征，为后续文本分析和处理任务提供有力支持，进而可能提升相关应用的性能和准确性。

首先安装如下命令：

```
pip install -U langchain-community
pip install sentence-transformers
```

相关代码如下：

输入：
```
from langchain.embeddings import HuggingFaceEmbeddings

embeddings = HuggingFaceEmbeddings(
    model_name = "models/hfl/chinese-roberta-wwm-ext",
)
print(len(embeddings.embed_documents([" 我喜欢花 "," 她的花很漂亮 "])[0]))
```

输出：
```
768
```

（3）构建段落（块）矢量数据库

在构建涉及多通道矢量的数据库时，一个关键环节是设计数据库结构，使其既便于数据存储，又能高效支持查询操作。特别是，在这类向量数据库中，查询通常依赖于最近邻搜索技术来找出与给定矢量最相似的条目。然而，全面执行最近邻搜索往往计算量大，效率低下，因此必须采取优化措施。

为了提高搜索速度，可以采用 FAISS 这一专门设计用于快速最近邻搜索的工具。FAISS 的应用实质上是为矢量数据构建一个高效的索引系统，使得后续的搜索操作能够迅速定位到最接近的矢量。

具体来说，使用 FAISS 进行数据库搜索的步骤包括：

- 数据预处理：首先，对多通道矢量数据进行必要的预处理，如规范化或降维，以提高搜索效率和准确性。
- 构建索引：利用 FAISS 提供的索引构建方法，将预处理后的矢量数据组织成高效的搜索结构。这一步是 FAISS 优化搜索速度的核心，通过选择合适的索引类型（如倒排索引、量化索引等），可以显著提升搜索效率。
- 执行搜索：当需要查询某个矢量在数据库中的最近邻时，将查询矢量输入到 FAISS 索引中，FAISS 会快速返回一组与之最相似的矢量及其对应的标识符。
- 结果后处理：对搜索结果进行必要的后处理，如排序、过滤或进一步分析，以满足具体应用的需求。

通过这种方式，FAISS 不仅极大地提高了向量数据库中最近邻搜索的速度，还保持了搜索结果的准确性，从而有效支持了多通道矢量数据的高效管理和应用。

先来安装FAISS，根据实际经验，采用pip命令安装较为合适。

安装CPU版	pip install faiss-cpu

安装GPU版	pip install faiss-gpu

由于不同读者所使用的操作系统多样，特别是在Windows环境下，安装faiss-gpu时无法通过简单的pip命令完成。针对Windows系统，安装faiss-gpu的正确途径是通过conda进行。但需注意，conda提供的faiss-gpu支持的cuda版本仅限于8和9系列，这些版本相对较旧。

尽管降低cuda版本以适配faiss-gpu的安装是一种可行方案，但值得注意的是，FAISS库在构建数据库时对GPU有依赖，而在进行推理或查询时，使用CPU版本同样能够满足需求，且性能上不会有显著影响。因此，如果Windows用户面临cuda版本兼容性问题，或者在不需要频繁构建数据库的情况下，选择使用FAISS的CPU版本同样是一个便捷和高效的选择。

CPU版本的FAISS在构建矢量数据库时，由于无法将embeddings（嵌入向量）设置到GPU设备上，因此处理速度相对较慢，构建大型数据库会消耗大量时间。鉴于此，若需要构建规模较大的数据库，更推荐在Linux环境下进行，因为Linux环境支持安装和使用faiss-gpu，可以充分利用GPU的加速能力，显著提升数据库构建效率。

另外，值得一提的是，即使在Linux环境下构建的数据库，其数据格式和FAISS库的使用方式在各个操作系统之间是兼容的。这意味着，在Linux环境下构建的数据库可以无缝地在Windows环境下被加载和使用，从而方便了跨平台的数据共享和处理。因此，用户可以根据实际需求和资源条件，灵活选择在合适的操作系统下进行数据库构建，并在需要时轻松实现跨平台的数据迁移和应用。

要构建一个依托于FAISS的矢量数据库，可以遵循以下步骤：
首先，利用langchain_community.vectorstores模块中专门为FAISS设计的类所提供的静态方法from_text。在执行这一方法时，需要准备两个关键参数：其一是包含多个段落的列表texts，这些段落将作为数据库的内容基础；其二是文本矢量化函数embeddings，该函数负责将每个段落转换为对应的矢量表示。

举例说明，当处理的数据量较小时，即便是在普通的CPU上，构建数据库的过程也能迅速完成。然而，面对海量数据时，构建过程将变得异常耗时，以至于在CPU上操作几乎变得不切实际。鉴于此，实践中的通常做法是在配备GPU的Linux环境下进行数据库的构建工作。这样做不仅能显著提升处理速度，还便于将构建好的数据库保存到文件中。之后，每当需要使用时，只需从文件中读取已保存的数据库，从而避免了每次都重新构建的麻烦。

构建矢量数据库的相关代码如下：

输入：	`from langchain_community.vectorstores import FAISS`
	`db = FAISS.from_texts(texts, embeddings)`
	`db.save_local('ai_future.db')`

在访问已存储的数据库时，若需执行搜索操作，首先需将查询信息转换成向量格式。这一转换过程依赖于生成高质量的嵌入表示（embeddings），它们是实现精确匹配的关键。采用FAISS技术构建的矢量数据库，能够自动化地配置搜索器，让用户能够轻松利用similarity_search_by_vector功能，快速定位与查询相似的数据记录。

系统默认返回与查询内容相似度最高的前四个数据块，这一设定旨在迅速且精确地呈现最相关结果，进而提升数据检索的效率和精确度。用户无需进行烦琐的手动调整或配置，因为系统已内置了经过优化的搜索参数，确保在多数情况下都能获得令人满意的搜索成果。通过similarity_search_by_vector功能，用户能够直接利用向量进行搜索，进一步简化了操作流程。相关代码如下：

输入：
```
# 通过文本搜索相似项
search_results = db.similarity_search(" 智能 ")
print(f"Number of search results: {len(search_results)}")
print(f"Type of first search result: {type(search_results[0])}")

# 通过向量搜索相似项
vector = embeddings.embed_documents([" 智能 "])[0]
vector_search_results = db.similarity_search_by_vector(vector)
print(vector_search_results[0].page_content)
```

程序中核心功能解释如下：

- 使用FAISS.from_texts 方法创建向量数据库db，其中存储了文本块和它们的嵌入表示。
- 将向量数据库保存到本地文件ai_future.db 中。
- 从本地文件加载向量数据库db。
- 使用similarity_search 方法通过文本搜索相似的文本块，并打印搜索结果的数量和第一个搜索结果的类型。
- 使用embed_documents 方法生成文本"智能"的嵌入表示，并使用similarity_search_by_vector 方法通过向量搜索相似的文本块，并打印第一个搜索结果的文本内容。

6.2　LangChain 库: 基础入门

6.1 小节在讲解RAG 时，简要涉及了一些LangChain 技术。现在，请考虑以下几个实际应用场景：若希望将LLM 的输出标准化为JSON 格式，以便于后续的数据处理和分析；或者意图构建一个与搜索引擎紧密结合的RAG 系统，实现信息的精准检索与生成；再或者，需要利用LLM 来高效概括PDF 文件中的核心内容。针对这些具体需求，LangChain 框架提供了一种简洁而强大的解决方案。

LangChain 是一个开源库，它不仅与众多第三方服务提供商兼容，还配备了一系列实用工具，专门用于处理LLM 相关的任务。借助LangChain，用户可以轻松实现诸如Few-Shot Prompting（少样本提示）这样的高级功能，即仅通过少量示例就能引导LLM 完成特定任务。此外，LangChain 还支持将LLM 的输出直接格式化为结构体，如JSON，这极大地提升了数据处理的便捷性和效率。

更重要的是，利用LangChain，实现RAG 系统变得尤为简单。通过几行代码，用户就能构建一个能够根据用户查询智能检索相关信息并生成响应的RAG 系统。这种高效、灵活的特性，使得LangChain 成为处理LLM 相关任务时不可或缺的工具。

在LangChain 项目的发展初期，其版本迭代相当迅速，频繁地推出新版本。这种高频的更新策略虽然体现了开发团队的活跃与项目的快速发展，但同时也引发了一部分工程师的担忧。他们顾虑频繁的版本变动可能会给生产环境的稳定性带来挑战，因此，部分早期尝试采用LangChain 的工程师，在权衡利弊后，选择放弃了继续使用。直到2024 年，LangChain 项目迈出了重要的一步，发布了其稳定版v0.1.0。这一版本的推出，标志着LangChain 在功能和稳定性上达到了一个新的里程碑。值得注意的是，v0.1.0及其后续版本在库的配置上，与之前的版本存在显著差异。

鉴于LangChain在v0.1.0之前的版本较为多变，且当前网络上存在大量基于这些早期版本的文章和教程，因此，在阅读和学习关于LangChain的资料时，读者需要格外留意文章所提及的版本信息。确保自己正在参考的是与当前使用的LangChain版本相匹配的内容，从而避免由于版本差异导致的困惑或错误。

6.2.1　LangChain 介绍

LangChain，这一自2022年10月横空出世的开源框架，已迅速崛起为构建大语言模型（LLM）应用的佼佼者。截至2023年底，其在GitHub上累积的星标数已逼近9万，彰显了其在业界的广泛影响力与深度应用。LangChain不仅是一个推理框架，更是一个创新平台，它巧妙地将大语言模型、语句嵌入模型、搜索器等核心要素抽象为可复用的组件，为开发者提供了无限的创造空间。

在这个LangChain构建的奇妙世界里，每个精心打造的组件都仿佛是一位技艺高超的魔术师，它们既能独立施展才华，又能与其他组件默契配合，共同演绎出一场场令人瞩目的"技术盛宴"。这背后，得益于LangChain与众多外部库和服务的无缝集成，以及一系列高效强大的Python类支撑。

大语言模型组件，作为LangChain中的智慧担当，能够轻松对接OpenAI、Google、百度等科技巨擘的顶尖模型，让开发者得以站在巨人的肩膀上，探索AI的无限可能。而Hugging Face，则如同一位无私的导师，不仅提供了Hub上琳琅满目的预训练模型供开发者选择，还倾囊相授，教会他们如何在本地环境中让这些模型焕发生机，亲身体验AI的魅力。

但LangChain的魔力远不止于此。它还配备了能够解锁知识宝库的钥匙——数据存储组件。这些组件既能轻松处理本地文本文件和PDF文档，又能作为桥梁，连接云端存储和数据库，让海量信息触手可及。无论数据以何种形式存在，无论它们身处何方，LangChain都能找到合适的方式，将其纳入囊中，为开发者所用。

更令人惊叹的是，这些组件并非孤立存在，而是通过一个统一的接口紧密相连，形成了一个和谐共生的生态系统。这意味着，作为LangChain的用户，开发者无需担心不同库和服务之间的兼容性问题，只需根据自己的需求，像拼图一样将组件组合在一起，就能轻松构建出功能强大的AI应用。LangChain，这个充满无限可能的创意工坊，让AI技术的应用变得简单而有趣，无论是初学者还是资深开发者，都能在这里找到属于自己的舞台，尽情挥洒创意，探索AI的无限魅力。

当LangChain与RAG系统相融合时，其性能表现自然成了万众瞩目的焦点。我们不能仅仅满足于两者的成功融合，因为大语言模型的终极目标是为人类服务，而模型的性能直接决定了其服务的质量与成败。因此，我们必须对引入LangChain后的RAG系统进行严格的性能评估，以确保其能够发挥出最大的价值，为人类社会的进步贡献一份力量。

6.2.2　LangChain 基础库

在LangChain的早期开发阶段，所有特性和更新都被整合进了一个名叫LangChain的大包里。但随着功能的不断增多和修改的累积，这个大包变得越来越庞大和复杂，给后续的处理和维护工作带来了很大的困难。为了改善这一情况，从v0.1.0版本起，LangChain进行了重大改革，将原本的大包拆分成了三个独立的部分：langchain-core、langchain以及langchain-community合作伙伴包。

这样的拆分让每个部分都有了清晰的功能定位:

- langchain-core: 这个包主要负责实现核心功能,它提供了各种组件的基本框架和组合它们的方法。由于它不涉及与外部服务的集成,所以依赖关系非常简单。
- langchain: 这个包则提供了更广泛的应用接口和工具,包括执行一系列应用程序处理的chain功能、让LLM进行决策和处理的agents功能,以及提供搜索功能的retrieval功能。
- langchain-community 合作伙伴包: 这些功能依赖于特定的外部服务,可以被广泛使用。此外,langchain-community 软件包还是一个社区,流行的外部服务如OpenAI等也被单独拆分成了自己的软件包。这个包集成了LangChain 的不同组件和外部服务,同时尽量保持了轻量级的依赖关系。

另外,LangChain 的合作伙伴包与langchain-community 在功能和使用场景上有一定的区别,尽管它们都是LangChain 生态系统的重要组成部分。以下是对两者的详细比较:

(1) langchain-community

- 定义: langchain-community 是LangChain 社区维护的第三方集成包,它包含了各种LLMs 和工具接口。
- 功能: 提供与不同LLMs 的集成,使得开发人员可以在LangChain 中使用这些模型。包含各种工具和实用程序,以支持LLM 应用的开发。
- 特点: langchain-community 是LangChain 生态系统中的一个重要组成部分,它使得开发人员可以轻松地扩展和定制他们的LLM 应用。

(2) 合作伙伴包

- 定义: 合作伙伴包是由LangChain 和特定合作伙伴共同维护的独立包,旨在将合作伙伴的最新功能引入LangChain 并保持同步。
- 功能: 提供与特定合作伙伴(如OpenAI、Hugging Face 等)的集成,使得开发人员可以在LangChain 中使用这些合作伙伴提供的模型和功能。合作伙伴包通常会包含针对特定合作伙伴功能的优化和增强。
- 特点: 与langchain-community 不同,合作伙伴包是由LangChain 和特定合作伙伴共同开发和维护的。合作伙伴包通常会更加专注于与特定合作伙伴功能的集成,并提供更高级别的支持和优化。

(3) 两者的比较

langchain-community 和合作伙伴包虽然都是LangChain 生态系统中的重要组成部分,但它们的功能和使用场景有所不同。langchain-community 提供了与多种LLMs 和工具的集成,使得开发人员可以轻松地扩展和定制他们的LLM 应用。而合作伙伴包则更加专注于与特定合作伙伴功能的集成,并提供更高级别的支持和优化。开发人员可以根据自己的需求和场景选择合适的包来使用,见表6-1。

表6-1 langchain-community 与合作伙伴包的不同

项目	langchain-community	合作伙伴包
定义	LangChain社区维护的第三方集成包	LangChain与特定合作伙伴共同维护的独立包
功能	提供与不同LLMs的集成,包含各种工具和实用程序	提供与特定合作伙伴的集成,包含针对特定功能的优化和增强
维护者	LangChain社区	LangChain与特定合作伙伴共同维护
特点	支持广泛的LLMs和工具,易于扩展和定制	专注与特定合作伙伴功能的集成,提供高级别支持和优化

6.2.3 LangChain 核心组件

（1）Message

大多数LLM 处理的是一系列消息，并生成相应的回复。每条消息都包含几个关键属性：

- 角色（role）：指明消息是由谁发出的，例如用户或系统。
- 内容（content）：消息的具体文字信息。
- 响应元数据（response_metadata）：与回复相关的额外信息。

消息主要分为以下三类：
① 系统消息（system message）：
- 这类消息用于指示模型应如何操作。
- 通常，它们会被放置在消息序列的开始位置。需要注意的是，有些模型在消息序列缺少开头或包含多个系统消息时可能会出现问题。
② 用户消息（human message）：
- 代表用户的发言。
- 根据不同的模型设计，连续存放多条用户消息可能会导致处理错误。
③ AI 消息（AI message）：
- 展示LLM 生成的回复。
- 这类消息还包含有关回复的元数据，提供额外的上下文信息。

LLM 通过接收包含角色、内容和响应元数据的消息列表，生成并返回相应的AI 回复。不同类型的消息在序列中的位置和数量可能影响模型的表现，因此在使用时需根据具体模型的要求进行调整。

（2）Chat Model

Chat Model 是一个高效且灵活的语言处理组件，它能够接收并处理多条消息组成的数组，利用先进的语言模型技术生成精准的回应。这一特性使得Chat Model 在多个领域都有广泛的应用前景，如智能客服系统、聊天机器人、语音交互平台等。通过合作伙伴包的集成，Chat Model 可以轻松嵌入到现有系统中，为用户提供更加智能和便捷的服务体验。无论是在处理用户咨询、提供个性化建议，还是执行特定指令，Chat Model 都能表现出色，满足各种复杂场景的需求。

（3）Prompt Template

若想利用特定参数对预先定义的模板进行动态转换，Prompt Template 组件的类设计为接受一个字典对象作为输入参数。通常，PromptTemplate 包含以下三种类型：

① StringPrompt Template

StringPrompt Template 类主要专注于单个消息字符串的转换。它提供了一个便捷的方式，让用户能够根据预设的模板和动态传入的参数，快速生成符合要求的消息。这类模板特别适用于那些需要频繁更改消息内容，但又希望保持一定格式和风格的场景。通过StringPromptTemplate，用户可以轻松实现消息内容的定制化和个性化，而无需每次都手动编写完整的消息。这不仅提高了工作效率，还确保了消息的一致性和专业性。

代码示例
from langchain_core.prompts import PromptTemplate

# 创建并初始化 PromptTemplate 对象 	
prompt_template = PromptTemplate(template=" 将大语言模型论文内容转换为 {language}")

# 使用 invoke 方法填充模板，并直接打印结果 	
print(prompt_template.invoke({"language": " 中文 "}))

输出结果
text=' 将大语言模型论文内容转换为 中文 '

② ChatPrompt Template

ChatPromptTemplate 类是一个专门为处理聊天或对话中多个消息字符串的转换而设计的工具。它的主要功能在于，能够识别并转换对话流中特定的字符串，根据预设的模板和动态提供的参数，生成符合上下文和需求的响应消息。在聊天应用、智能客服或任何涉及多轮对话的系统中，ChatPrompt Template 都发挥着重要作用。它不仅能够处理单个消息，更能在连续的对话中，保持消息的一致性和连贯性，提升用户体验。通过利用 ChatPrompt Template，开发者可以轻松地定义消息转换的规则，无需每次都手动编写复杂的逻辑。这不仅提高了开发效率，还使得对话系统更加灵活和可维护。

代码示例

```
from langchain_core.prompts import ChatPromptTemplate
from langchain_core.messages import HumanMessage
from langchain_core.prompts.chat import
SystemMessagePromptTemplate

prompt_template = ChatPromptTemplate.from_messages([
    ("system"," 请用 {language} 回答用户的问题 "),
    ("user","What is the price of this watch?")
])
print(prompt_template.invoke({"language": " 中文 "}))
```

输出结果

```
messages=[SystemMessage(content=' 请用中文回答用户的问题 ',
additional_kwargs={}, response_metadata={}), HumanMessage
(content='What is the price of this watch?', additional_kwargs={},
response_metadata={})]
```

③ MessagePlaceholder

如果想要在聊天模板中传递一个完整的消息列表，而不是单独的系统消息和用户消息，可以使用一个专门的类（如MessagePlaceholder）来表示这些消息。这个类能够存储消息的内容、类型以及任何相关的元数据，从而使得聊天模板的处理更加灵活和可扩展。

以下是一个代码示例，它使用了MessagePlaceholder 类：

代码示例

```
from langchain_core.prompts import ChatPromptTemplate, MessagesPlaceholder
from langchain_core.messages import AIMessage, HumanMessage, SystemMessage
prompt_template = ChatPromptTemplate.from_messages([
    ("system"," 请用 {language} 回答用户的问题 "),
    (MessagesPlaceholder("messages")),
])
result = prompt_template.invoke({"language": " 中文 ",
                "messages": [HumanMessage(content="What is the price of this watch?"),
                        AIMessage(content="The price is $100."),
                        HumanMessage(content="That's expensive.")]})
print(result)
```

输出结果

```
messages=[SystemMessage(content=' 请用中文回答用户的问题 ', additional_kwargs={}, response_metadata={}),
HumanMessage(content='What is the price of this watch?', additional_kwargs={}, response_metadata={}), AIMessage
(content='The price is $100.', additional_kwargs={}, response_metadata={}), HumanMessage(content="That's
expensive.", additional_kwargs={}, response_metadata={})]
```

④ Output Parser

Output Parser 是一种组件，它的主要功能是将模型的输出结果转换成合适的格式。这类组件通常支持多种输出格式，以满足不同的需求。具体来说，它可能包含以下几个类，用于处理不同的格式：

- JSON 格式类：这个类负责将模型输出的数据转换为JSON 格式。JSON 是一种轻量级的数据交换格式，易于人类阅读和编写，同时也易于机器解析和生成。
- XML 格式类：这个类用于将模型输出转换为XML 格式。XML 是一种标记语言，它允许用户定义自己的标签，从而灵活地表示数据。XML 格式在数据交换和存储中广泛应用。
- CSV 格式类：这个类专门处理将模型输出转换为CSV 格式的任务。CSV 是一种简单的文本格式，用于存储表格数据，如电子表格程序或数据库中的数据。它易于导入到各种应用程序中进行进一步处理。

通过这些类，Output Parser 能够灵活地适应不同的输出需求，确保模型的结果可以以最适合的格式被使用或展示。这样的设计不仅提高了系统的灵活性和可扩展性，还优化了数据处理的效率和准确性。

⑤ Document Loader

Document Loader 是一个专门设计用于从各种特定来源加载内容的组件。这个组件的构建基于一个名为BaseLoader 的基础类，而实际的加载功能则通过继承这个基础类来实现。在提供的软件包中，可以找到多个这样的继承类。

其中，PyPDFLoader 是一个特别常用的继承类，它专门用于读取PDF 文件的内容。PyPDFLoader 利用了开源的PDF 库pypdf 来执行这一任务，因此，在使用PyPDFLoader 之前，需要确保已经安装了pypdf 库。

简单来说，Document Loader 就像一个搬运工，它能够从不同的地方（比如PDF 文件）把内容加载到系统中来，而PyPDFLoader 就是专门负责从PDF 文件中搬运内容的那个"搬运工"。为了让这个"搬运工"能够正常工作，我们还需要给它配备一个工具（安装pypdf 库）。

⑥ Text Splitter

Text Splitter 是一个实用的组件，它的主要功能是将长篇文本切割成较小的、更易于处理的块。由于某些系统（如LLM）对可输入的令牌数量有限制，因此，当面对长文本时，必须将其拆分成不超过这一限制的部分。

为了实现这一功能，设计了一个名为TextSplitter 的基类。这个基类为文本分割提供了基本框架和方法。为了适应不同的分割需求，可以创建继承自TextSplitter 的类，这些类可以根据具体的应用场景来定制分割逻辑。

简而言之，Text Splitter 就像一个文本切割机，它能够帮助我们将长文本按照需求切割成合适的大小，以便在有限制的环境中处理这些文本。而Text Splitter 类则是这个切割机的基础，它允许我们根据需要来扩展和定制切割功能。

⑦ Embedding

Embedding 技术是一种将文本数据转换成数值向量的方法，它在自然语言处理中扮演着重要角色。Embedding 类作为一个基础框架，提供了两个核心功能：

- embed_documents：这一功能能够将一整批的字符串数据转换成向量形式。这对于处理大量文本数据，如整篇文章或文档集合，尤为关键。
- embed_query：此功能则专注于将单个查询字符串向量化，适用于处理用户的即时搜索请求或简短的输入文本。

在之前的讨论中，我们提到了RAG 系统中常用的文本相似度评估手段，这主要包括计算搜索对象向量与搜索文本向量之间的余弦相似度和点积。这两种方法都是衡量两个向量间相似程度的有效工具。

要实现文本的向量化，离不开嵌入模型的支持。不同的嵌入模型会产生不同的向量表示，因此，为了确保查询字符串与搜索对象之间的相似度比较准确可靠，两者必须使用相同的嵌入模型进行向量化处理。

每个嵌入模型都有其特定的向量维度。维度的高低直接影响着模型的表现能力：维度越高，模型能够捕捉到的文本特征就越多，表达的细腻度和精确度也就越高。但与此同时，高维度也意味着每篇文章或文本在向量化后会占用更多的存储空间，这对系统的存储能力提出了更高的要求。

为了全面评估不同嵌入任务的性能表现，可以借助像MTEB（massive text embedding benchmark）这样的公开基准测试集。MTEB 等基准测试集通过提供大规模的文本数据和标准化的评估指标，帮助研究人员和开发者客观地比较不同嵌入模型的优劣，从而推动技术的不断进步和优化。

⑧ Retriever

Retriever 作为一个核心组件，它的主要作用是根据给定的查询返回相关的文档。BaseRetriever 类作为这个功能的基础类存在，为后续的扩展提供了框架。社区包中提供了基于BaseRetriever 的多种后续类，以便满足不同的需求和场景。此外，还可以通过VectorStore 对象来方便地创建一个Retriever。具体来说，可以通过调用VectorStore 对象的as_retriever 函数来实现这一功能。

对于Retriever 的扩展和优化，是提升其性能和准确性的重要手段。通过不断地改进算法和调整参数，可以让Retriever 更好地理解和响应用户的查询，从而返回更加相关和有用的文档。

⑨ Chain

Chain 是一个关键性的组件，它的功能是按照预定的顺序依次调用其他组件。在特定应用场景中，比如问答系统，RetrievalQAChain 就能够被用于实现LLMChain（大语言模型链）和RAG 等功能。

在langchain.chains 包中，RetrievalQA 是一个结合了检索和问答的组件，它允许用户构建一个系统，该系统能够根据用户的提问，从提供的文档或知识库中检索相关信息，并回答用户的问题。RetrievalQA 由retriever 和combine_documents_chain 组成。其中，combine_documents_chain 又由document_prompt 和llm_chain 组成。llm_chain 本身是一个整合语言模型和提示模板的最简单链，其底层还是llm_chain。

值得注意的是，Chain组件目前正逐渐被LCEL所取代。因此，在开发和维护基于Chain组件的系统时，必须留意这些组件是否仍然得到支持和更新。如果Chain组件已不再被积极维护，那么可能需要考虑迁移到LCEL或其他替代方案，以确保系统的稳定性和可持续性。

⑩ LCEL

2023年8月，LangChain推出了LCEL（LangChain Expression Language），这是一种创新的构建组件间流程链的方法。简而言之，LCEL使用Pipe（｜）符号来直观地表示数据在链中的流动方向。在这一体系中，每个组件的输出会直接作为下一个组件的输入，从而实现数据的顺畅传递。

最初，Chain组件被设计用来表示这种链式流程。在适用的场景下，Chain组件能够极大地简化代码，使其更加简洁明了。然而，不同类型的Chain组件内部实现方式各不相同，且相关文档往往不够完善。这导致用户需要深入了解内部实现细节才能理解整个流程，这无疑增加了使用的难度。

此外，LangChain中的Chain组件是独立实现的，这使得为所有链提供一个统一的接口以及实现异步支持变得相当困难。为了解决这个问题，LCEL规定，所有可使用的类都必须实现Runnable接口。这一要求确保了组件的兼容性和一致性，从而为用户提供了更加稳定和可靠的使用体验。

6.3　基于开源 LLM 构建 RAG 问答系统

到目前为止，数据库和搜索功能的建设工作已经完成。将这些组件与LLM相结合，便能构建一个检RAG系统。虽然构建一个全面的系统并非易事，但借助LangChain库中的RetrievalQA功能，这一过程可以得到极大简化。利用LangChain，用户可以轻松构建各种与LLM相关的应用程序，这无疑是一个显著的优势。

然而，从另一方面来看，LangChain默认集成的LLM主要是OpenAI等提供的付费服务。考虑到本书的核心目标——"基于开源本地大模型构建问答系统"——我们更倾向于避免使用需要付费的聊天机器人。因此，尽管LangChain在构建LLM应用方面提供了便利，但在实现本书目标时，我们可能需要寻找与开源本地大模型更兼容的解决方案。

6.3.1　什么是 QA 系统

问答系统的研究历史可追溯至20世纪60年代，那是计算机科技初露锋芒的时代。自此以后，作为NLP领域中的一颗耀眼明星，以及评估NLP系统语言理解能力的重要基准，问答系统一直深受全球科研人员的喜爱，不断激发着他们的研究热情。

在问答系统的广阔领域中，存在着两个主要分支，它们各自担当着不同的角色，共同推动着技术的进步。其中一个分支专注于特定领域知识的问答，例如深入剖析学术论文、精确解读技术文件等。这类系统犹如专业顾问，能在你对某个领域产生疑问时，迅速提供权威且针对性的解答。

另一个分支则是开放领域问答（open-domain question answering）。它们不局限于任何特定的知识领域或范围，而是如同博学多才的智者，努力回答你提出的各种问题。无论是历史典故、科学原理，还是生活小窍门，只要你提出问题，它们都会尽力给出答案。这类问答系统面临的挑战在于，它们需要处理和理解人类语言的复杂性和多样性，同时从庞大的信息海洋中筛选出最准确、最相关的回答。本书将主要为读者介绍这一类型的问答系统。

问答系统主要可划分为两大类型，依据它们运用知识的方式进行区分：一是开放式问答，二是封闭式问答。

- 开放式问答类似于在一本浩瀚的书籍中寻找答案，系统需在广袤的信息海洋中搜索并理解相关内容，方能给出回应。
- 相比之下，封闭式问答则更像完成一道选择题，答案往往已预先设定，系统仅需将问题与答案进行匹配即可。

（1）开放式问答（open-book question answering）

在开放式问答系统的运作中，一个引人入胜的环节是系统将用户提出的问题与一系列蕴含答案线索的知识文本相结合，通过预测来给出精准回答。这一过程通常依赖于两个核心模块的流水线式协作：文档检索与答案生成。

设想这样一个场景 **05**：当你向系统抛出一个问题时，首先启动的是文档检索模块。这个模块的任务宛如在一个庞大的图书馆内搜寻与你问题相关的书籍。它会从海量的文档中精准筛选出与你的问题相契合的内容，为后续工作奠定坚实的信息基础。

紧接着，答案生成模块便开始它的工作。这个模块将文档检索模块所找到的"书籍"视为珍贵的知识宝库，从中深入挖掘并生成问题的答案。它宛如一位细心的读者，从文本中提炼出最相关的信息，然后将其整理成清晰、准确的答案呈现给你。当你在开放式问答系统中获得一个满意的回答时，这背后其实是两个模块默契配合、共同努力的结晶。

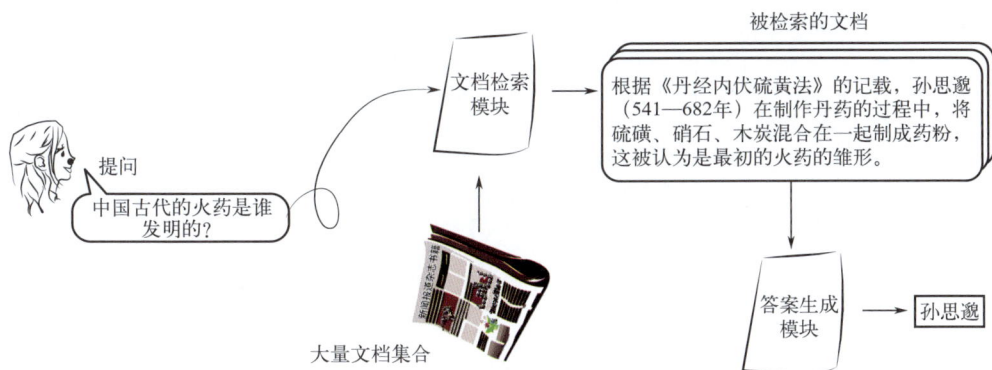

05 基于管道处理的开放领域问答流程示意图

在深度学习技术蓬勃兴起之前，开放领域问答系统作为用户查询与广泛知识资源之间的桥梁，发挥着举足轻重的作用。这一系统精妙地结合了文档检索与答案生成的双重能力，但其核心处理机制主要基于人工精心设计的规则和特征集。这仿佛为每台机器都配备了一本详尽无遗的操作指南，确保每一步操作都严格遵循既定的规则与特征指导。

在开放领域问答的广阔天地里，提取型问答任务占据着举足轻重的地位。这一任务要求系统能够像敏锐的侦探一样，根据用户提出的问题，从提供的一个或多个文本资料中准确捕捉到与问题相匹配的答案字符串，犹如在浩瀚的知识海洋中精确拾取璀璨的明珠。

开放领域问答的独特之处，在于它赋予了系统"携带"丰富知识资源以应对各种挑战的能力。这一过程宛如人类的"可携带考试"——学生在考试时可以参考教科书，系统同样能在回答问题时随时调用庞大的知识库，从而展现出高度的灵活性和智能性。

时间回溯到2018年前后，随着LLM的惊艳问世，问答系统领域迎来了翻天覆地的变革。自那时起，新兴的问答系统几乎普遍采用了开放式的问答模式。与此同时，一些系统不再仅仅局限于预设的知识库或文本进行答案提取，而是能够在没有明确知识来源的情况下，依靠模型自身习得的广泛语言知识和深刻理解能力，直接生成问题的答案。这种封闭式问答的兴起，标志着AI在理解和回应人类语言方面实现了更加自主与灵活的飞跃，开启了问答系统发展的新纪元。

（2）封闭式问答（closed-book question answering）

封闭式问答与传统问答系统存在显著差异。它摒弃了对特定知识来源文档进行烦琐检索和阅读的需求，转而依赖LLM自身存储的广泛知识和深刻理解能力，直接对用户提出的问题给出答案。

近年来，随着LLM技术的不断突破，这些模型已经在跨领域的海量语料库中进行了深入训练。因此，它们不仅掌握了丰富的语法、词汇等语言基础知识，还存储了大量关于语料库中所描述世界的事实性知识。这使得LLM在封闭式问答任务中展现出了巨大的潜力和优势。

在GPT-3等先进模型的引领下，LLM的研究持续蓬勃发展。这些模型已经能够输出基于世界相关知识的内容，展现出令人瞩目的理解和生成能力。然而，尽管取得了显著进步，但LLM在封闭式问答中仍面临一些挑战，其中模型可能会输出虚假内容，这是一个需要尽快解决的问题。

封闭式问答的重要性不言而喻。它评估了LLM是否能够有效地保存知识并产生准确、可靠的内容。这一任务不仅考验了模型的记忆能力，还检验了其对知识的理解和应用能力。因此，封闭式问答不仅是LLM研究的一个重要方向，也是推动AI领域发展的关键所在。通过不断优化封闭式问答技术，我们可以进一步提升LLM的智能水平，使其更好地服务于人类社会的各个领域。

在问答系统的广阔领域中，文档检索模型占据着举足轻重的地位，其中DPR（dense passage retriever，稠密段落检索器）和基于DPR进行计算优化的BPR（binary passage retriever，二进制段落检索器）是两种极具代表性的方法。这两种方法都巧妙地运用了将问题和文档片段分别转换为嵌入向量的技术，随后通过高效的最近邻搜索算法，能够迅速且精确地定位到与问题最为匹配的文档片段。简而言之，DPR和BPR凭借其先进的嵌入表示技术和高效的搜索机制，显著提升了问答系统的准确性和响应速度，为用户带来了更加流畅和高效的问答体验。

- DPR

DPR是一种高效的文档检索模型。它巧妙地利用BERT技术，将用户的问题和文档中的片段都转换成高维的嵌入向量。这些嵌入向量就像是问题和片段在数字世界中的独特"指纹"，精确地代表着每一个问题和片段的内容，为文档检索提供了强有力的支持。

- **BPR**

如何高效且精确地从海量文档中筛选出用户所需内容，一直是科研人员不懈探索的课题。近年来，深度学习技术的迅猛进步推动了DPR 方法的崛起。DPR 通过把问题和文档段落转换成高维实数向量，并利用这些向量执行最近邻搜索，实现了信息的精确匹配。然而，尽管DPR 展现出卓越的性能，其高维实数向量所带来的庞大存储需求和高昂计算成本，却成了其持续发展的障碍。

为了克服这些挑战，BPR 在DPR 的基础上进行了创新性的扩展与优化。BPR 通过对段落向量的二进制化处理，显著降低了向量索引的存储空间，并提升了计算效率，从而在实现高效信息检索的同时，有效解决了DPR 的瓶颈问题。

6.3.2　构建开源 RAG

构建基于RAG 的系统时，利用RetrievalQA 和OpenAI 的LLM 可以是一个相对直接的过程。RetrievalQA 提供了一个便捷的方法来集成这些模型，特别是当使用OpenAI 提供的LLM 时，可以通过from_llm 方法轻松实现。

若选择使用OpenAI 的LLM（如GPT 系列），可以通过from_llm 方法快速初始化RetrievalQA 实例。这一方法的优势在于它能够自动配置与OpenAI 模型兼容的设置，包括生成与模型交互所需的适当提示。这简化了开发流程，因为用户无需手动编写或调整提示来适应模型。

然而，如果想使用非OpenAI 的开源LLM（例如Hugging Face Transformers 库中的模型），则需要采用不同的方法。这种情况下，应使用from_chain_type 方法来创建RetrievalQA 实例。这个方法提供了更多的灵活性，允许用户指定不同类型的LLM，但它也要求用户更细致地管理模型集成。

在使用from_chain_type 方法时，虽然可以通过LLM 的关键字参数来指定模型，但简单地指向一个本地安装的LLM 是不够的。这是因为不同的LLM 可能有不同的输入输出格式、预处理需求和提示敏感性。因此，直接在LLM 关键字参数中设置本地模型路径可能不足以确保系统的有效运行。特别是，当使用非OpenAI 的LLM 时，必须手动创建适合所选模型的提示。这是因为每个LLM 都有其特定的训练数据和预期的任务格式。一个精心设计的提示可以显著提高模型的性能和准确性，而一个不匹配的提示则可能导致次优结果。

（1）创建提示

在实际应用中，不同的提示往往会导致模型给出不同的答案。这是因为提示作为引导模型生成响应的起始点，其表述方式、信息含量以及与模型训练数据的契合度，都会显著影响模型的输出。因此，寻找并优化提示成为提升模型性能的重要一环。

一种较为实用且接地气的方法，就是通过不断的尝试和摸索来发现有效的提示。这个过程可能需要多次迭代，每次都对提示进行微调，并观察模型响应的变化。通过对比不同提示下模型的输出，可以逐渐筛选出那些能够引导模型给出更准确、更相关答案的提示。

这种方法虽然需要一定的时间和耐心，但它能够直接反映模型对提示的敏感性和响应模式，从而帮助用户更好地理解模型的行为，并找到最适合当前任务的提示。因此，在实际应用中，通过反复摸索来发现有效提示，是一种既实用又有效的方法。提示模板设置如下：

```
template = """
用户：请根据提问回答以下的问题。

{context}

{question}

系统："""
```

LangChain 中使用的提示符的模板必须是PromptTemplate 的实例，所以使用上面的模板创建如下prompt：

```
from langchain.prompts import PromptTemplate
prompt = PromptTemplate(
    template=template,
    input_variables=["context", "question"],
    template_format="f-string"
)
```

（2）设置LLM

在使用RetrievalQA 的from_chain_type 方法时，若希望通过llm 关键字参数来指定一个LLM，直接指向一个本地的LLM 模型文件是不会生效的。原因在于，该方法内部依赖的是langchain.llms.huggingface_pipeline 模块中的HuggingFacePipeline 类。

要正确配置并使用HuggingFacePipeline 实例，需要在创建该实例时通过pipeline 关键字参数传入一个由transformers 库创建的pipeline 对象。使用transformers 库创建pipeline 时，需要指定以下参数：

- 任务类型：对于大多数涉及生成文本的场景，应使用"text-generation"。
- 模型：这里应传入预训练好的LLM 模型，例如可以是任何支持的基于Transformers 的生成模型。
- 标记器（Tokenizer）：与所选模型相匹配的标记器，用于将文本转换为模型能理解的格式。

简而言之，要利用Hugging Face 的Transformers 库和LangChain 库结合使用大型语言模型，需要按照以下步骤操作：

① 首先，使用transformers.pipeline 函数创建一个文本生成pipeline，指定任务为"text-generation"，模型为所需的LLM（如GPT 系列模型），并提供相应的标记器。
② 然后，在创建HuggingFacePipeline 实例时，将这个配置好的pipeline 作为参数传入。然后将生成的实例设置为RetrievalQA from_chain_type 方法的LLM 关键字参数。将{"prompt": prompt} 设置为上述方法的chain_type_kwarg 参数。

通过这种方式，可以确保RetrievalQA 的from_chain_type 方法能够有效地利用指定的LLM 模型进行文本生成和处理，从而实现预期的功能。

相关代码如下：

```python
import torch
from langchain_community.embeddings import HuggingFaceEmbeddings
from langchain_community.vectorstores import FAISS
from transformers import AutoTokenizer, BertLMHeadModel, pipeline
from langchain.prompts import PromptTemplate
from langchain.chains import RetrievalQA
from langchain_community.llms.huggingface_pipeline import HuggingFacePipeline
import re

# 配置和初始化
model_name = "models/hfl/chinese-roberta-wwm-ext"
embeddings = HuggingFaceEmbeddings(model_name=model_name)

# 确保 'ai_future.db' 文件存在
db = FAISS.load_local('ai_future.db', embeddings, allow_dangerous_deserialization=True)
retriever = db.as_retriever(search_kwargs={'k': 2})

# 加载模型和标记器，并配置文本生成管道
tokenizer = AutoTokenizer.from_pretrained(model_name, legacy=False, use_fast=False)
model = BertLMHeadModel.from_pretrained(model_name, torch_dtype=torch.float16 if torch.cuda.is_available()
else torch.float32, low_cpu_mem_usage=True).eval()
pipe = pipeline("text-generation", model=model, tokenizer=tokenizer, max_new_tokens=128, do_sample=True,
temperature=0.01, repetition_penalty=2.0)

# 创建提示符模板
template = """
用户：请根据提问回答以下的问题。

{context}

{question}

系统："""
prompt = PromptTemplate(template=template, input_variables=["context", "question"], template_format="f-string")

# 创建 RetrievalQA 链
# 注意：chain_type 需要设置为有效的链类型，这里假设 "stuff" 是有效的或者已经根据文档替换为正确的类型
qa = RetrievalQA.from_chain_type(
    llm=HuggingFacePipeline(pipeline=pipe),
    retriever=retriever,
    chain_type="stuff",  # 根据实际情况替换为有效的链类型
    return_source_documents=True,
    chain_type_kwargs={"prompt": prompt},
    verbose=True
)

# 问题处理和结果打印
question_demo = " 科技领域最热门的话题是什么？ "
answer_demo = qa.invoke(question_demo)
print(answer_demo['result'])

# 使用字符串操作代替正则表达式（如果格式固定）
# 假设回答总是以 " 系统:" 开始，并且我们想要提取之后的所有内容
system_response = answer_demo['result'].split(" 系统:", 1)[-1].strip()
print(system_response)
```